新学習指導要領対応

小学 4 年生

学校でも、家庭でも
教科書レベルの力がつく！

理科 習熟プリント

大判サイズ
コピーしやすい！

宮崎 彰嗣 著

これなら
できた！

清風堂書店

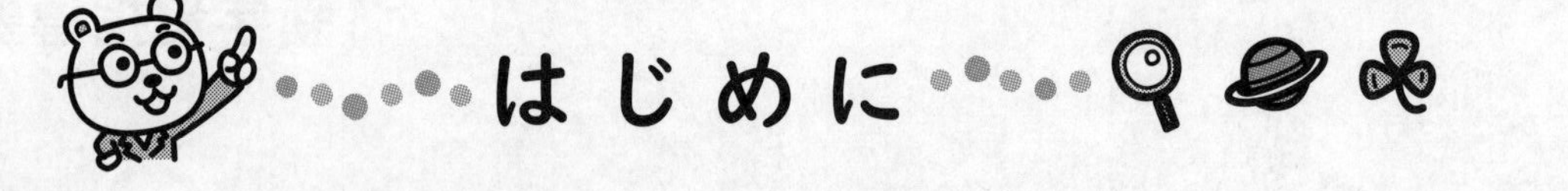

はじめに

本書は、学校や家庭で長年にわたり支持され、版を重ねてまいりました。その中で貫き通してきた特長が

○ 通常のステップよりも、さらに細かくして理解しやすくする
○ 大切なところは、くり返し練習して習熟できるようにする
○ 教科書レベルの力がどの子にも身につくようにする

です。新学習指導要領の改訂にしたがい、その内容にそってつくっていますが、さらにつけ加えた特長としては

○ 読みやすさ、わかりやすさを考えて、「太めの手書き文字」を使用する
○ 学校などでコピーしたときに「ページ番号」が消えて見えなくする
○ 解答は本文を縮小し、その上に赤で表す

などです。これらの特長を生かし、十分に活用していただけると思います。

さて、理科習熟プリントは、それぞれの内容を「イメージマップ」「習熟プリント」「まとめテスト」の３つで構成されています。

イメージマップ　各単元のポイントとなる内容を図や表を使いまとめました。内容全体が見渡せ、イメージできるようにすることはとても大切です。重要語句のなぞり書きや色ぬりで世界に1つしかないオリジナル理科ノートをつくりましょう。

習熟プリント　実験や観察などの基本的な内容を、順を追ってわかりやすく組み立ててあります。
基本的なことがらや考え方・解き方が自然と身につくよう編集してあります。順を追って、進めることで確かな基礎学力が身につきます。

まとめテスト　習熟プリントのおさらいの問題を２～４回つけました。100点満点で評価できます。
各単元の内容が理解できているかを確認します。わかるからできるへと進むために、理科の考えを表現する問題として記述式の問題（★印）を一部取り入れました。

このような構成内容となっていますので、授業前の予習や授業後の復習に適しています。また、ある単元の内容を短時間で整理するときなども効果を発揮します。

さらに、理科ゲームとして、取り組むことのできる内容も追加しました。遊びながら学ぶ機会があってもよいのではと思います。

このプリント集が、多くの子どもたちに活用され、「わかる」から「できる」へと自ら進んで学習できることを祈ります。

目　次

イメージマップ

季節と生き物

月　　日　名前

◆ なぞったり、色をぬったりしてイメージマップをつくりましょう

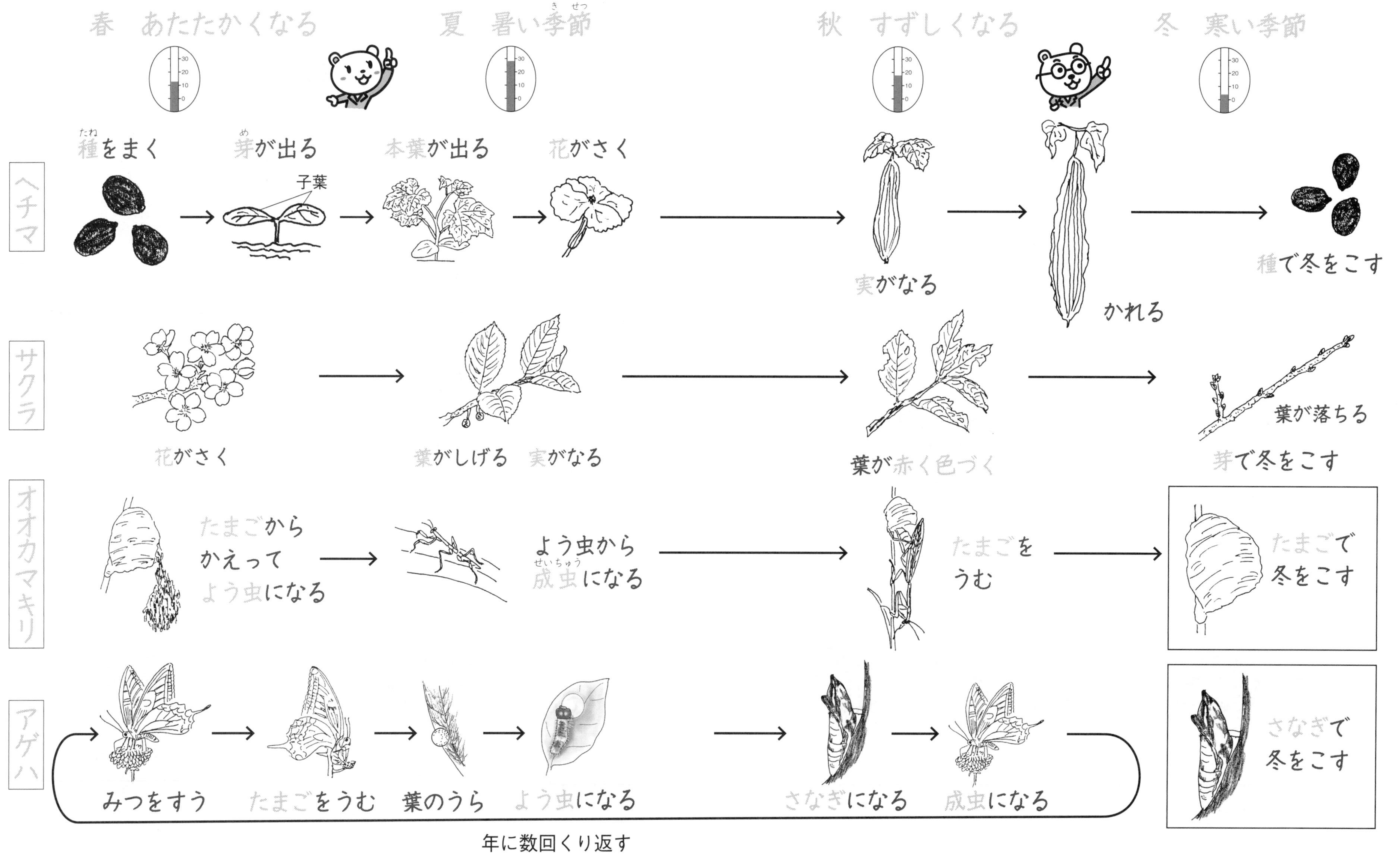

春　あたたかくなる　　夏　暑い季節　　秋　すずしくなる　　冬　寒い季節

ヘチマ
種をまく → 芽が出る（子葉） → 本葉が出る → 花がさく → 実がなる → かれる → 種で冬をこす

サクラ
花がさく → 葉がしげる　実がなる → 葉が赤く色づく → 葉が落ちる　芽で冬をこす

オオカマキリ
たまごからかえってよう虫になる → よう虫から成虫になる → たまごをうむ → たまごで冬をこす

アゲハ
みつをすう → たまごをうむ → 葉のうら → よう虫になる → さなぎになる → 成虫になる
年に数回くり返す
さなぎで冬をこす

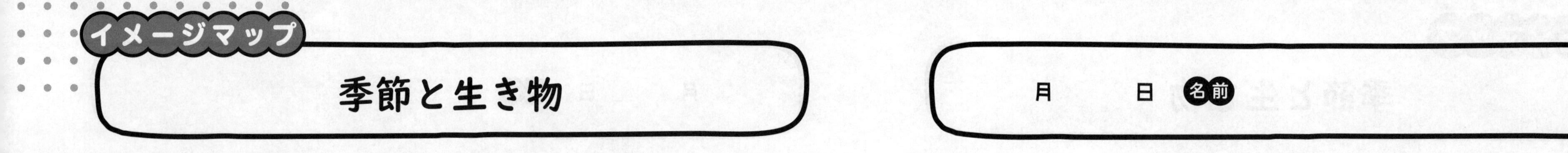

イメージマップ

季節と生き物

月　　日　名前

◆ なぞったり、色をぬったりしてイメージマップをつくりましょう

春　あたたかくなる　　夏　暑い季節(きせつ)　　秋　すずしくなる　　冬　寒い季節

カエル

たまごをうむ → オタマジャクシ（後足が出る） → 小さい虫を食べる → 土の中で冬(とう)みん

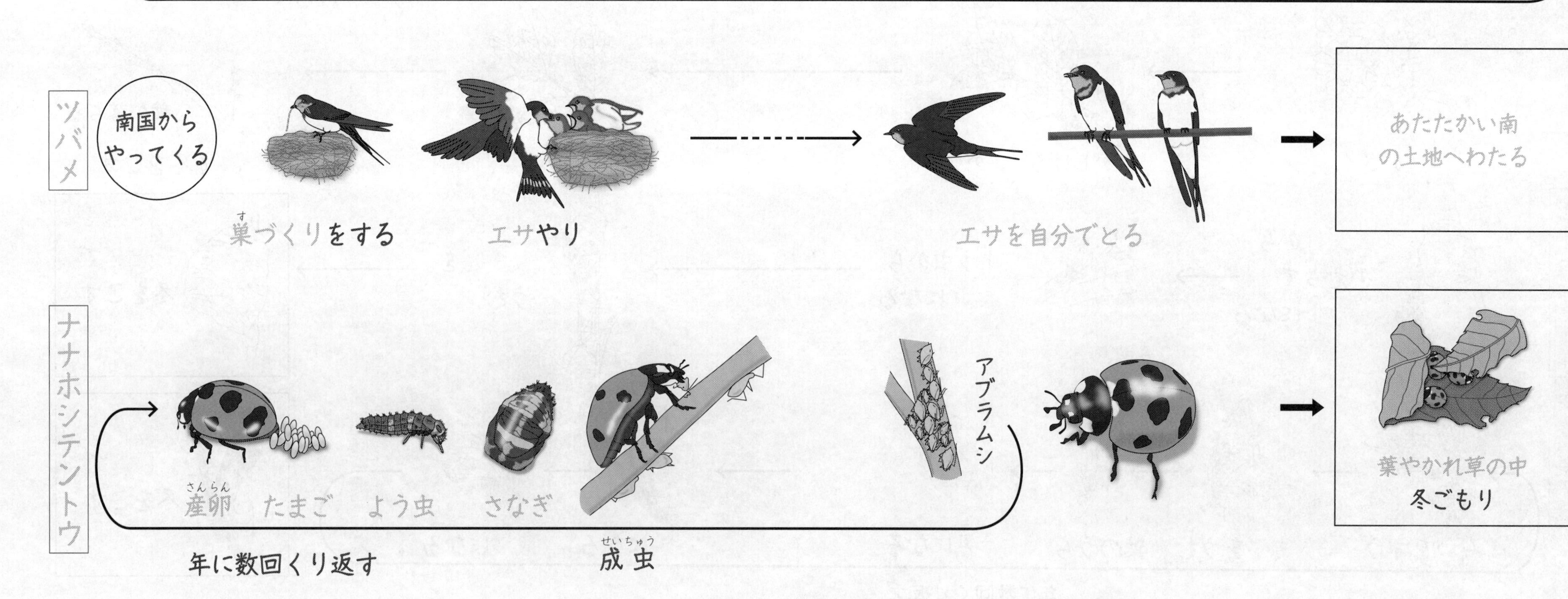

季節と生き物 ①

観察の仕方

1 観察(かんさつ)カードをつくりましょう。カードの㋐～㋔を見て(　　)にあてはまる言葉を□から選(えら)んでかきましょう。

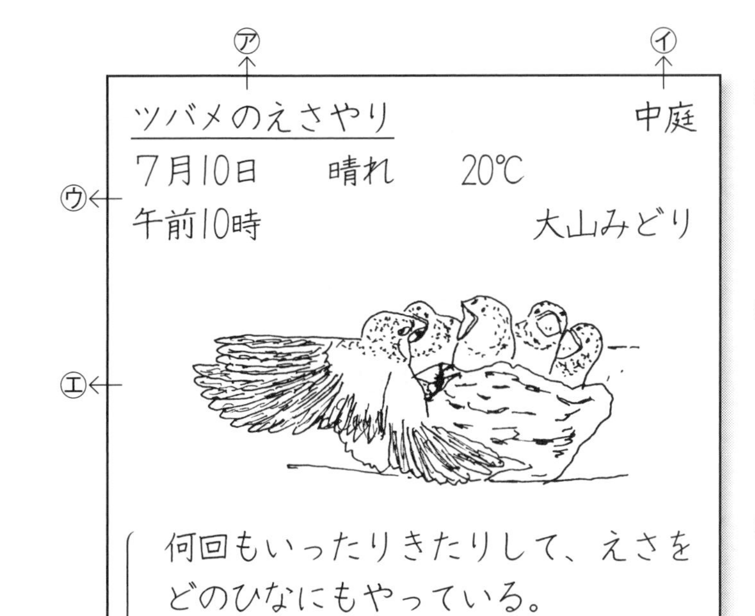

㋐ ツバメのえさやり　　㋑ 中庭

㋒ 7月10日　晴れ　20℃　午前10時　大山みどり

㋓ (絵)

㋔
- 何回もいったりきたりして、えさをどのひなにもやっている。
- ひなが大きくなって、えさをたくさん食べている。
- えさはどんなものかな。
- どこからえさをとってくるのだろう。

㋐ 何の観察がわかるように(①　　　)をかきます。

㋑ 観察した(②　　　)をかきます。

㋒ 観察した月、日、(③　　　)、(④　　　)、(⑤　　　)をかきます。

㋓ (⑥　　　)や写真で、ようすがわかるようにしておきます。

㋔ (⑦　　　　　)や予想や(⑧　　　　　)、本で調べたことなどをかいておきます。

天気	気温	場所	時こく
題	絵	ぎ問	気づいたこと

観察カードにかくことがらを知り、気温のはかり方などを覚えます。

2 気温のはかり方について、(　　)にあてはまる言葉を□から選んでかきましょう。

地面のようすや(①　　　)からの高さによって、(②　　　)の温度は、ちがいます。そのために(③　　　)のはかり方は決まっています。

温度計に直せつ(④　　　)があたらないようにします。

まわりがよく開けた(⑤　　　)のよいところではかります。

地上から(⑥　　　　　)の高さではかります。

気温	地面	1.2～1.5m
日光	空気	風通し

3 温度計の目もりの読む位置(いち)で正しいものは、㋐～㋒のどれですか。また、目もりは何度ですか。

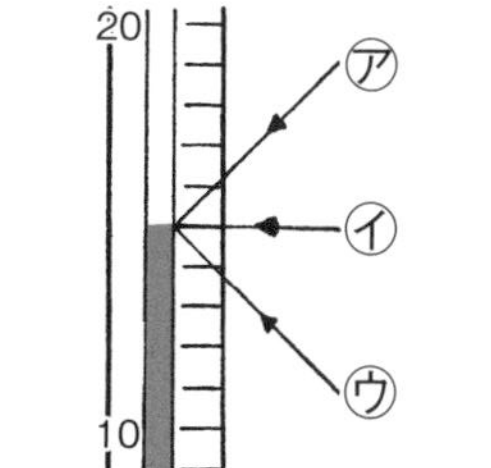
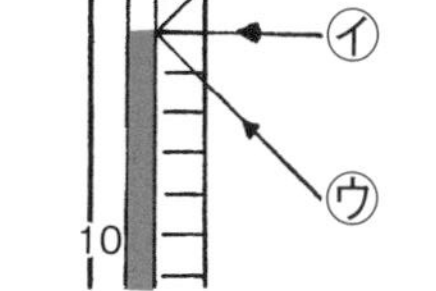

記号(　　　)　　温度(　　　)℃

季節と生き物 ②

春の生き物

春になり、あたたかくなると、多くの生き物の活動が見られます。身近な生き物の活動を学びます。

月　　日　名前

1 春の植物のようすについて、(　)にあてはまる言葉を□から選んでかきましょう。

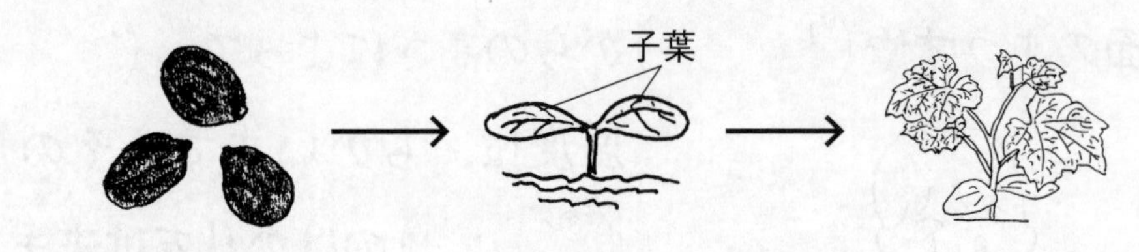

ヘチマなど春に(①　　　)をまく植物は、あたたかくなるにつれて(②　　　)を出して大きく(③　　　)します。

冬の間、葉を地面にはりつけていた(④　　　)などの草花も(⑤　　　)をのばし、葉をおこして(⑥　　　)をさかせるようになります。

サクラは(⑥)がさいたあとに(⑦　　　)が出てきます。やがて、(⑧　　　)をつけるようになります。

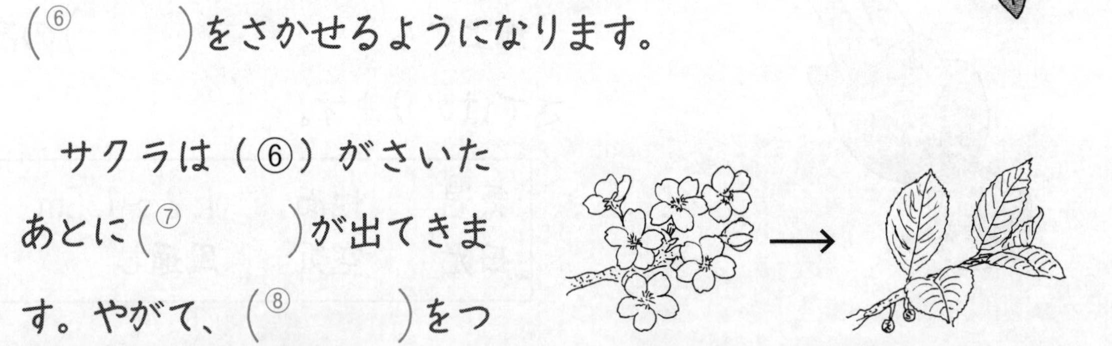

芽	種	生長	くき	タンポポ
葉	実	花		

2 春の動物のようすについて、(　)にあてはまる言葉を□から選んでかきましょう。

(1) 春になるとオオカマキリの巣の中では(①　　　)がかえります。たまごからかえった(②　　　)が次つぎと出てきます。

(③　　　)が上がっていろいろな花がさきはじめると、アゲハは花の(④　　　)をすいに飛びまわります。そして、(⑤　　　)などの木の葉のうらにたまごをうみます。

よう虫	たまご	気温	ミカン	みつ

(2) 水温が上がってくると、カエルはたくさんのたまごをうみます。やがて、それらは、(①　　　)にかえります。

冬を南国ですごした(②　　　)は、日本にやってくると巣をつくります。その巣にたまごをうんで(③　　　)を育てます。

オタマジャクシ	ひな	ツバメ

季節と生き物 ③

春～夏の生き物

1 次の(　　)にあてはまる言葉を□から選(えら)んでかきましょう。

(1) 春になると(①　　　　)が上がりあたたかくなります。

植物は生長し、種(たね)が(②　　　　)を出したり、(③　　　　)がさいたりします。また、冬の間、見られなかった(④　　　　)が見られるようになります。

花	芽(め)	動物	気温

(2) 夏には、植物が大きく(①　　　　)します。(②　　　　)の数が多くなったり、緑色がこくなったりします。動物は気温が(③　　　　)につれて、より(④　　　　)に活動します。

活発	生長	葉	上がる

(3) 右の図はヘチマの本葉が大きくなってきたところです。

図の㋐は(①　　　　)で、㋑は(②　　　　)です。葉の数が(③　　　　)まいになれば、花だんなどに植えかえます。草たけが(④　　　　)cmになったら、ささえるためのぼうをさします。

子葉	本葉	10～15	3～4

月　　日　名前

ポイント 春から夏にかけて気温が上がり、動物は活発に動き、植物は生長します。

2 次の(　　)にあてはまる言葉を□から選んでかきましょう。

(1) ヘチマは夏に、(①　　　　)が大きく生長し、(②　　　　)ができる(③　　　　)と、できない(④　　　　)がさきます。

実	くき	めばな	おばな

(2)

㋐  ㋑ 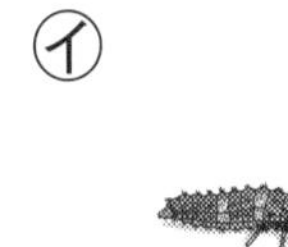 ㋒   ㋓ 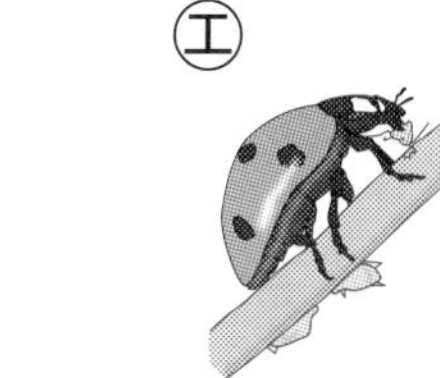

図㋐、冬の間、(①　　　　)などにかくれて(②　　　　)をしのいでいたナナホシテントウは、春になってあたたかくなってくると、図㋓のように(③　　　　)を食べて、たまごをうむなどの活動をはじめます。図㋑はナナホシテントウの(④　　　　)です。図㋒は(⑤　　　　)になったところです。

このようにナナホシテントウは1年間に2回くらいたまごから(⑤)へとくり返します。

寒さ	アブラムシ	成虫(せいちゅう)	よう虫	落ち葉

月　日　名前

季節と生き物 ④ 夏の生き物

夏は気温・水温とも大きく上がり、植物はこい緑色の葉をいっぱいにしげらせ、動物には成虫が多く見られます。

1 次の(　)にあてはまる言葉を□から選(えら)んでかきましょう。

(1) あたたかくなるにつれて(①　　)はよく生長します。野山は(②　　)になり、たくさんの動物が活動するようになります。植物を(③　　)たり、しげみを(④　　)にしたりもします。

(⑤　　)は生き物がさかんに活動する季節(きせつ)です。

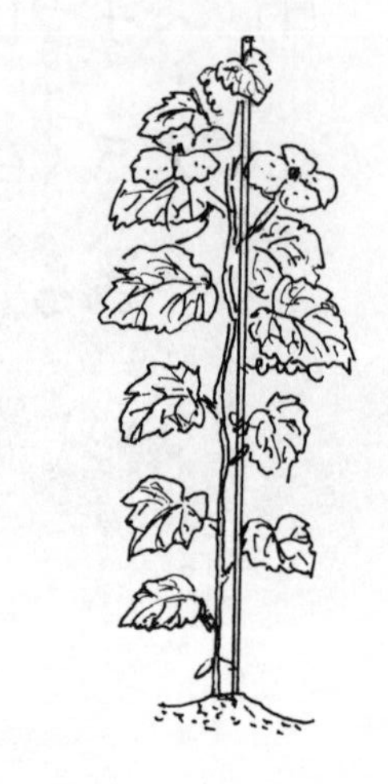

こい緑色	すみか	夏	食べ	植物

(2) サクラの木は、初夏(しょか)には小さな(①　　)ができます。また葉はこい緑色になり、(②　　)もふえます。

(③　　)には、葉のつけ根に小さな(④　　)もできるようになります。

初夏のサクラ

芽(め)	葉の数	夏	実

2 次の(　)にあてはまる言葉を□から選んでかきましょう。

(1) 水温が25℃近くなってくるとオタマジャクシの前足も出て(①　　)に上がれるようになります。

(②　　)のエサは、ハエなど(③　　)でさかんに食べるようになります。

カエル	小さい虫	陸(りく)

(2) アゲハは、気温が上がると、(①　　)からかえった成虫(せいちゅう)が(②　　)をうみ、(③　　)がまた成虫になり、さかんに活動します。そして、1年の間に(④　　)回、たまご～よう虫～(①)～成虫をくり返します。

よう虫	たまご	さなぎ	3～4

(3) (①　　)からエサをもらっていた(②　　)も夏には、自分で飛(と)びながら(③　　)などを取ります。

ちゅうがえりも、上手になります。

ツバメのひな	小さい虫	親鳥

季節と生き物 ⑤
秋の生き物

1　秋の植物のようすについて、(　　)にあてはまる言葉を［　　］から選(えら)んでかきましょう。

(1)　秋になると気温が下がり、(①　　　　)なります。
　植物によっては、葉の色が(②　　　)や(③　　　)にこう葉します。しだいに、葉やくきが(④　　　)たりします。

赤色	黄色	すずしく	かれ

(2)　ヘチマは、10月も終わりごろになると、実はかれて(①　　　)色になります。
　図の㋐の部分をとると、中から(②　　　)がたくさん出てきます。

種(たね)	茶

(3)　サクラの木は、夏から秋にかけて葉は(①　　　)に食われたり、黄色くなったりします。また、どんどん温度が(②　　　　)くると、(③　　　)するようになります。

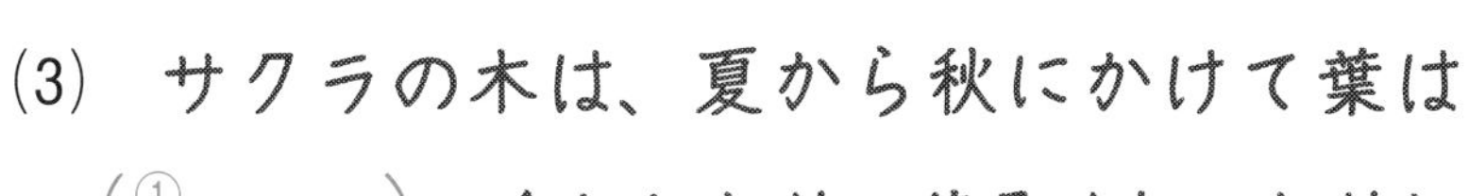
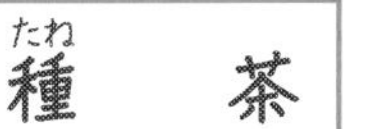

こう葉	虫	下がって

秋の植物は葉の色が変わり、実や種をつくったりします。
動物は、冬にそなえてたまごをうむものもいます。

2　次の(　　)にあてはまる言葉を［　　］から選んでかきましょう。

(1)　秋になると多くの動物は、活動が(①　　　　)になり、見られる(②　　　)もへってきます。多くのこん虫は(③　　　　)をうみます。そして、たまごで寒い冬をすごします。

たまご	にぶく	数

(2)　秋になるとアゲハも(①　　　)の数がへり、(②　　　　)をうみます。そして、よう虫は(③　　　　)で冬をこします。

たまご	さなぎ	成虫(せいちゅう)

3　次の文は㋐～㋓のどの動物についてかいたものですか。(　　)に記号をかきましょう。

①　トノサマガエルが小さな虫を食べています。(　　)
②　オオカマキリが草のくきにたまごをうんでいます。(　　)
③　メスの上にオスのオンブバッタがのっています。(　　)
④　エノコログサにナナホシテントウがとまっています。(　　)

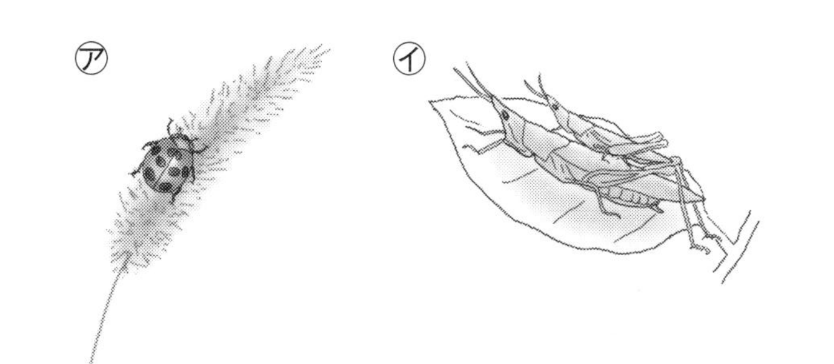

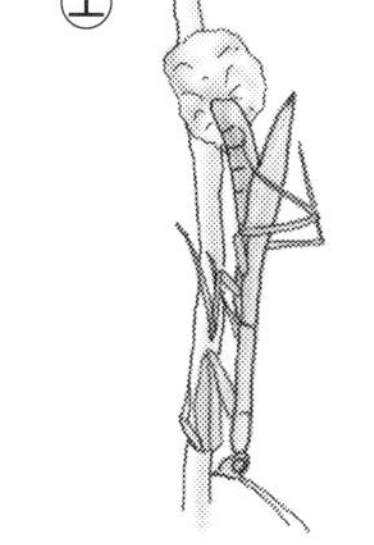

季節と生き物 ⑥

秋〜冬の生き物

1 サクラの冬芽(ふゆめ)について、(　)にあてはまる言葉を□から選(えら)んでかきましょう。

秋になって、気温が(①　　)、日光も(②　　)なってくると、サクラの葉が黄色から(③　　)へとこう葉し、やがて葉が落ちてしまう木があります。

そのときにはもう(④　　)ができ上がっています。冬の(⑤　　)にたえられるようになっています。

この冬芽は、秋になって急につくられるのではありません。葉が(⑥　　)の元気な間に、じゅんびされているのです。

冬芽	下がり	寒さ	赤色	緑色	弱く

2 ナナホシテントウについて、(　)にあてはまる言葉を□から選んでかきましょう。

ナナホシテントウは気温がだんだん(①　　)につれて(②　　)の数がへり、見られなくなります。それは(③　　)が近づくと(④　　)の下にかくれて寒さをしのいでいるためです。

成虫(せいちゅう)	落ち葉	下がる	冬

月　　日　名前

ポイント　気温が下がり、日光も弱くなってくると、生き物の冬じたくがたくさん見られるようになります。

3 わたり鳥のようすについて、(　)にあてはまる言葉を□から選んでかきましょう。

(1) わたり鳥とは、よりすみやすい(①　　)や(②　　)を求(もと)めて(③　　)もはなれた場所へ(④　　)鳥のことをいいます。

うつる	エサ	気候(きこう)	何千km

(2) 秋になるとツバメは(①　　)となって電線などに止まるようになります。
(②　　)から成鳥(せいちょう)に育ったツバメも、10月の終わりごろから、(③　　)に飛(と)んでいきます。

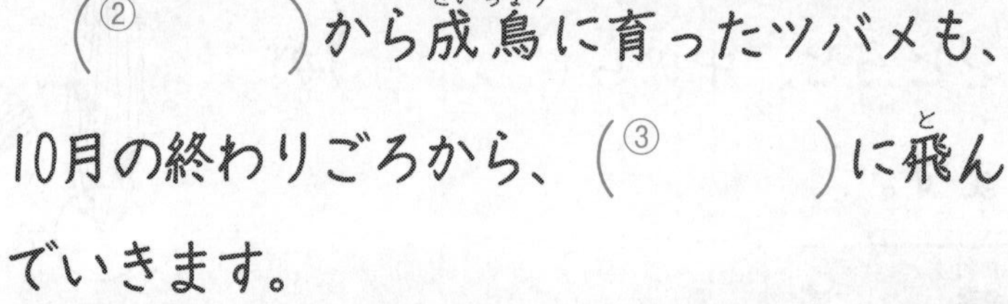

ひな	南国	群(む)れ

(3) 秋から冬にかけて(①　　)の国からやってくる鳥もいます。カモや(②　　)です。冬を日本ですごして(③　　)になると北国へ帰っていきます。

春	北	ハクチョウ

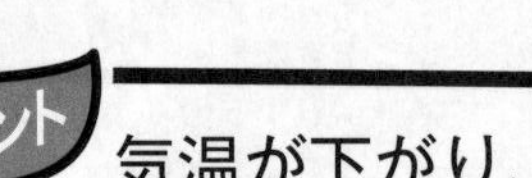

季節と生き物 ⑦

冬の生き物

月　　日　名前

ポイント　冬になって寒くなった野山のようす、すがたが見えなくなった動物のゆくえを調べます。

1 冬の植物のようすについて、（　　）にあてはまる言葉を□から選んでかきましょう。

(1) 気温が（①　　　）と、草などの植物は（②　　　）しまいます。
かれない（③　　　）などは、葉を地面に（④　　　）せを低くして寒さをふせぎます。

下がる	タンポポ	かれて	はりつけて

(2) サクラの木は、（①　　　）が落ちます。えだの先をよく見ると（②　　　）ができています。あたたかくなると、これらが新しい（③　　　）に生長していきます。

冬芽	葉	葉や花

(3) 寒くなると（①　　　）の（②　　　）はかれてしまいます。残った（③　　　）が春になると（④　　　）を出します。

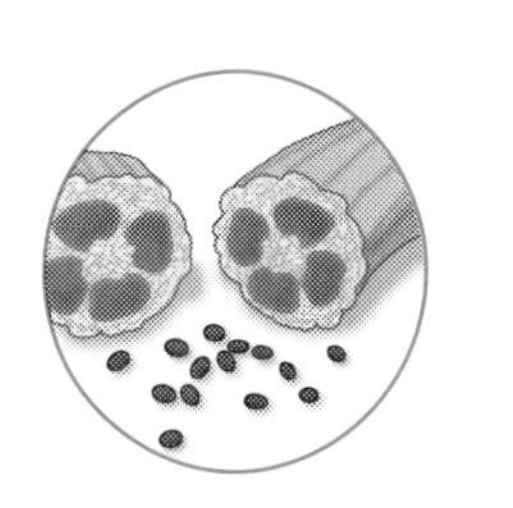

芽	ヘチマ	葉やくき	種

2 動物の冬のすごし方はさまざまです。（　　）にあてはまる言葉を□から選んでかきましょう。

フナや（①　　　）は（②　　　）水の中では（③　　　）できません。池の底の方でじっとしています。
カエルのように（④　　　）にもぐって（⑤　　　）する生き物もいます。

活動	冬みん	冷たい	メダカ	土の中

3 下の①～④は、近くの野原や池にいる動物の冬のようすについて、かいたものです。㋐～㋓のどの動物についてかいていますか。あっているものを線で結びましょう。

① テントウムシは、落ち葉の下で寒さをしのぎます。・　　・㋐
② アゲハは、さなぎで冬をすごします。・　　・㋑
③ オオカマキリは、たまごで冬をすごします。・　　・㋒
④ カブトムシは、土の中でよう虫ですごします。・　　・㋓

まとめテスト

季節と生き物

月　　日　名前　　　／100点

1 観察カードをつくりました。㋐〜㋔を見て、(　)にあてはまる言葉を□から選んでかきましょう。（各5点）

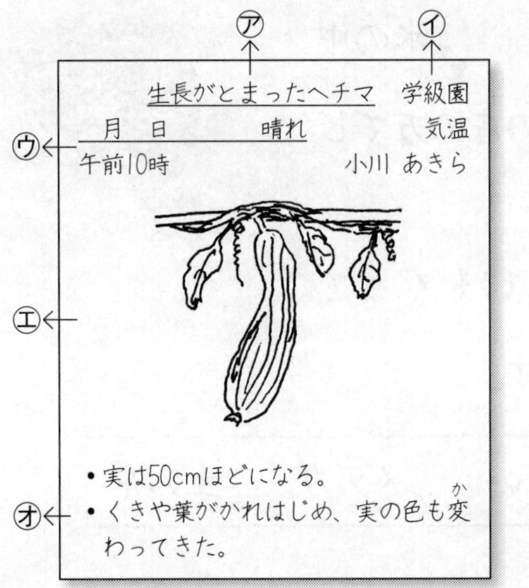

㋐
㋑
生長がとまったヘチマ
学級園
月　日　晴れ
気温
午前10時
小川　あきら
㋒
㋓
㋔
・実は50cmほどになる。
・くきや葉がかれはじめ、実の色も変わってきた。

㋐ 観察した内ようがわかるような(①　　)をかきます。

㋑ 観察した(②　　)をかきます。

㋒ 月日や(③　　)、時こくをかきます。

㋓ (④　　)や写真で、ようすがよくわかるようにします。

㋔ わかったことをかきます。

絵　　題　　天気　　場所

2 次の(　)にあてはまる言葉を□から選んでかきましょう。（各5点）

ナナホシテントウは(①　　)が高くなる春から夏にかけ、さかんに活動し、(②　　)、よう虫、成虫がよく見られます。

しかし、秋には(③　　)しか見られなくなり、冬になると(④　　)の下にかくれてしまいます。

気温　　落ち葉　　たまご　　成虫

3 春の生き物のようすについて、正しいものには○、まちがっているものには×をかきましょう。（各4点）

①(　　) 池にオタマジャクシが見られます。

②(　　) ツバメがやってきて、家ののき先などに巣をつくります。

③(　　) セミがいっせいに鳴き出します。

④(　　) テントウムシが落ち葉の下にひそんでいます。

⑤(　　) カマキリが、たまごからかえります。

4 ヘチマとサクラについて、季節ごとのようすがかいてあります。(　)に春、夏、秋、冬をかきましょう。（1つ5点）

(1) ヘチマ

①(　　) くきがよくのび、葉もしげってきます。

②(　　) 芽が出て子葉が開き、本葉も出てきます。

③(　　) 種を残して全体がかれます。

④(　　) くきや葉、実もしだいにかれ、実の中に種ができます。

(2) サクラ

①(　　) 葉の色が黄や赤になり、しだいに落ちていきます。

②(　　) 花がさきます。

③(　　) 葉がすべて落ち、えだの先に冬芽があります。

④(　　) こい緑色になった葉がしげります。

まとめテスト

季節と生き物

月　　日　名前　　　　／100点

1 カマキリのよう虫の観察カードです。（1つ10点）

カマキリのよう虫　　Ⓐ
月　日　晴れ
午後2時　　三木 ひさし
Ⓑ［　　　］

(1) カードの月日は①～④のどれですか。番号をかきましょう。（　　）

① 3月30日　② 7月10日
③ 9月20日　④ 12月1日

(2) カードの（Ⓐ）に何をかけばよいですか。正しい方に〇をかきましょう。

（場所・季節）

(3) Ⓑには何をかけばよいですか。下の中から2つ選んで〇をかきましょう。

①（　　）友だちの名前　②（　　）思ったこと

③（　　）調べたこと　④（　　）カマキリ以外のこと

★**2** ヘチマの葉が3～4まいになればビニールポットから花だんなどに植えかえます。となりのヘチマとは0.5～1mくらいはなして植えかえるのはなぜでしょう。（15点）

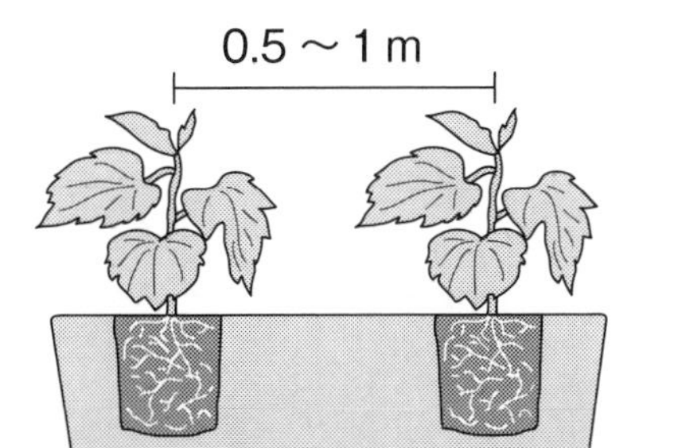

［　　　］

3 アゲハについて、あとの問いに答えましょう。（1つ5点）

(1) アゲハのたまごは、どの植物で見つかりますか。1つ選んで〇をかきましょう。

① キャベツの葉（　　）　② タンポポの葉（　　）
③ ミカンの葉（　　）　④ ダイコンの葉（　　）

(2) アゲハが成長する順に番号をかきましょう。

㋐（　　）　㋑（　　）　㋒（　　）　㋓（　　）

(3) アゲハは、上の㋐～㋓のどのすがたで冬をこしますか。記号で答えましょう。（　　）

(4) アゲハが、何も食べないのは㋑、㋒、㋓のどのときですか。記号と名前を答えましょう。

記号（　　）　名前（　　　）

(5) アゲハについて、次の中で正しいもの1つに〇をかきましょう。

①（　　）アゲハの成虫は、水だけをのんでいます。
②（　　）アゲハの成虫は、花のみつをすいます。
③（　　）アゲハの成虫は、何も食べません。

まとめテスト

季節と生き物

月　　日　名前　　　　／100点

1 次の季節はいつですか。春・夏・秋・冬をかきましょう。（1つ5点）

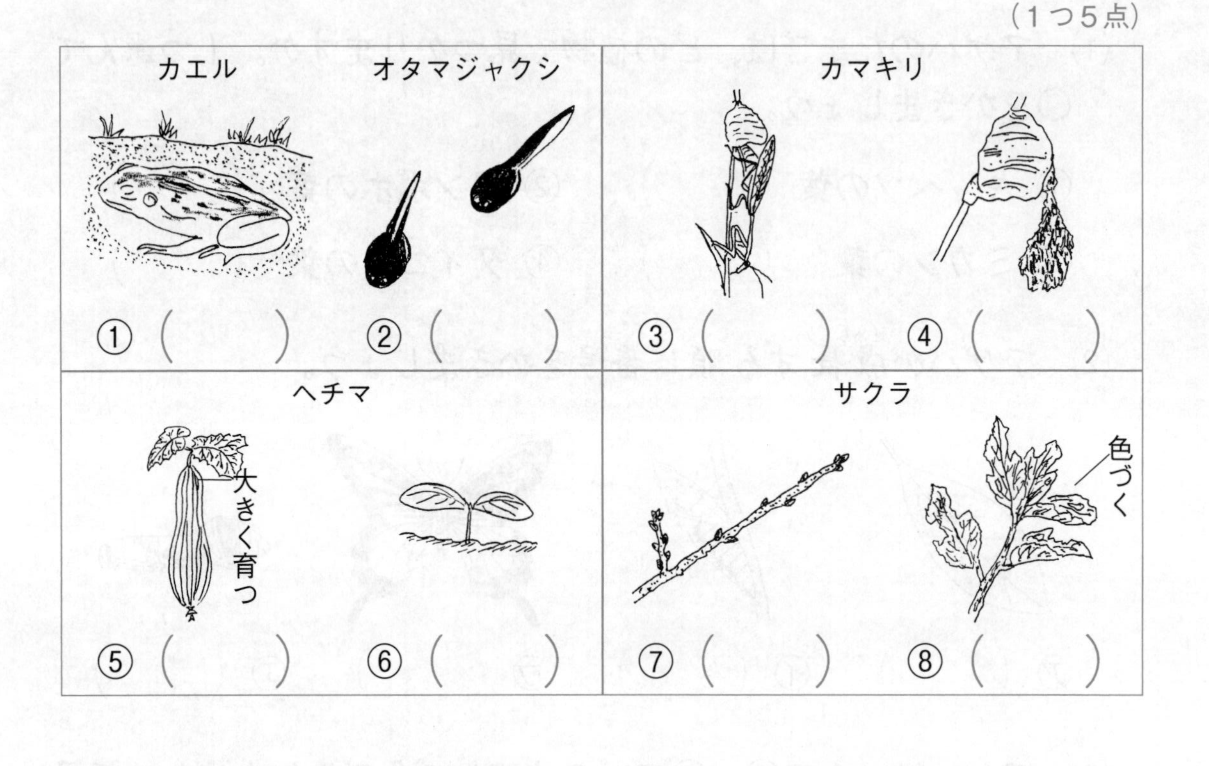

2 次の文は、どの生き物についてかいたものですか。□から選んで記号でかきましょう。（各5点）

①（　　）　たまごで冬をこし、夏から秋に成虫になります。

②（　　）　冬はさなぎですごし、春に成虫になります。

③（　　）　冬は種ですごし、春に芽を出します。

④（　　）　冬には、葉を地面にはりつけるように広げています。

㋐ タンポポ　㋑ ヘチマ　㋒ アゲハ　㋓ カマキリ

3 下の①～④は、近くの野原や池にいる動物のようすについて、かいたものです。㋐～㋓のどの動物についてかいたものですか。線で結びましょう。（各5点）

① トノサマガエルが小さな虫を食べています。　・　　・㋐

② オオカマキリが草のくきにたまごをうんでいます。　・　　・㋑

③ メスの上にオスのオンブバッタがのっています。　・　　・㋒

④ エノコログサにナナホシテントウがとまっています。　・　　・㋓

4★ 春、あたたかくなると、モンシロチョウはキャベツの葉のうら側にたまごをうみつけます。
なぜキャベツなのか、また、なぜ葉のうら側なのか、その理由をかきましょう。（20点）

［　　　　　　　　　　　　　　　　　　　　］

まとめテスト

季節と生き物

月　日　名前　　／100点

1 1年間の草や木のようすを調べます。次の文で正しいものには○、まちがっているものには×をかきましょう。（各4点）

①（　）同じ場所の草や木を調べます。

②（　）草や木を観察したときは、気温も記録します。

③（　）気温は、温度計のえきだめに日光があたるようにしてはかります。

④（　）アリやアブは、よく見かけるから記録しません。

⑤（　）花がさいたり実がなったときだけ記録します。

2 次の（　）にあてはまる言葉を□から選んでかきましょう。（各5点）

(1) 冬になると、草などは（①　）しまいます。サクラの葉は落ちますが、えだの先には（②　）があります。タンポポは、葉を地面に（③　）冬をすごします。

はりつけて　冬芽　かれて

(2) 冬になると、生き物は（①　）にもぐったり、（②　）やたまごで冬をすごすので、あまり（③　）。フナやメダカは、冷たい水の中では、（④　）ません。

見られません　あな　動き　さなぎ

3 動物の冬のすごし方はさまざまです。（　）にあてはまる言葉を□から選んでかきましょう。（各5点）

(1) わたり鳥には、（①　）のように南の（②　）地方へわたるものや、（③　）のように寒い北からわたってくるものがいます。

ツバメ　カモ　あたたかい

(2) こん虫では（①　）のようにたまごですごすものや、アゲハのように（②　）ですごすもの、（③　）のように成虫ですごすものなどがいます。

カブトムシは、（④　）で冬をすごします。

さなぎ　よう虫　カマキリ　テントウムシ

★**4** 秋になるとカマキリは、冬をこすたまごを図のような固い、茶色いあわのかたまり（から）の中にうみます。その理由を考えてかきましょう。（10点）

ヒント　① 固いから　② 茶色いから　③ 寒い冬をこすため

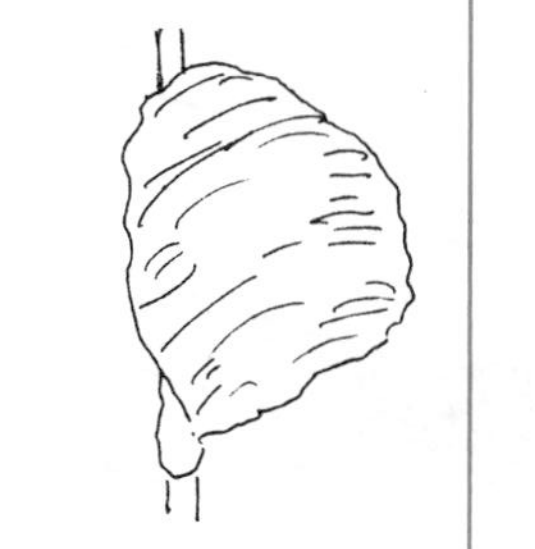

電気のはたらき

月　　日　名前

かん電池のはたらき

電気の通り道　と　電気の流れ　（＋極から－極へ）

回路　　電流

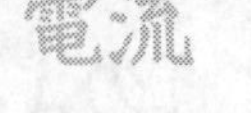

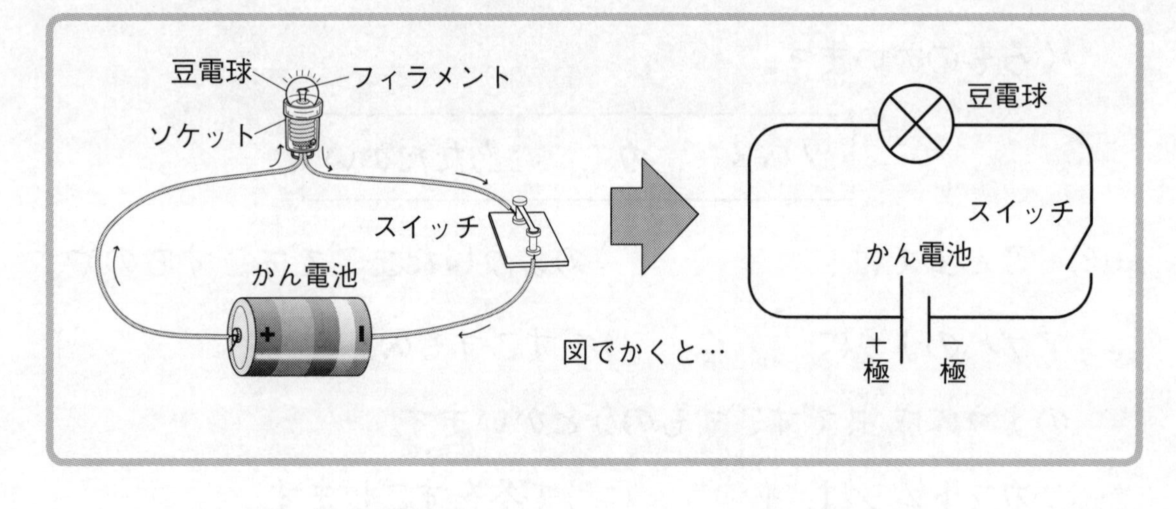

きけん

ショート回路

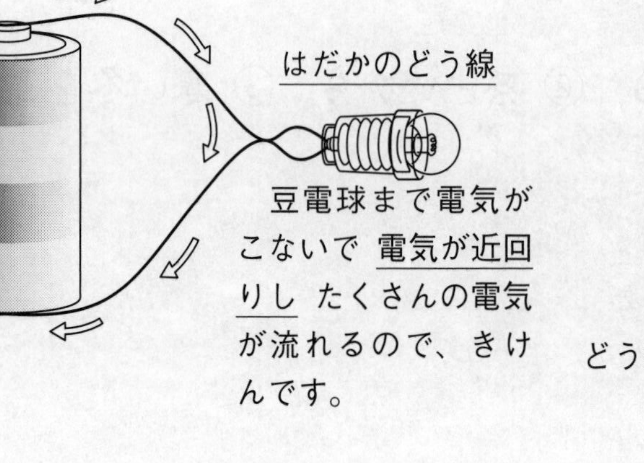

豆電球まで電気がこないで電気が近回りしたくさんの電気が流れるので、きけんです。

ショート回路をふせぐためにどう線をエナメルやビニール（電気を通さないもの）でおおいます。

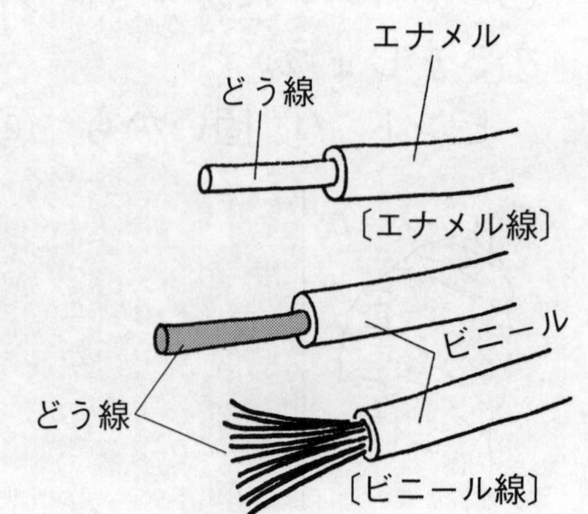

かん電池のつなぎ方

直列つなぎ

かん電池の＋極と－極を次つぎにつなぐ。

電流の強さ

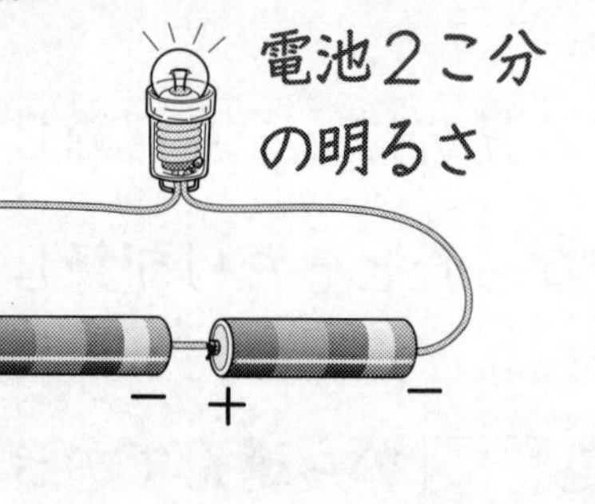
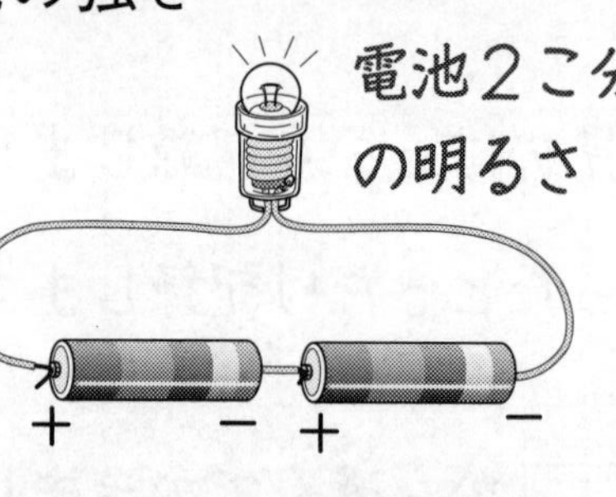

へい列つなぎ

かん電池の同じ極どうしをつなぐ。

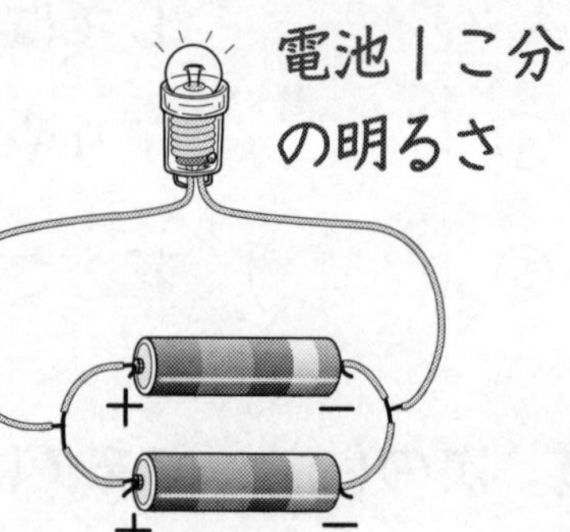

電流の流れる時間　２こ分の長さ

けん流計　電流の強さと電流の向きを調べる道具

かん電池（光電池）、豆電球、けん流計、スイッチが１つづきの輪になるようにつなぎます。

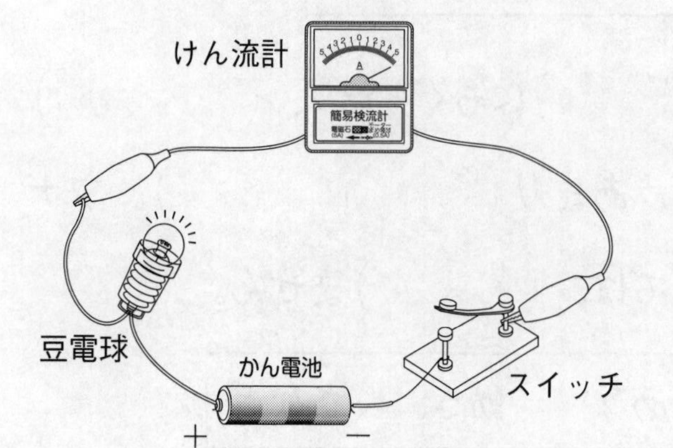

注意　電池だけをつなぐとこわれます。

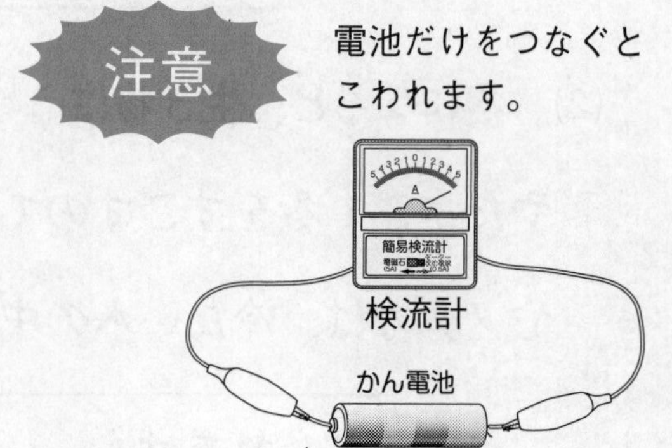

電気のはたらき ①

回路と電流

1 次の（　）にあてはまる言葉を□から選んでかきましょう。

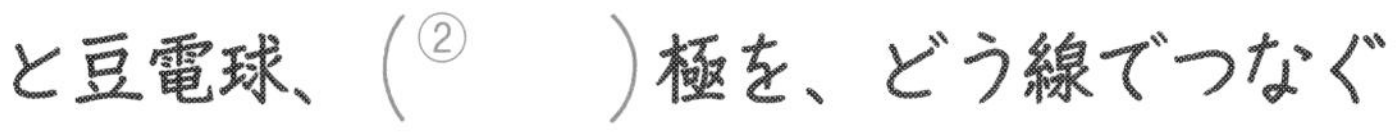

右の図のように、かん電池の（①　）極と豆電球、（②　）極を、どう線でつなぐと、電気の通り道が（③　）になり電気が（④　）豆電球がつきます。

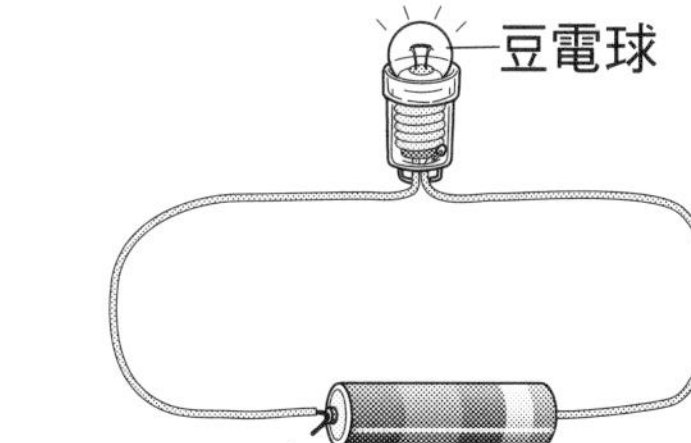

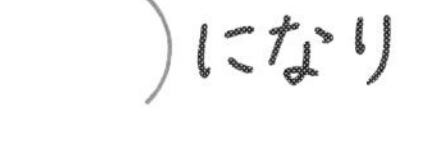

このように一続きにつながった電気の通り道のことを（⑤　）といいます。また、この電気の流れのことを（⑥　）といいます。

1つの輪	＋	−	流れて	電流	回路

2 次の（　）にあてはまる言葉を□から選んでかきましょう。

あの図では、豆電球の明かりは（①　）。＋極から出た電気は、いの図のBに入り、（②　）を通って、Aに出てきます。そのあと（③　）を通って（④　）極へともどってきます。

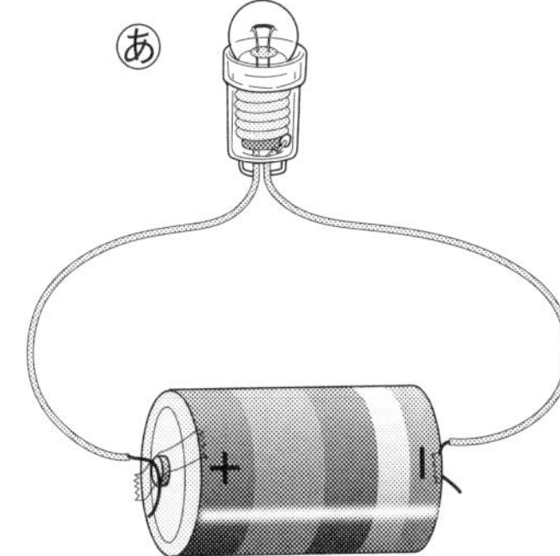

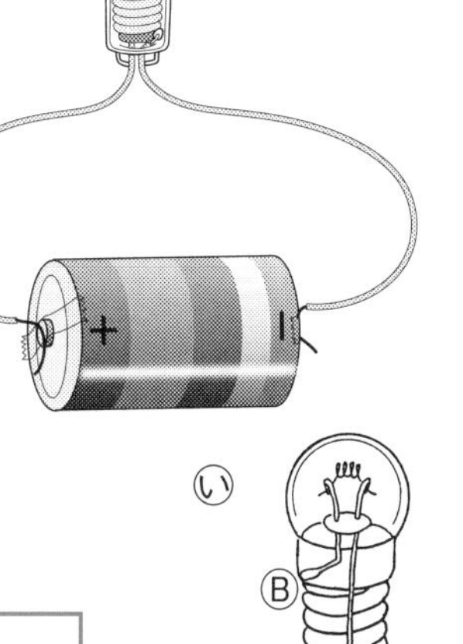

つきます	−	どう線	フィラメント

月　　日　名前

電気の通り道・回路のしくみを調べます。

3 豆電球の明かりはつきますか。つけば○、つかなければ×を（　）にかきましょう。

あ（　）　い（　）　う（　）

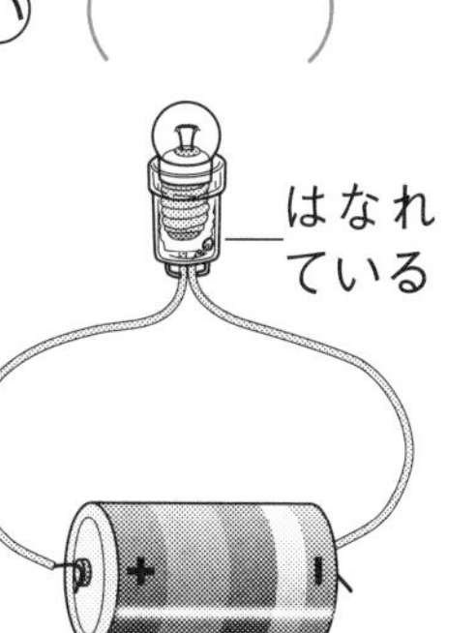

4 3のあ～うの説明をしています。（　）にあてはまる言葉を□から選んでかきましょう。

あは（①　）極から出た電気は（②　）の中を通ってかん電池にもどっていますが、（③　）極についていません。

いは＋極から出た電気は（④　）を通って（②）の中へ入りますが、豆電球が（⑤　）いるため、つきません。

うは電気の（⑥　）がつながっているように見えますが、よく見るとどう線のはしの（⑦　）をはがしていないので、電気が流れません。

ビニール	はなれて	どう線	ソケット
＋	−	通り道	

電気のはたらき ②
回路と電流

回路に流れる電流を知り、けん流計ではかれるようにします。

月　　日　名前

1 図を見て、(　　)にあてはまる言葉を□から選(えら)んでかきましょう。

(1) 電流はかん電池の(①　　)極(きょく)を出て、豆電球、けん流計を通り(②　　)極へ流れます。かん電池の向きを反対にすると、電流の向きは(③　　)になります。

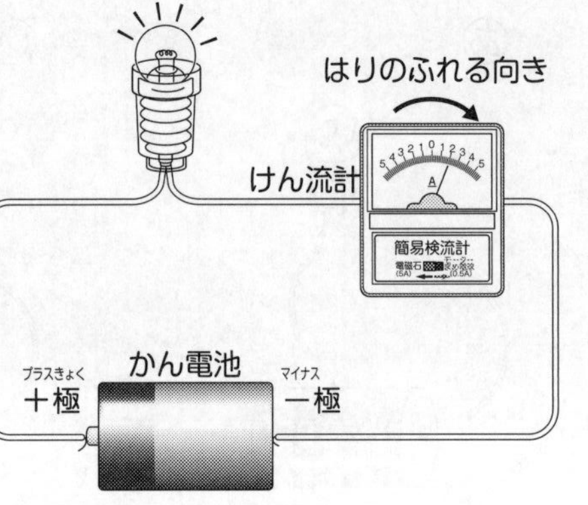

けん流計を使うと(④　　)の流れる向きと(⑤　　)を調べることができます。

ー(マイナス)　＋(プラス)　電流　反対　強さ

(2) けん流計は(①　　　　)に置(お)いて使います。回路にけん流計をつなぎ、電流を流したら、はりのふれる(②　　)と(③　　)を見ます。下の図では、電流は(④　　)から(⑤　　)へ流れ、目もりは(⑥　　)になっています。

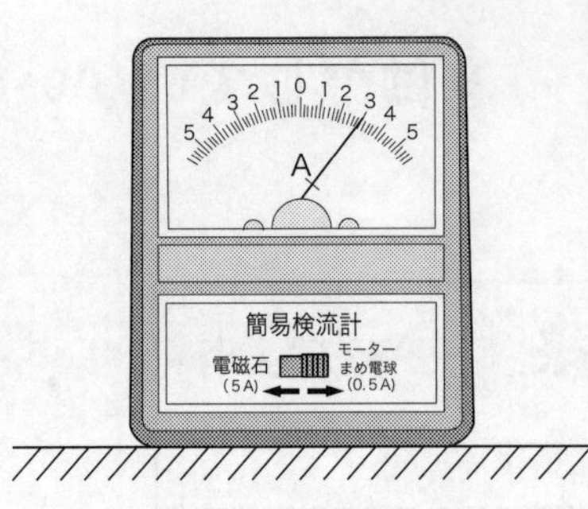

3　向き　左　右 ふれはば　水平なところ

2 かん電池とモーター、けん流計をつないで図のような回路をつくりました。(　　)の中の正しいものに○をかきましょう。

(1) この回路では、電流の向きは(あ・い)になります。

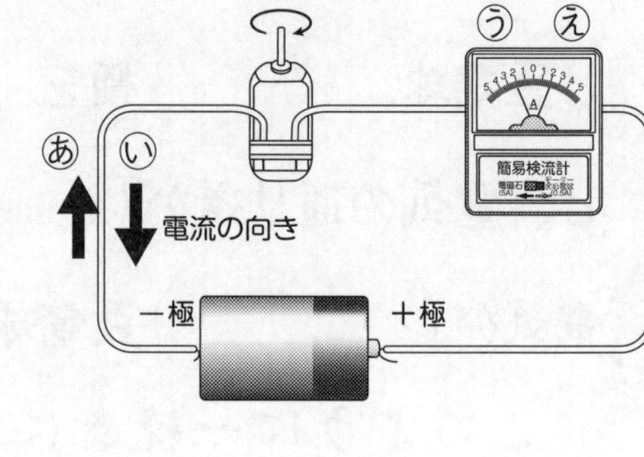

(2) けん流計のはりは(う・え)にふれ、目もりは(２・３)をさします。このときモーターは右回りでした。

(3) 次にかん電池の向きを反対にすると、けん流計のはりは(う・え)にふれ、モーターは(右回り・左回り)になります。

3 あの回路を電気記号を使って、いをかんせいさせましょう。

	豆電球	かん電池	スイッチ
記号	⊗	⊕ ⊖	―／―

あ　豆電球　電流の向き　スイッチ　かん電池

い　①(　　)豆電球　②(　　)かん電池　③(　　)スイッチ

電気のはたらき ③

直列つなぎ・へい列つなぎ

1 次の(　　)にあてはまる言葉を□から選(えら)んでかきましょう。

（図１）

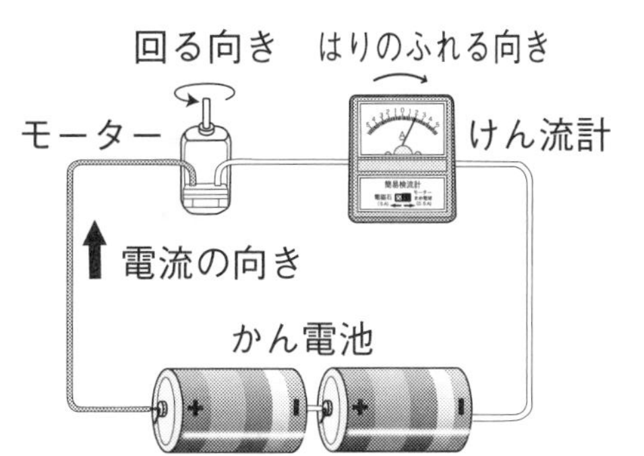

（図２）

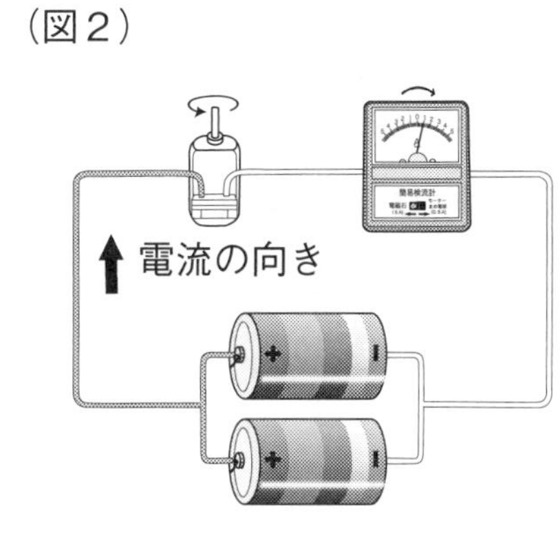

(1) 図１のようなかん電池のつなぎ方を(①　　　)つなぎといいます。このつなぎ方にするとかん電池１このときとくらべてモーターの回る速さは(②　　　)なります。

直列つなぎにすると、かん電池１このときとくらべて豆電球の明るさは(③　　　)なります。

明るく　　速く　　直列

(2) 図２のようなかん電池のつなぎ方を(①　　　)つなぎといいます。このつなぎ方にするとモーターの回る速さは、かん電池１このときと(②　　　)になります。

へい列つなぎにすると、豆電球の光る時間の長さは、かん電池１このときとくらべて(③　　　)になります。

同じぐらい　　2倍ぐらい　　へい列

月　　日　名前

ポイント 電流が流れる回路には、かん電池の直列つなぎとへい列つなぎがあることを知ります。

2 次のような回路で、豆電球の明るさが電池１つ分のものに○、電池２こ分のものに◎、明かりがつかないものに×をかきましょう。

① (　　)

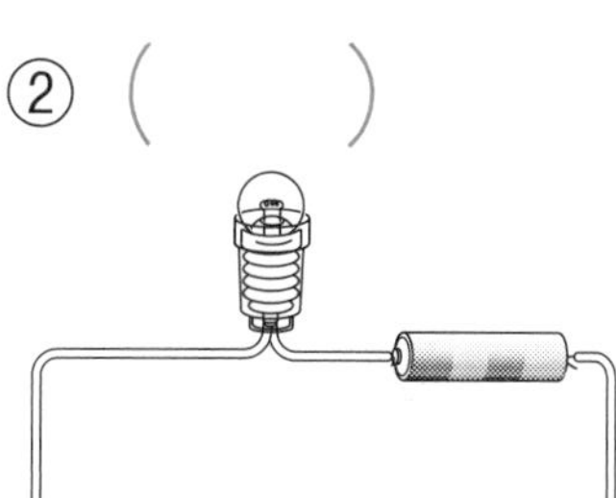

② (　　)

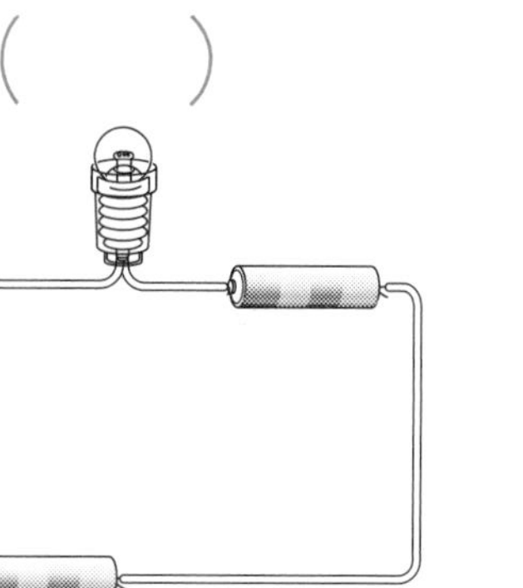
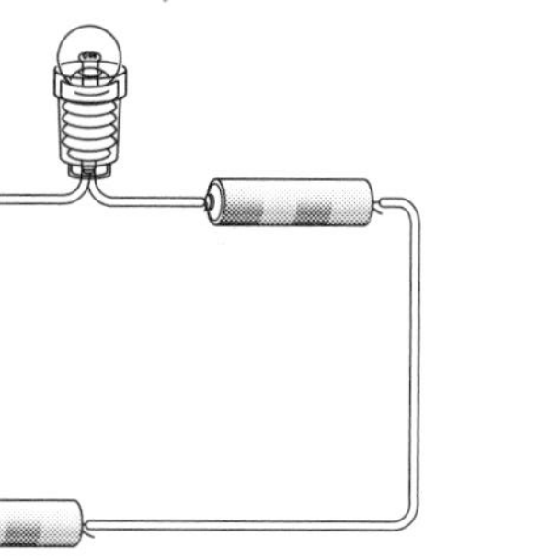

③ (　　)

④ (　　)

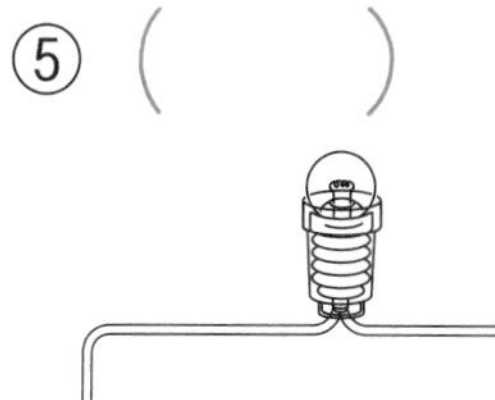

⑤ (　　)

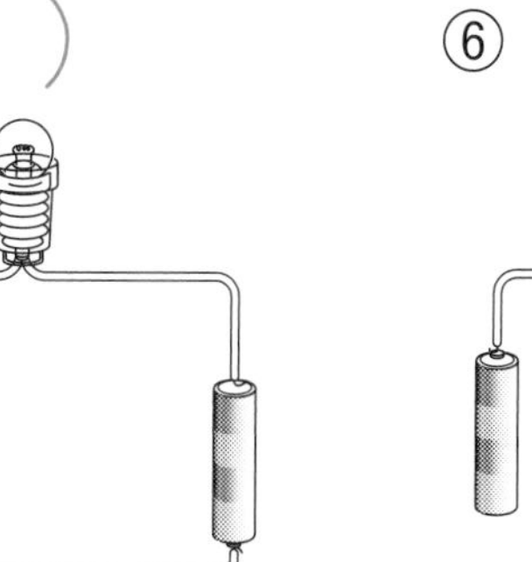

⑥ (　　)

3 次の(　　)に直列かへい列かをかきましょう。

(①　　　)つなぎ

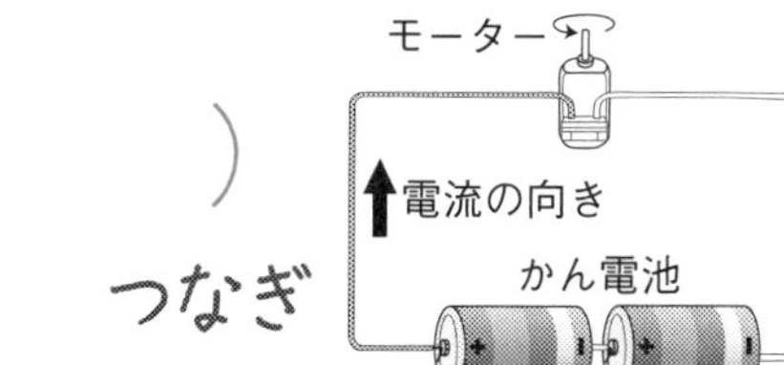

(②　　　)つなぎ

モーターが速く回転するのは(③　　　)つなぎです。

モーターが長時間回転するのは(④　　　)つなぎです。

電気のはたらき ④

直列つなぎ・へい列つなぎ

ポイント　モーターやけん流計を使って、かん電池の直列つなぎやへい列つなぎのちがいを知ります。

月　　日　名前

1 次の(　　)にあてはまる言葉を□から選んでかきましょう。

(図1)

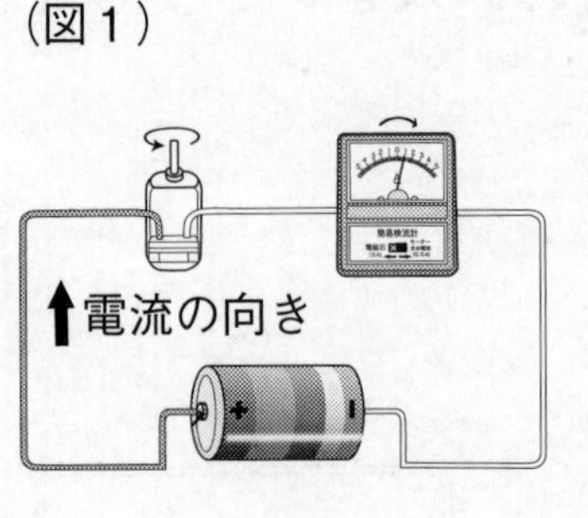

(図2)

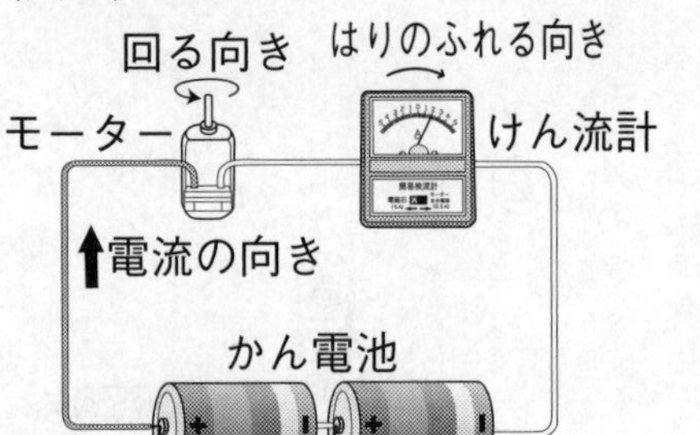

(図3)

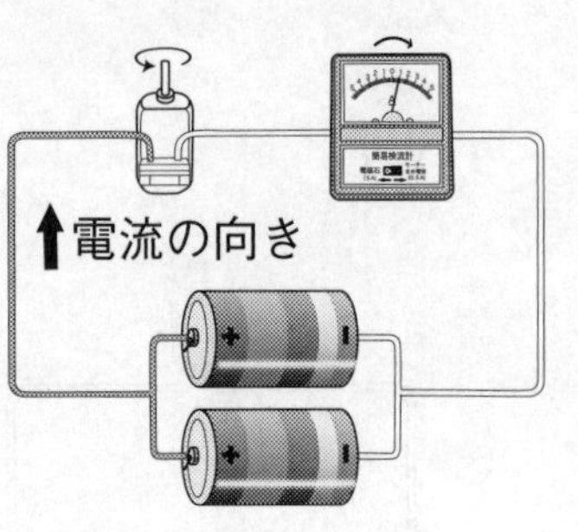

(1) 図2のように、かん電池の＋極と－極を次つぎにつなぐつなぎ方を(①　　　)つなぎといいます。このつなぎ方は図1のかん電池１このときとくらべて、電流の強さは(②　　　)になり、(③　　　)のはりのさす目もりも大きくなります。

モーターは図1より(④　　　)回ります。

2倍　けん流計　直列　速く

(2) 図3のように、かん電池の同じ極どうしが１つにまとまるようなつなぎ方を(①　　　)つなぎといいます。このつなぎ方では、けん流計を見てもわかるように、かん電池１このときと(②　　　)の電流が流れます。図1のモーターよりも(③　　　)回り続けます。

長時間　へい列　同じくらい

2 かん電池とモーターをつないで右のような回路をつくりました。

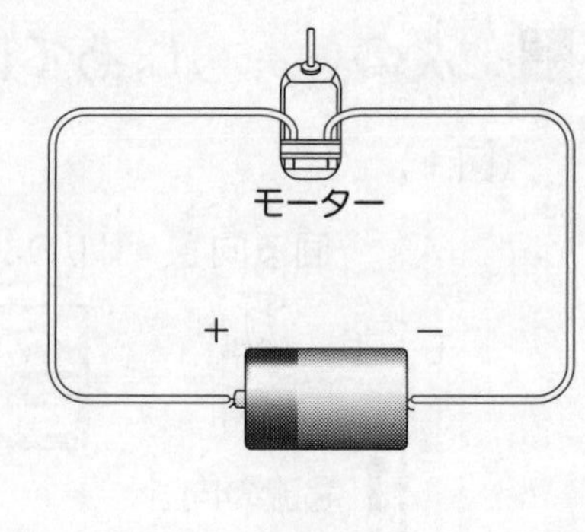

(1) モーターをより速く回転させるためには、もう１このかん電池をどのようにつなげばいいですか。次の㋐～㋒から選びましょう。(　　　)

㋐

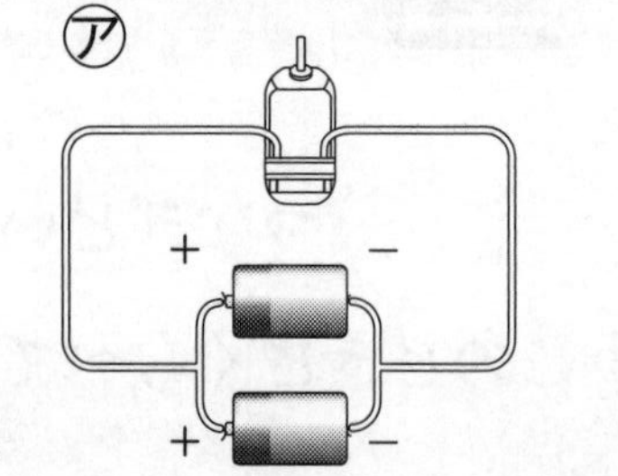

㋑

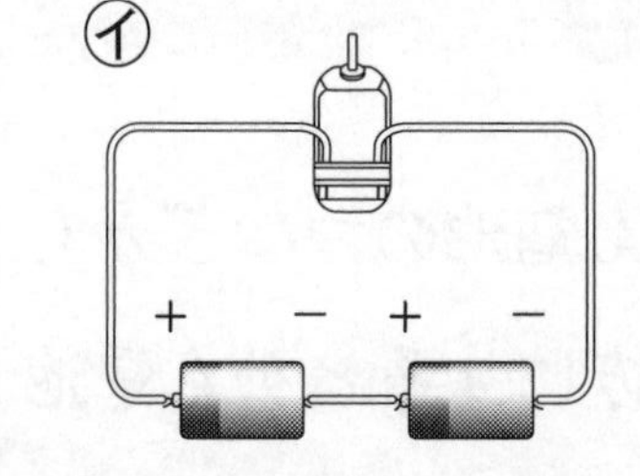

㋒

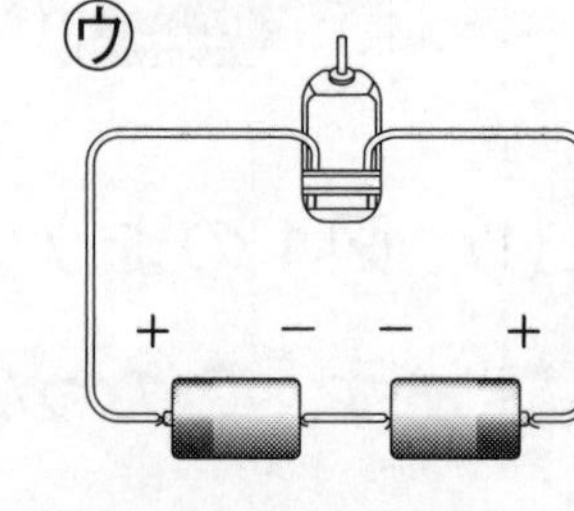

(2) (1)で選んだかん電池のつなぎ方を何といいますか。

(　　　　　)つなぎ

(3) ㋐と㋑ではどちらのモーターが長時間回転し続けますか。

(　　　)

3 電流が強くなったときのようすについて、正しい言葉に○をかきましょう。

① モーターの回る速さは(速く・おそく)なります。

② 豆電球の明るさは(明るく・暗く)なります。

③ けん流計のはりのふれはばは(大きく・小さく)なります。

まとめテスト

電気のはたらき

1 モーターをかん電池につないで回しました。

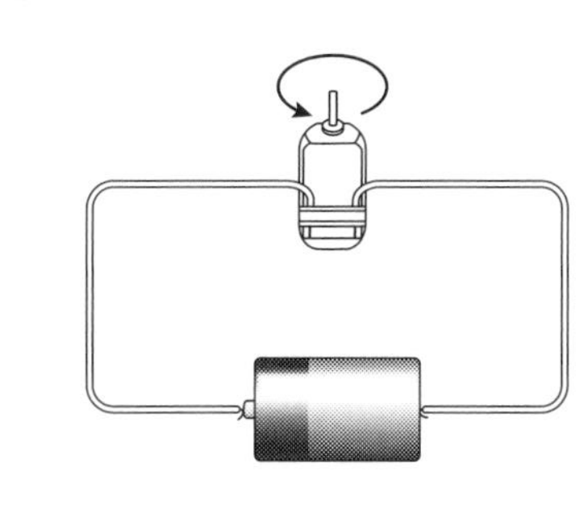

(1) 一続き（ひとつづき）になった電気の通り道を何といいますか。（10点）

（　　　）

★(2) モーターの回転の向きを変える（か）には、どうしますか。（10点）

（　　　　　　　　　　）

(3) モーターの代わりに、豆電球をつなぐと明かりがつきます。このとき、かん電池の＋極（プラスきょく）と－極（マイナス）を反対にすると、豆電球はどうなりますか。㋐～㋒から正しいものを１つ選ん（えら）で○をかきましょう。（５点）

㋐（　　）豆電球の明かりが消えます。

㋑（　　）豆電球の明かりは明るくなります。

㋒（　　）豆電球の明かりは前と変わりません。

(4) モーターの回転を速めようとして、かん電池を２こにしました。速くなるものには○、速さが変わらないものには△、動かないものには×をかきましょう。（１つ５点）

㋐（　　）　㋑（　　）　㋒（　　）

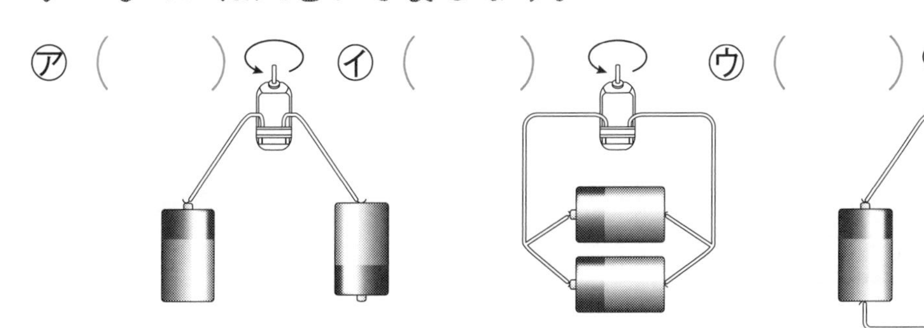

2 図のような回路を回路図にします。（10点）

豆電球（⊗）、かん電池（─┤├─）、スイッチ（─╱─）を使います。

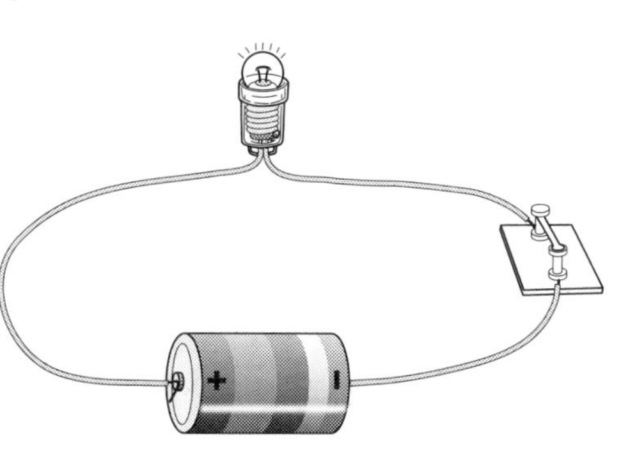

（回路図）

3 右のような回路をつくり、電気を通すとモーターが回るようにしました。（各10点）

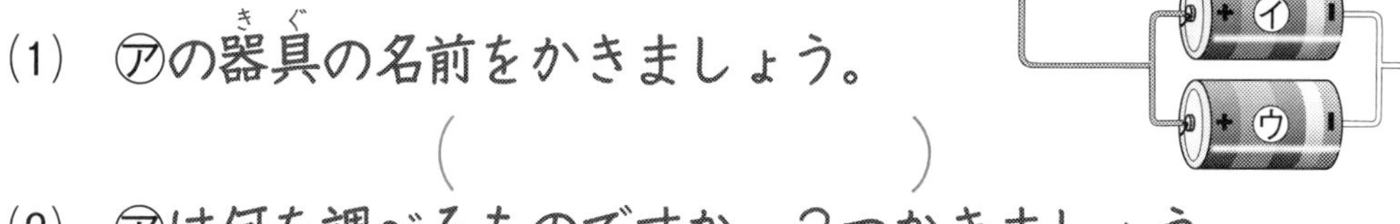

(1) ㋐の器具（きぐ）の名前をかきましょう。

（　　　）

(2) ㋐は何を調べるものですか。２つかきましょう。

（　　　）（　　　）

(3) ㋑、㋒の電池は何つなぎですか。（　　　つなぎ）

(4) ㋒の電池をはずします。モーターは回りますか。

（　　　）

(5) ㋑、㋒のかん電池を何つなぎにすれば、モーターはより速く回りますか。（　　　つなぎ）

まとめテスト

電気のはたらき

月　　日　名前　　　　/100点

1 3種類の回路をつくって、豆電球の明るさを調べます。(各10点)

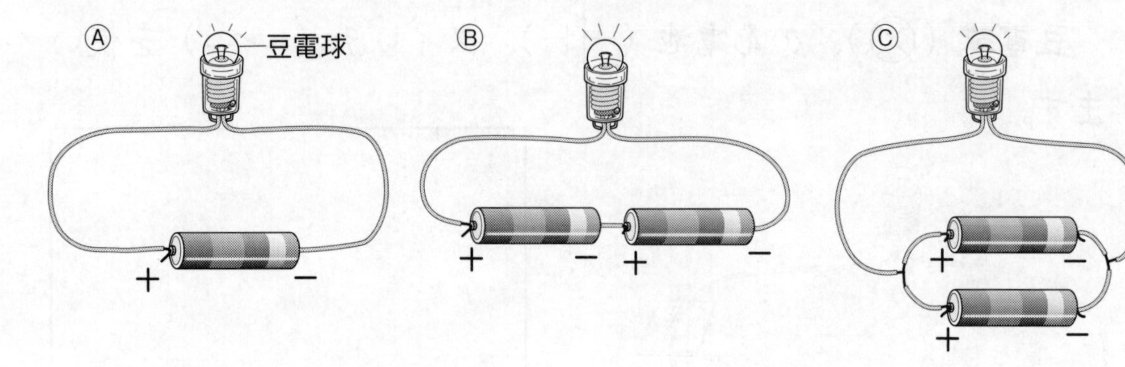

① Ⓐの豆電球は、かん電池１こ分の明るさです。かん電池１こ分の明るさより明るく光るのはⒷ、Ⓒのどちらですか。　(　　)

② 長時間光り続けるのは、Ⓑ、Ⓒのどちらですか。　(　　)

③ Ⓑのようにかん電池をつなぐと、Ⓐとくらべて電流の強さはどうなりますか。　(　　)

④ Ⓒのようにかん電池をつなぐと、Ⓐとくらべて電流の強さはどうなりますか。　(　　)

⑤ Ⓑのように２このかん電池が、一続きにまっすぐつながっている回路を何つなぎといいますか。　(　　)

⑥ Ⓒのように、かん電池が２列にならんでいる回路を何つなぎといいますか。　(　　)

2 図を見て、(　)にあてはまる言葉を□から選んでかきましょう。(各６点)

電流は、かん電池の(①　　)極を出て、モーター、けん流計を通り(②　　)極へ流れます。

かん電池の向きが反対になると、電流の向きは(③　　)になります。このとき、モーターの回る方向も（③）になります。けん流計を使うと(④　　)の流れる向きと(⑤　　)を調べることができます。

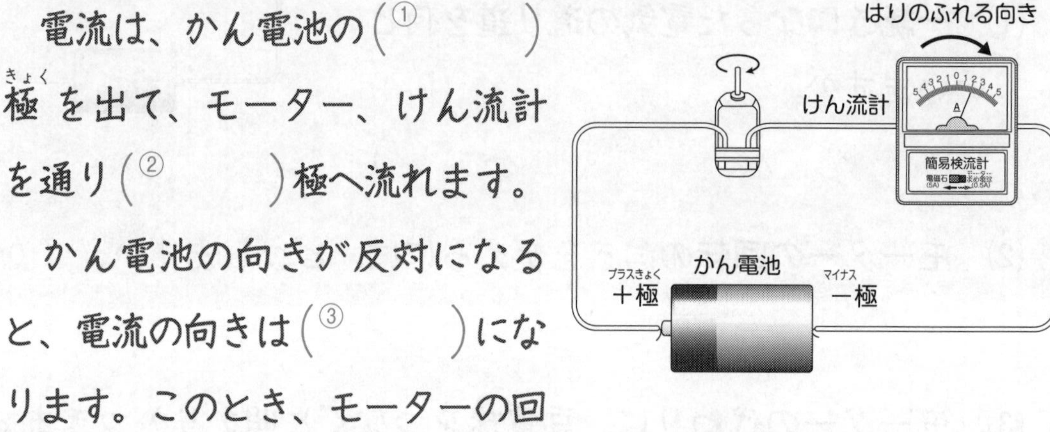

－	＋	電流	強さ	反対

3 かん電池と豆電球をビニールどう線でつなぎ、電気が流れる回路をつくりました。ところが、豆電球の明かりがつきません。どこに原いんがあると考えられますか。３つ答えましょう。(10点)

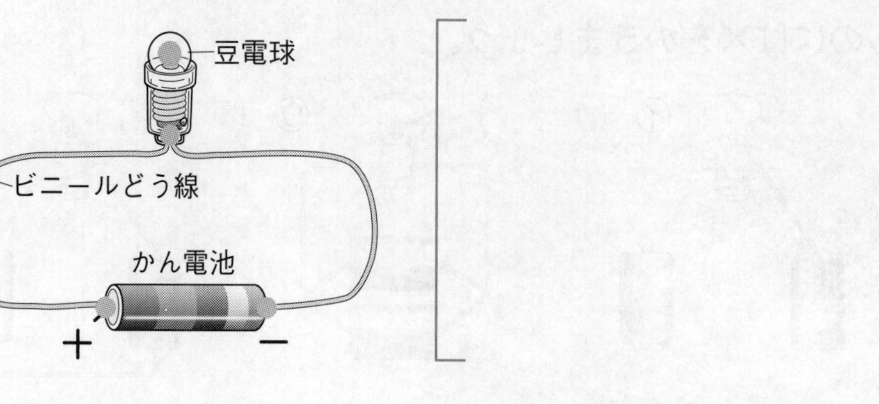

[　　　　]

まとめテスト

電気のはたらき

1 次の(　　)の中の言葉で正しいものに○をつけましょう。（各8点）

(1) かん電池を（ 直列 ・ へい列 ）につなぐと、回路に流れる（ 電流 ・ 電池 ）が強くなり、電気のはたらきが（ 大きく ・ 小さく ）なります。

(2) 2このかん電池を（ 直列 ・ へい列 ）につなぐと、電流の強さや電気のはたらきは、かん電池1このときと（ 同じです ・ ちがいます ）。

2 次の(　　)にあてはまる言葉を□から選んでかきましょう。（各5点）

かん電池をへい列につなぐと（①　　　）をつけたり、モーターを回したりできる時間は、（②　　　）なります。

かん電池を（③　　　）につなぐと、かん電池1このときや（④　　　）につないだときよりも、はたらき続けることのできる時間は（②）なります。

直列	豆電球	長く	へい列

月　　日　名前　　　　　/100点

★**3** 図のモーターを反対に回そうと思います。どうすればよいでしょう。（10点）

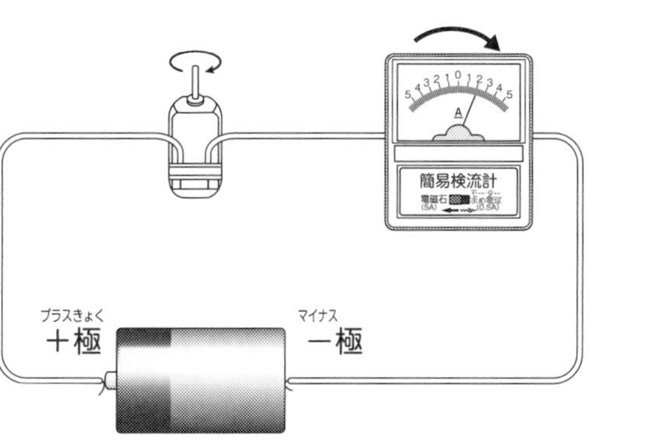

4 次の回路の中で豆電球の明かりがつくものには○、つかないものには×をかきましょう。（各6点）

①（　　）　②（　　）　③（　　）

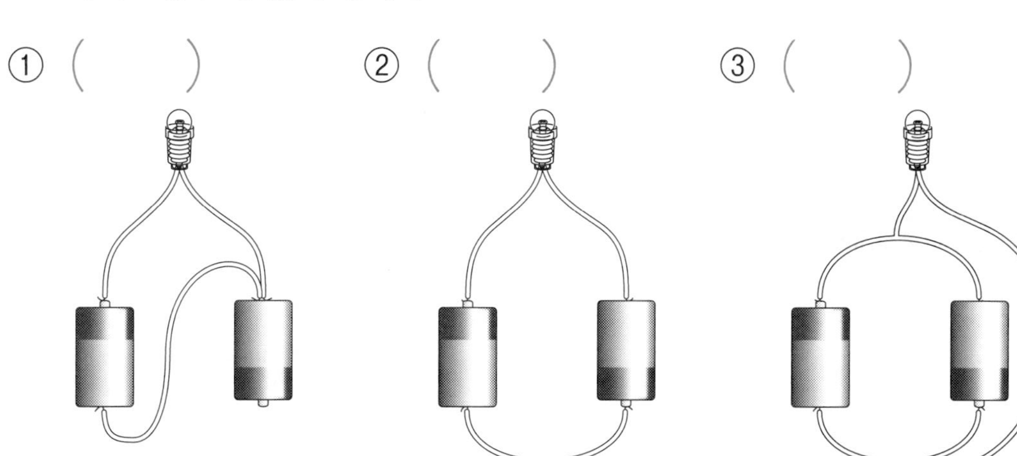

④（　　）　⑤（　　）

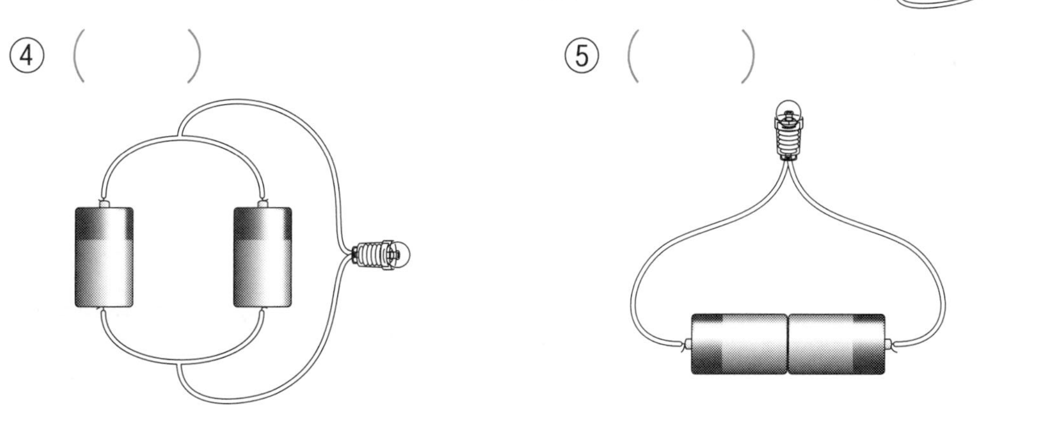

イメージマップ

天気と気温

月　日　名前

気温のはかり方

気温をはかるじょうけん

1. 直せつ日光があたらない
2. 風通しがよい
3. 地面から1.2～1.5mの高さ

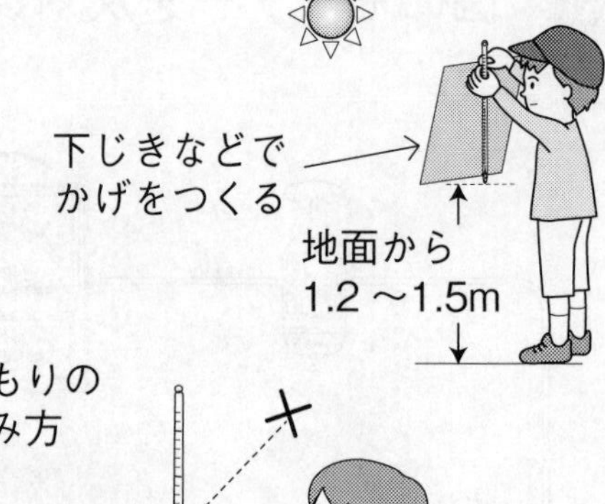

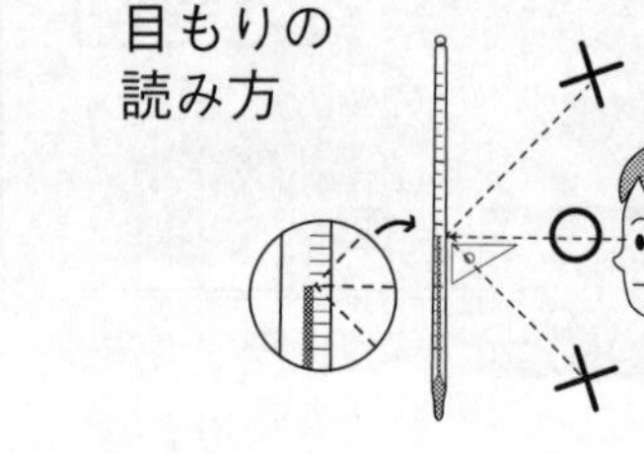

天気と雲のようす

天気は雲の量で決まる

くもり

雲が多く、青空がほとんど見えない。

1日の気温の変化

〈くもり・雨の日〉

気温の変化が小さい

雲が日光をさえぎるため太陽が高くなっても気温が変わりません。

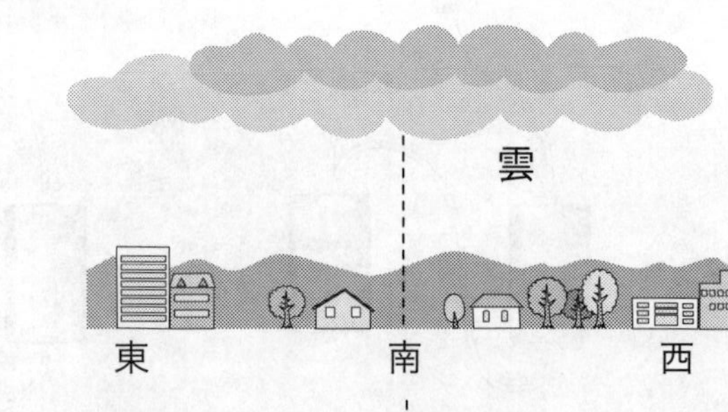

百葉箱

最高・最低温度計

気あつ計…空気のこさをはかる

記録温度計…1日中の気温を自動的にはかる

しつ度計…空気中の水分の量をはかる

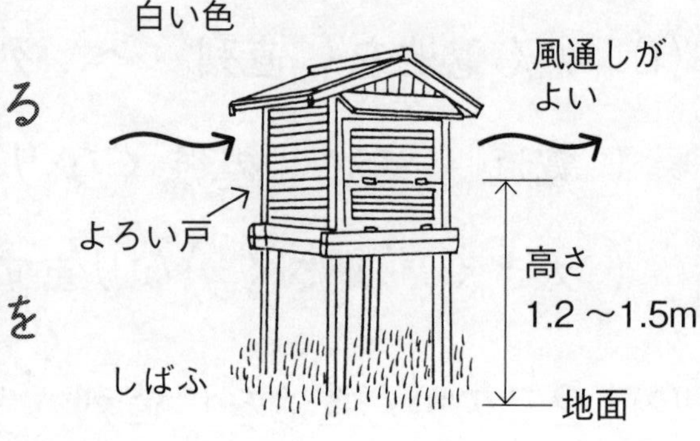

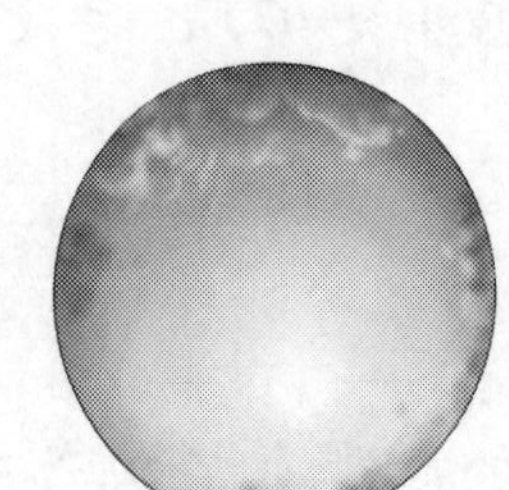

晴れ

青空のときや、雲があっても青空が見えている。

〈晴れた日〉

気温の変化が大きい

最高気温　午後2時ごろ

最低気温　日の出前

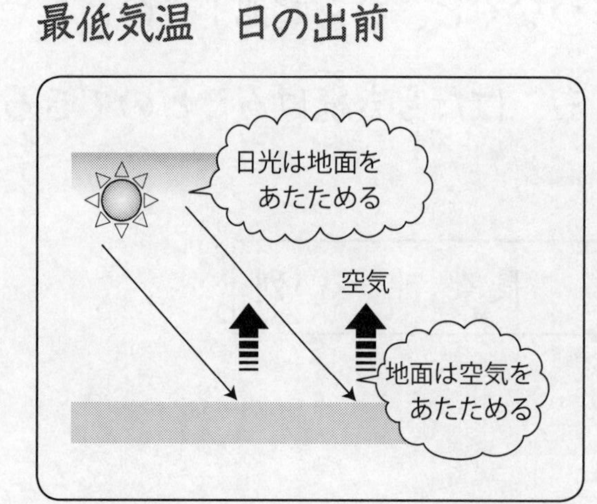

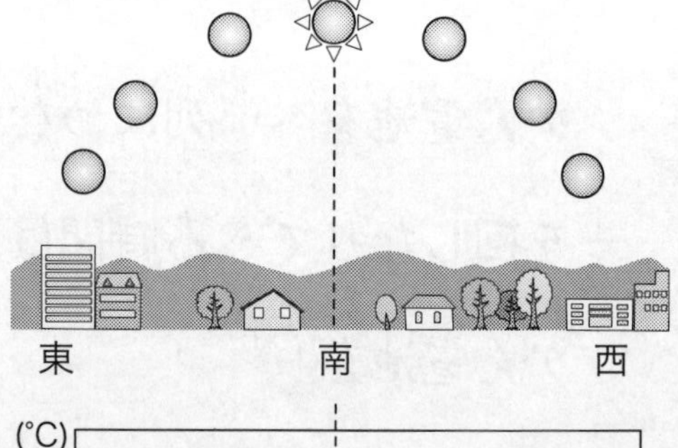

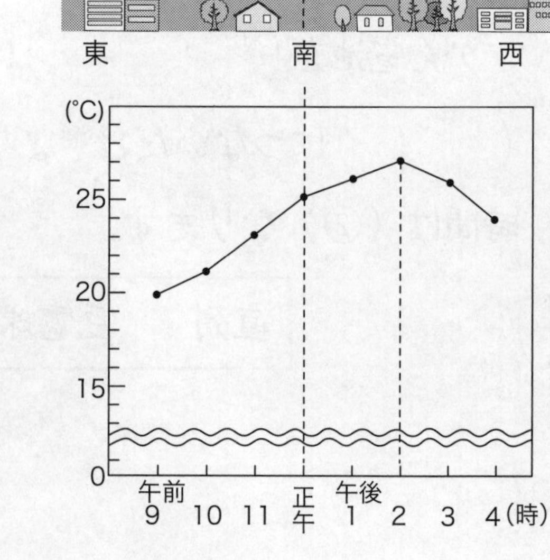

天気と気温 ①

気温のはかり方

1 次の(　　)にあてはまる言葉を□から選(えら)んでかきましょう。

(1) 温度計を使って気温をはかります。気温は、風通しの(①　　　)場所ではかります。温度計に直せつ(②　　　)があたらないように、下じきなどでおおいます。温度計は(③　　　)から(④　　　)mくらいの高さではかります。

日光　　よい　　1.2～1.5　　地面

(2) 温度計の目もりを読むときには、見る方向と温度計とが(①　　　)になるようにして読みます。

温度計のえきの先が、ちょうど目もりの上にあるときは、その(②　　　)を読みます。

目もりの上にないときには、えきの先が(③　　　)方の目もりを読みます。

目もり　　近い　　真横

月　　日　名前

ポイント　気温のはかり方や、百葉箱のしくみを学びます。

2 次の(　　)にあてはまる言葉を□から選んでかきましょう。

(1) 図のようなものを(①　　　)といいます。

百葉箱は、(②　　　)などをはかるためのもので(③　　　)い色をしています。

白　　百葉箱　　気温

(2) 百葉箱は(①　　　)がよく、直せつ日光が(②　　　)ようにつくられています。中に入っている温度計は、地面からおよそ(③　　　)mの高さになっています。

1.2～1.5　　風通し　　あたらない

(3) 天気の「晴れ」は、雲がないときや(①　　　)があっても(②　　　)が見えているときのことをいいます。

天気の「くもり」は、(③　　　)が多く青空がほとんど見えないときのことです。

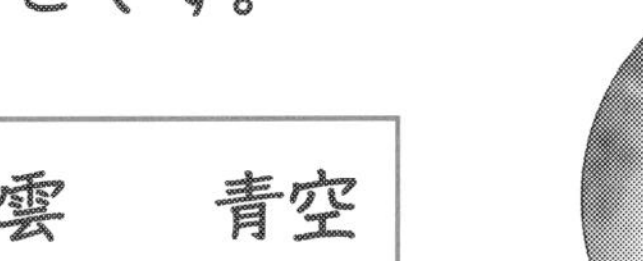

雲　　雲　　青空

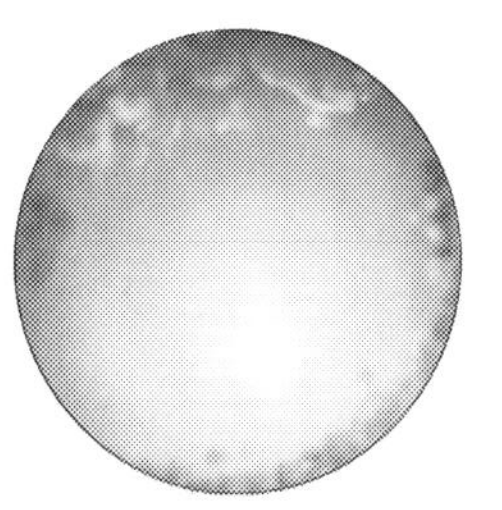

晴れ

くもり

太陽の高さと気温

1 次の(　　)にあてはまる言葉を□から選んでかきましょう。

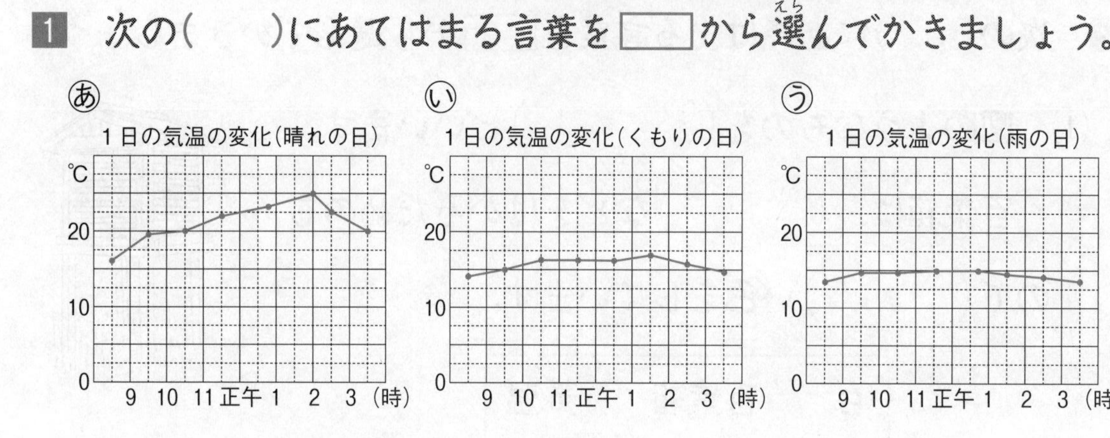

(1) 1日の気温の変化は、天気によってちがいます。

あのグラフは、(①　　)の日の気温の変化を表したものです。晴れの日の1日の気温の変化は(②　　)です。

また、朝のうちの気温が(③　　)、午後2時ごろの気温が一番(④　　)なります。

晴れ　　低く　　高く　　大きい

(2) いのグラフは(①　　)の日の気温の変化を、うのグラフは(②　　)の日の気温の変化を表しています。どちらのグラフも、1日の気温の変化は(③　　)です。これは、(④　　)が雲でさえぎられるためです。

日光　　小さい　　くもり　　雨

月　　日　名前

ポイント　天気の種類と気温の変化を調べます。

2 次の(　　)にあてはまる言葉を□から選んでかきましょう。

(1) 図のように、1日のうちで太陽が一番高くなるのは、(①　　)ごろです。グラフからわかるように、1日のうちで(②　　)が一番高くなるのは、(③　　)ごろです。

太陽の高さと1日の気温の変化

高　低　日の出　日の入り　午前6時　正午　午後2時　午後6時

気温　　正午　　午後2時

(2) 太陽が一番高くなるときと最高気温になるときは(①　　)ます。これは日光が(②　　)をあたためたあと、あたためられた地面が(③　　)をあたためるからです。

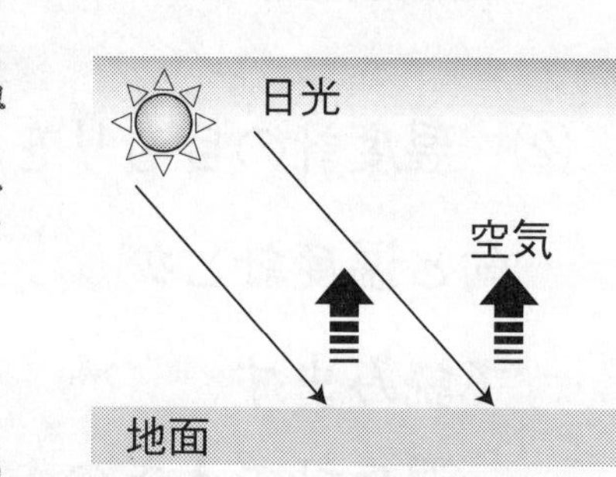

空気　　地面　　ずれ

(3) 夕方になって日がしずむと、(①　　)も(②　　)もあたためられなくなり、温度が下がります。1日のうちで一番気温が下がるのが(③　　)前になります。

地面　　空気　　日の出

天気と気温

月　　日　名前　　　　/100点

1 次のグラフを見て、あとの問いに答えましょう。

㋐　5月6日（晴れ）

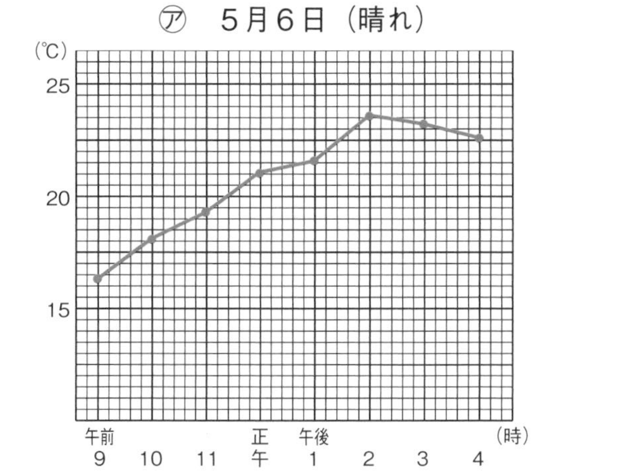

㋑　5月10日（雨）

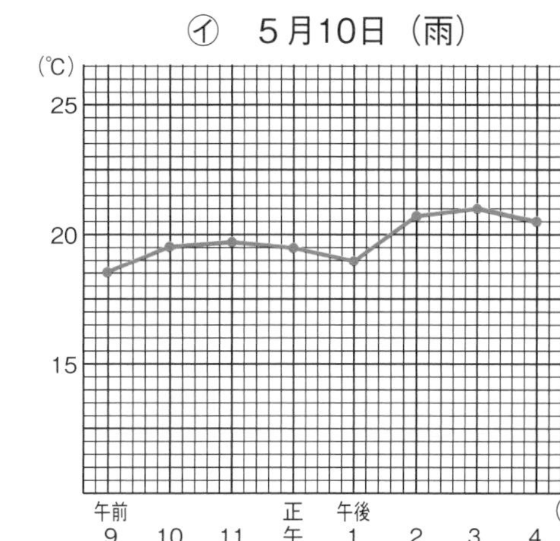

(1) ㋐と㋑の記録(きろく)は、天気と何の関係(かんけい)を調べていますか。（10点）

（天気と　　　　　の関係）

(2) ㋐と㋑で、最高(さいこう)気温と最低(さいてい)気温の時こくは何時ですか。（1つ5点）

㋐　最高（　　　　）　　最低（　　　　）

㋑　最高（　　　　）　　最低（　　　　）

(3) 正しい方に○をつけましょう。（各5点）

日光によってあたためられた（ 地面 ・ 空気 ）は、それにふれている（ 地面 ・ 空気 ）をあたためます。１日のうち、太陽が一番高くなるのは（ 正午 ・ 夕方 ）ですが、実さいの気温が上がるのはそれより（ 2時間 ・ 6時間 ）くらいおそくなります。

2 次の文で、正しいものには○、まちがっているものには×をかきましょう。（各5点）

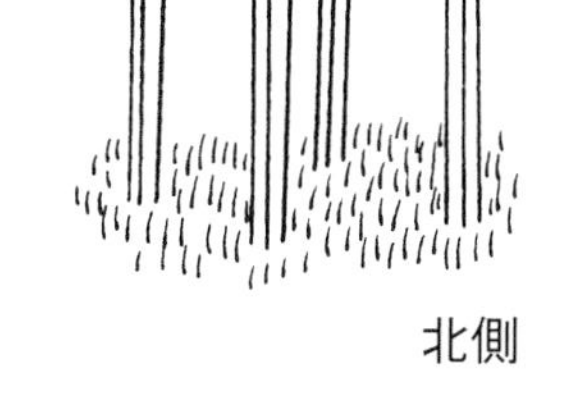

①（　　）百葉箱の戸は、風が入らないようにしています。

②（　　）百葉箱のとびらは、直しゃ日光が入らないように北側(がわ)にあります。

③（　　）温度計は、地面から1.2～1.5mの高さにつるしておきます。

④（　　）百葉箱は、風通しがよいようによろい戸になっています。

⑤（　　）教室の空気の温度を気温といいます。

⑥（　　）百葉箱がとりつけられている地面は、しばふになっています。

⑦（　　）晴れの日の気温は、朝から午後２時ぐらいまで上がり、そのあとは日の出前まで下がります。

⑧（　　）日光は、直せつ空気をあたためます。

⑨（　　）くもりの日の気温は、晴れの日の気温より変化(へんか)が大きいです。

⑩（　　）晴れの日の気温は、くもりの日の気温より変化が大きいです。

まとめテスト

天気と気温

月　　日　名前　　　　／100点

1 気温のはかり方で、正しいもの4つを選びましょう。（1つ5点）

①（　　）コンクリートの上ではかります。
②（　　）しばふや地面の上ではかります。
③（　　）風通しのよい屋上ではかります。
④（　　）まわりがよく開けた風通しのよい場所ではかります。
⑤（　　）温度計に直しゃ日光をあてません。
⑥（　　）温度計は真横から読みます。

2 次の（　　）にあてはまる言葉を□から選んでかきましょう。（各5点）

(1) 百葉箱には、気あつ計やしつ度計、（①　　　　）などが入っています。（①）は、気温の変化を連続して記録します。グラフの形から、その日の（②　　　　）が考えられます。

天気　記録温度計

(2) 天気は、（①　　　　）で決められます。（②　　　　）が多く、青空が見えないときの天気は（③　　　　）で、雲があっても青空が見えていれば（④　　　　）です。

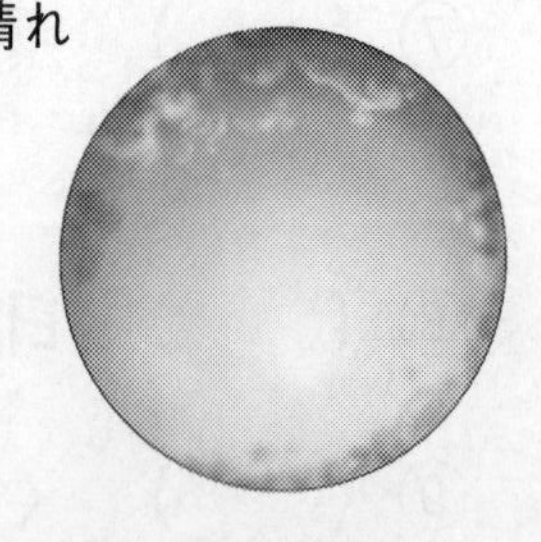

晴れ　くもり　雲　雲の量

3 次の（　　）にあてはまる言葉を□から選んでかきましょう。（各6点）

図は（①　　　　）の日の1日の気温の変化のようすです。（②　　　　）の日とちがって日光を（③　　　　）がさえぎり、（④　　　　）の温度が上がりにくくなります。

（⑤　　　　）の変化も小さいです。

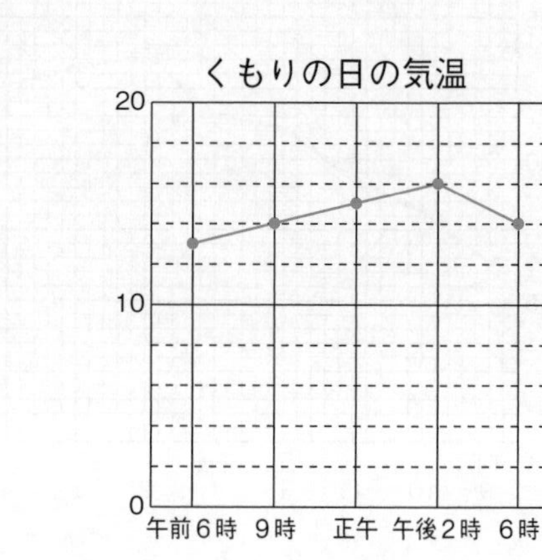

気温　くもり　晴れ　地面　雲

★ **4** 次の1日の気温の変化のグラフを見ると、朝方の6時くらいが最低気温になっています。なぜでしょうか。（20点）

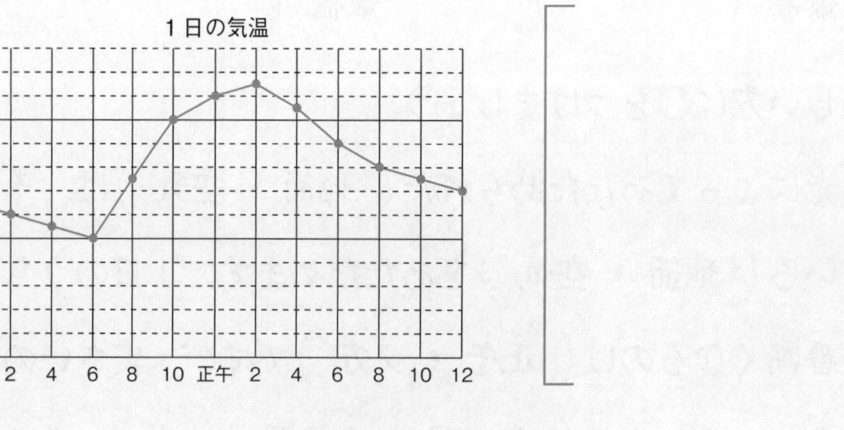

［　　　　　　　　　　］

月や星

月の見え方

ほぼ30日で元の形になる

ア→イ→ウ→エ→オ→カ→キ→ク→アの順

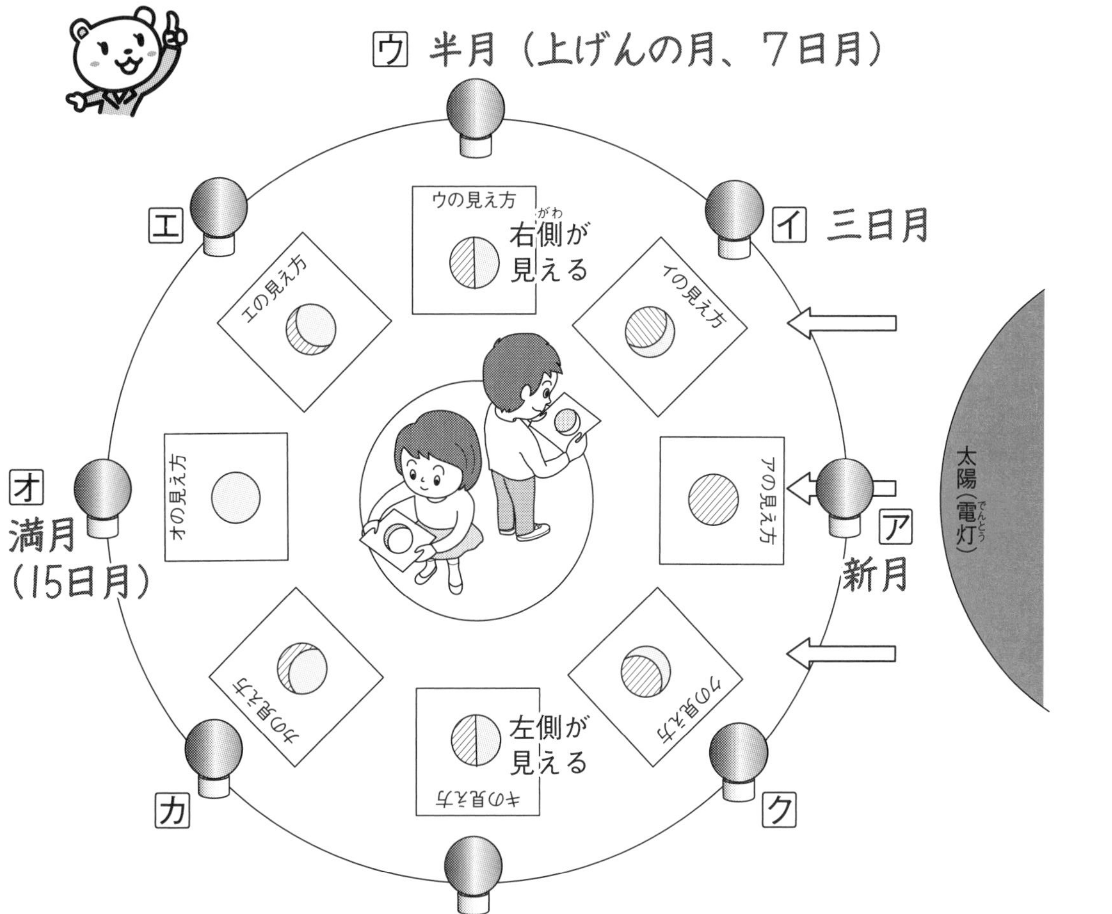

観察のしかた

① 場所を決め、方角をあわせる
② 高さをはかる

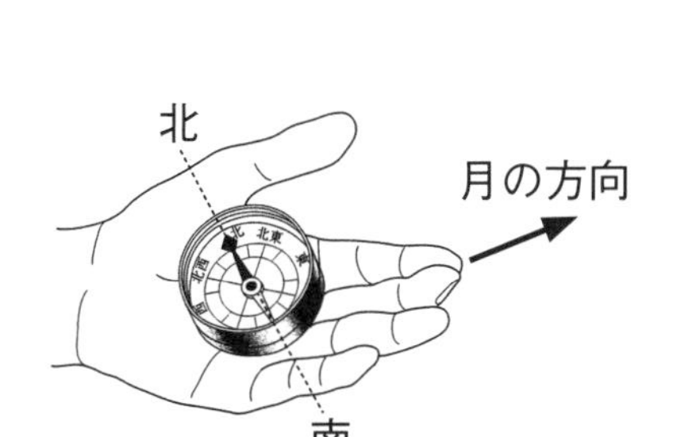

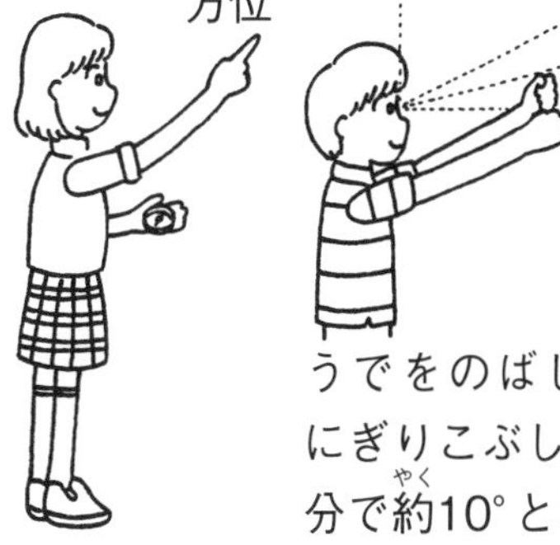

月　　日　名前

月の動き

東の空 → 南の空 → 西の空
（太陽と同じ）

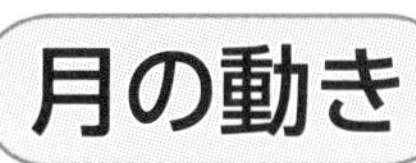

三日月

朝に出て、月の入りは夕方で、西の空の低いところに少しの時間見られる。

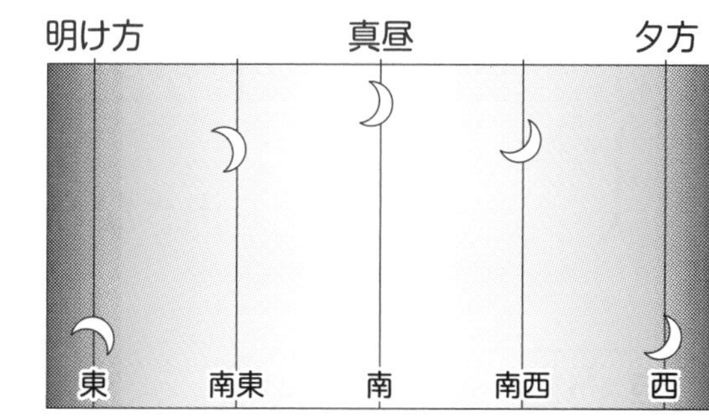

半月（上げん）

昼に出て、真夜中にしずむ。夕方は南の空で見える。

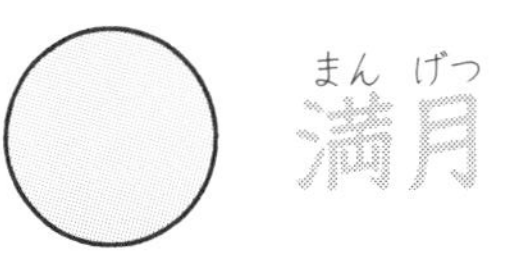

満月

夕方に出て、明け方にしずむ。

半月（下げん）

真夜中に出て、真昼にしずむ。

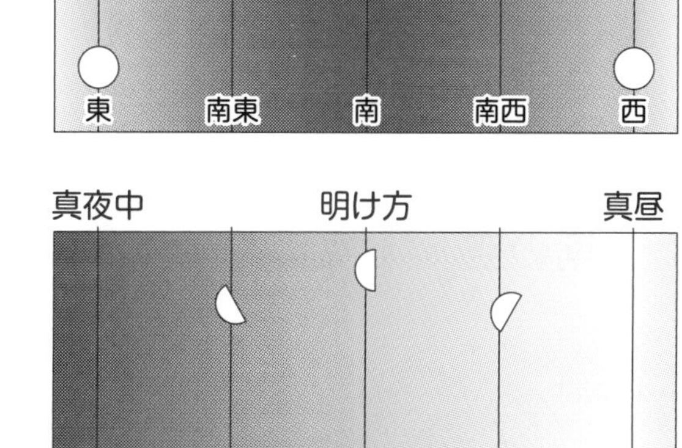

月や星

月　　日　名前

星の種類

- こう星―光を出す（太陽など）
  - 星の色　白、青、黄、赤
  - 明るさ　１等星、２等星、３等星など
- わく星―光を出さない、こう星のまわりをまわる

星や星ざの動き

東の空 → 南の空 → 西の空

（地球の自転による）

時こくとともに見えている位置（いち）は変（か）わるが、ならび方は同じ。

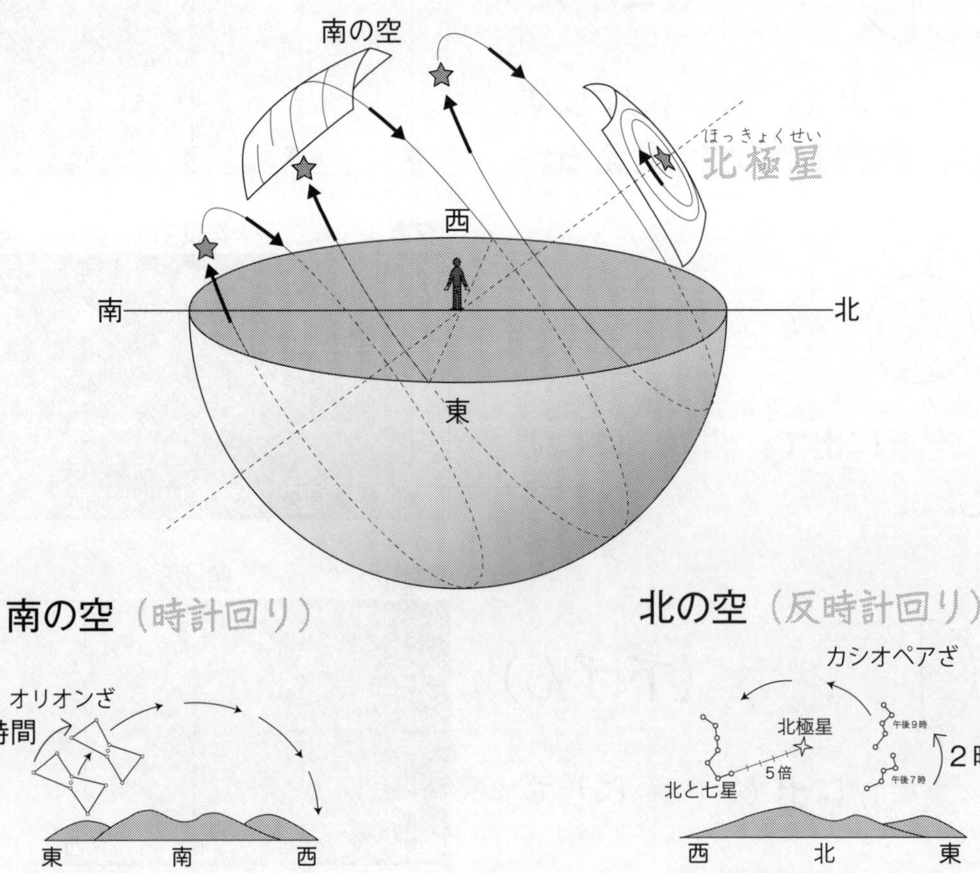

南の空（時計回り）

オリオンざ
1時間
東
南
西

北の空（反時計回り）

カシオペアざ
北極星
5倍
北と七星
2時間
西
北
東

星ざ早見

① 方位じしんを北にあわせて、調べるものの方角をたしかめる

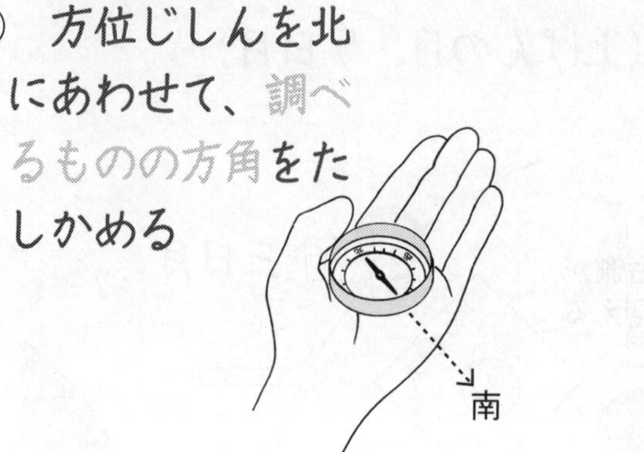
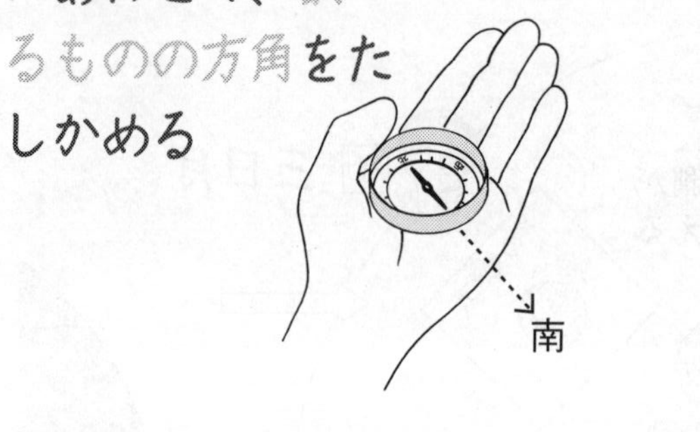

② 星ざ早見の方角をあわせる

③ 月日時こくをあわせる

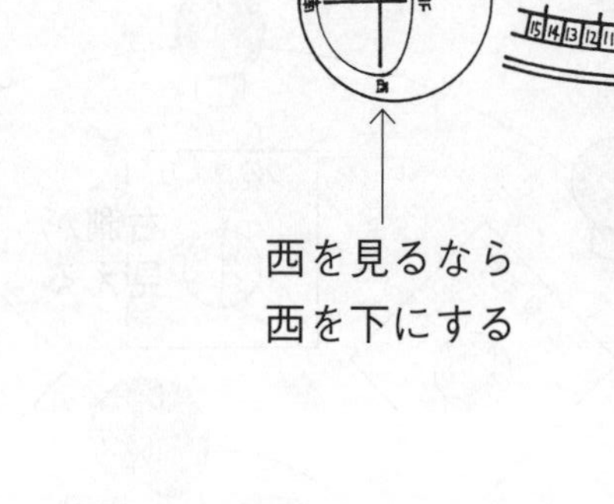

星ざ

（8月中ごろ21時）

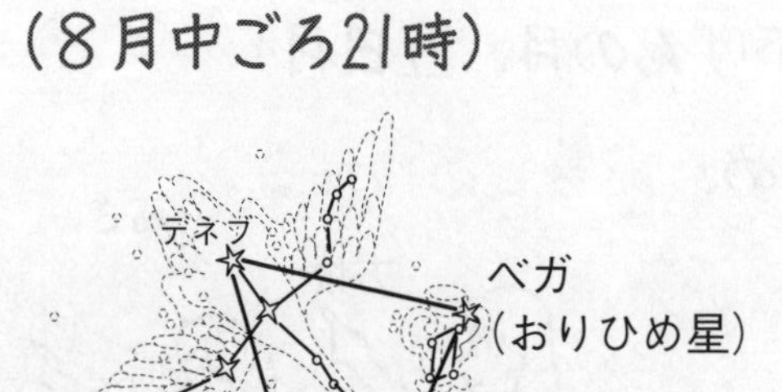

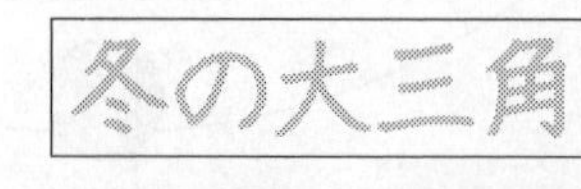

（1月中ごろ20時）

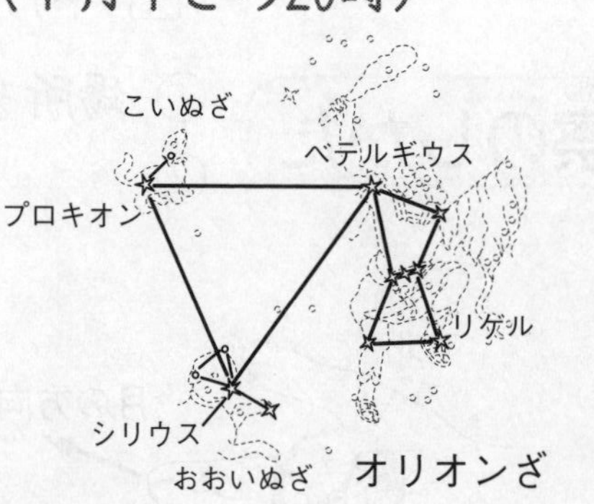

月や星 ①

月の動き

1 月はいろいろな形に見えます。あとの問いに答えましょう。

(1) (　　)に月の名前を□から選んでかきましょう。

(①　　　)　(②　　　)　(③　　　)　(④　　　)

満月	新月	半月	三日月

(2) (　　)にあてはまる言葉を□から選んでかきましょう。

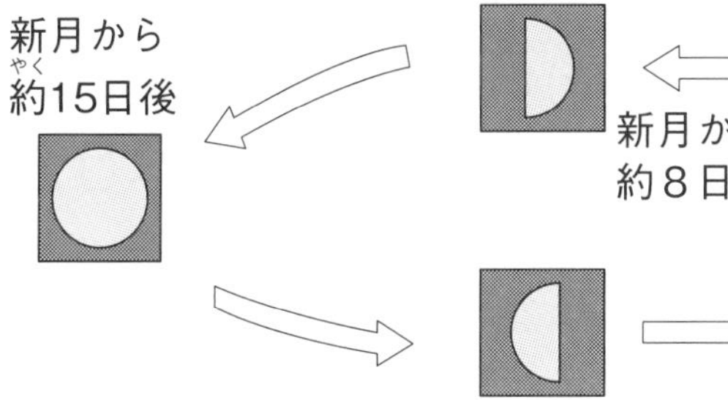
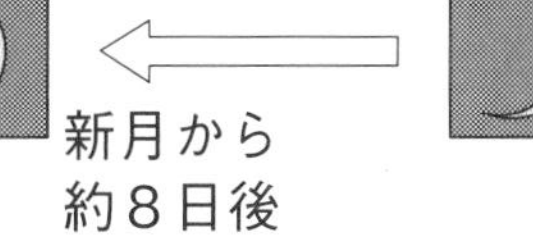

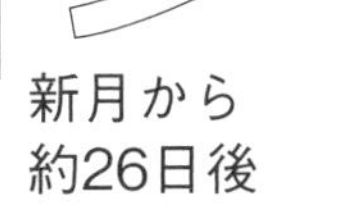

月の形は毎日少しずつ(①　　　　　)。新月から数えて３日目の月を(②　　　　)といい、半円の形の月を(③　　　)といいます。そして、新月から数えて約15日後に(④　　　)になります。(⑤　　　)は、見ることができません。新月から次の新月にもどるまで約(⑥　　　　)かかります。

満月	新月	三日月	半月	１か月	変わります

月　　日　名前

ポイント 観察カードをつくり、月の動きやその形の変化を調べます。

2 次の(　　)にあてはまる言葉を□から選んでかきましょう。

(1) 月の動きを調べるために観察カードを用意します。同じところで観察するため、観察する場所に(①　　　)をつけます。

右の図のように(②　　　　　)を持ち、北の方角にあわせます。そして、(③　　　)を月のある方に向けて方位を読みとります。

月の高さは、うでをのばしてにぎりこぶし１こ分を(④　　　)として見上げる(⑤　　　)をはかります。

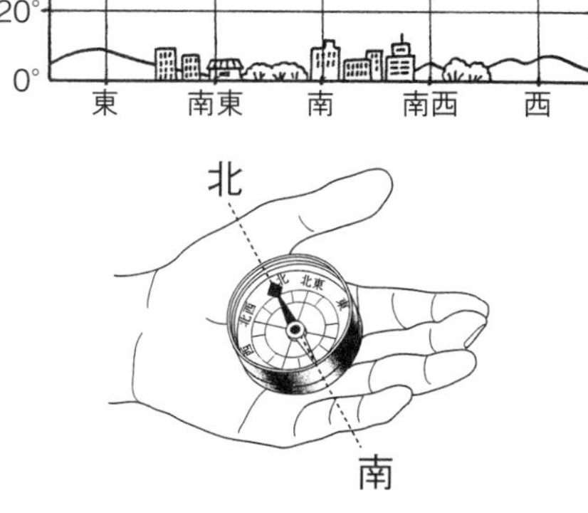

指先	10度	角度
印	方位じしん	

(2) ８月中ごろ、夕方から夜中まで１時間ごとに月の位置を調べました。午後７時に(①　　　)の空に満月が見え、夜中になると(②　　　)の空までのぼりました。そのあとの月は(③　　　)の空にしずみました。

東	西	南

月や星 ②

月の動き

ポイント　月の形の変化を調べ、それぞれの名前を覚えます。

1 月の形の変(か)わり方について、あとの問いに答えましょう。

(1) 月の形が変わっていく順(じゅん)に㋑～㋕の記号をならべましょう。

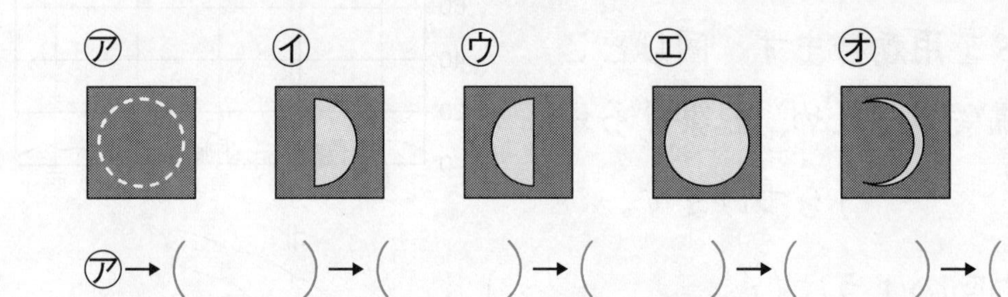

㋐→(　　)→(　　)→(　　)→(　　)→(　　)

(2) 次の月の名前を□から選(えら)んで(　　)にかきましょう。

㋐(　　)　㋒(　　)

㋓(　　)　㋔(　　)

満月(まんげつ)　三日月　新月　半月

(3) (　　)にあてはまる言葉を□から選んでかきましょう。

月の形は(①　　)少しずつ(②　　)ます。図の㋐の形からふたたび㋐にもどるのに、約(やく)(③　　)かかります。

月は見える形が変わりますが、動き方は(④　　)と同じです。(⑤　　)の空からのぼり(⑥　　)の空を通って(⑦　　)の空にしずみます。

1か月　西　東　南　毎日　太陽　変わり

2 次の(　　)にあてはまる言葉を□から選んでかきましょう。

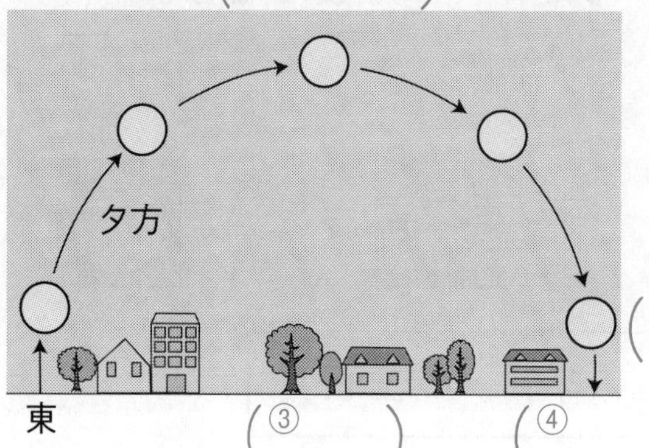

左の図の①、②には時間帯(たい)を、③、④には方角をかきましょう。

(①　　)　(②　　)　(③　　)　(④　　)

夜明け　真夜中　西　南

3 次の(　　)にあてはまる言葉を□から選んでかきましょう。

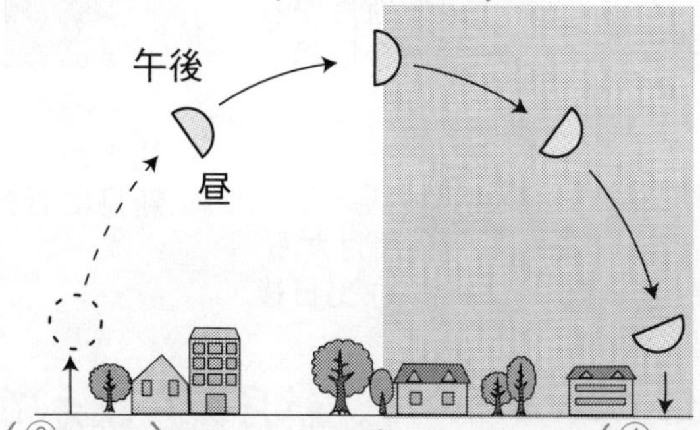

(1) 左の図の①、②には時間帯を、③、④には方角をかきましょう。

(①　　)　(②　　)　(③　　)　(④　　)

西　東　夕方　真夜中

(2) 月の動きは(①　　)と(②　　)、(③　　)の空からのぼり、南の空を通って、(④　　)の空にしずみます。

西　東　同じように　太陽

月や星 ③

星の動き

1 次の(　　)にあてはまる言葉を□から選(えら)んでかきましょう。

星には、青、黄などさまざまな(①　　　)があります。星は、(②　　　)によって１等星、２等星……と分けられています。

星の集まりを動物の形やいろいろなものに見立てたのが(③　　　)です。星ざは、時間がたって動いてもそのならび方は(④　　　)。さそりざの１等星は(⑤　　　)です。

変(か)わりません　アンタレス　明るさ　星ざ　色

2 次の文は、星ざ早見の使い方についてかいています。(　　)にあてはまる言葉を□から選んでかきましょう。

方位(ほうい)じしんを使って、(①　　　)の方位をあわせ、調べるものがどの(②　　　)にあるかたしかめます。

見ようとする星ざの方位の文字を(③　　　)にして、(④　　　)を上方にかざします。そして、月、日と(⑤　　　)の目もりをあせます。

右の図は、９月９日20時です。

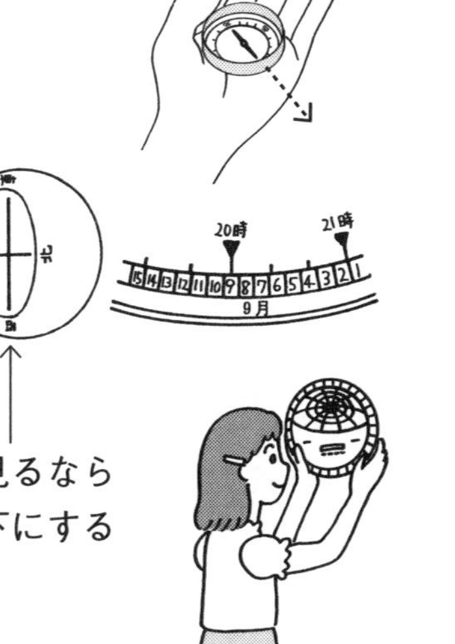

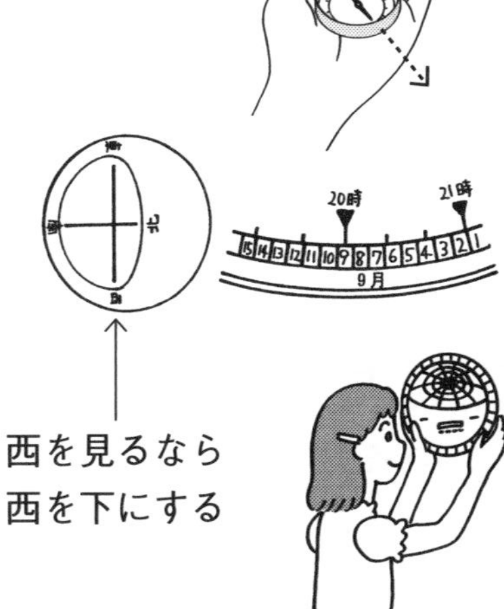

方角　星ざ早見　時こく　下　北

月　　日　名前

ポイント　星の種類と星ざ早見の使い方を覚え、南の空の星ざを調べます。

3 次の(　　)にあてはまる言葉を□から選んでかきましょう。

(1) オリオンざの(①　　　)、こいぬざの(②　　　)、おおいぬざの(③　　　)を結(むす)んでできる三角形を(④　　　)といいます。

これらの星はすべて(⑤　　　)です。

冬の大三角　シリウス　ベテルギウス　プロキオン　１等星

(2) ことざの(①　　　)、わしざの(②　　　)、はくちょうざの(③　　　)を結んでできる三角形を(④　　　)といいます。これらの星はすべて(⑤　　　)です。

アルタイル　デネブ　ベガ　１等星　夏の大三角

月やぼし ④

星の動き

1 次の(　)にあてはまる言葉を□から選んでかきましょう。

(1) 星には、白や赤などさまざまな(①　　)があります。また、星には(②　　)があり、明るさによって(③　　)、(④　　)、3等星などに分けられています。

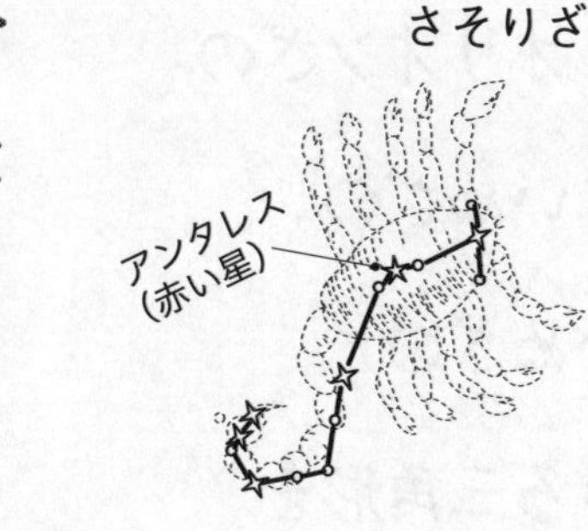

色	明るさ	1等星	2等星

(2) 星の集まりをいろいろな形に見立てて名前をつけたものを(①　　)といいます。図はさそりのような形をしているので(②　　)といいます。さそりざには(③　　)という名前の(④　　)色の星があります。

さそりざ	赤い	星ざ	アンタレス

2 図は、ある日の午後6時の東の空で見た星ざです。

(1) 星ざの名前は何ですか。次の中から選びましょう。(　　)

① カシオペアざ　② オリオンざ

(2) このあと星ざはⒶ、Ⓑ、Ⓒのどの方角へ動きますか。(　　)

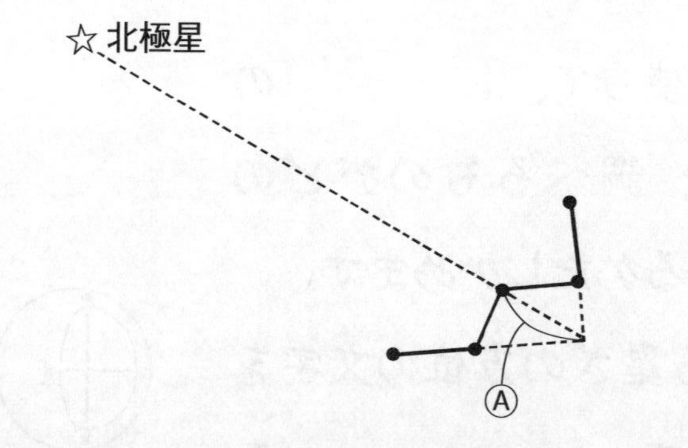

月　日 名前

ポイント こう星の集まりである星ざを覚え、南天の星ざと北天の星ざの動きのちがいを調べます。

3 図のあ、いはそれぞれ20時と22時に観察したものです。

(1) この空の方位は東西南北のどれですか。(　　)

(2) あ、いはそれぞれ何時のものですか。

あ(　　時)

い(　　時)

(3) 北極星は、カシオペアざのⒶのきょりの約何倍のところにありますか。次の中から選びましょう。(　　)

① 5倍　② 10倍　③ 15倍

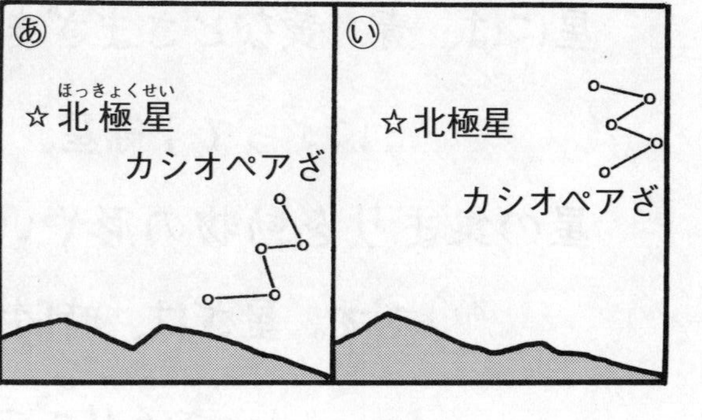

☆北極星

Ⓐ

4 次の文のうち、正しいものには○、まちがっているものには×をかきましょう。

①(　) 星ざの星のならび方は、いつも同じです。

②(　) 南の空に見える星の動きは、太陽の動きと同じで東から西へ動きます。

③(　) オリオンざは、北の方の空に見られる星ざです。

月や星

月　　日　名前

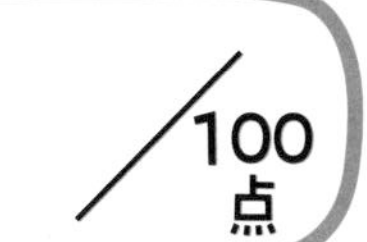

1 次の文のうち、正しいものには○、まちがっているものには×をかきましょう。（各５点）

①（　　）星には、いろいろな色があります。

②（　　）１等星は、２等星より暗い星です。

③（　　）星ざの星のならび方は、いつも同じです。

④（　　）南の空に見える星の動きは、太陽の動きと同じで東から西へ動きます。

⑤（　　）星は、すべて自分で光を出します。

⑥（　　）月は、毎日、見える形を変えていきます。

⑦（　　）月は、昼間はまったく見ることができません。

⑧（　　）新月とは、新しくできた月のことです。

⑨（　　）月は、東から西へと動いて見えます。

⑩（　　）オリオンざは、北の方の空に見られる星ざです。

2 図は、いろいろな形の月を表したものです。変化の順を（　　）に番号でかきましょう。（１つ５点）

1　（　　）（　　）　4　（　　）（　　）　7

3 図は、半月（７日月）が動くようすを表しています。（各６点）

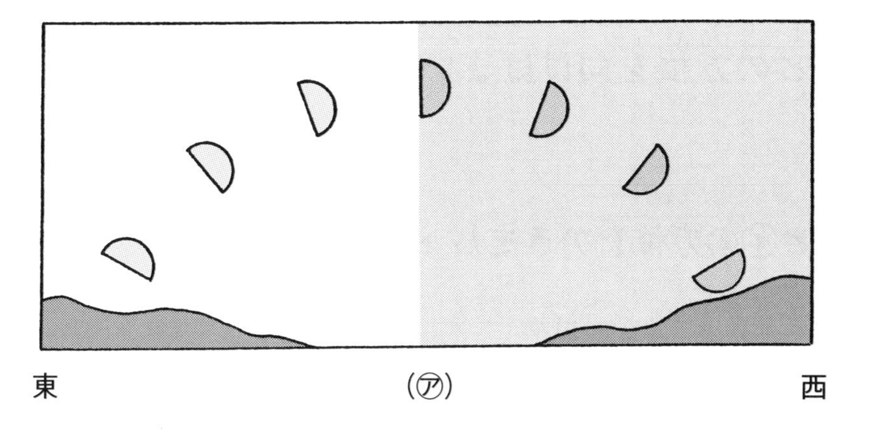

(1) 図の（㋐）の方位をかきましょう。（　　）

(2) 半月が真南に見えるのは、何時ごろですか。次の中から選びましょう。

（　　）午後３時　（　　）午後６時　（　　）午後10時

(3) この月が見えてから１週間すぎると、どんな月が見られますか。次の中から選びましょう。

（　　）新月　（　　）満月　（　　）三日月

(4) (3)の月は、午前０時ごろにはどの方角に見えますか。次の中から選びましょう。

（　　）東　（　　）西　（　　）南　（　　）北

(5) この半月が、次に見られるのはおよそ何日後ですか。次の中から選びましょう。

（　　）約10日　（　　）約20日　（　　）約30日

まとめテスト

月や星

月　　日　名前　　　／100点

1 星ざ早見で星をさがします。（1つ6点）

① 図1のように星ざ早見を持つとき、どの方位(ほうい)を向けばよいですか。（　　）

図1

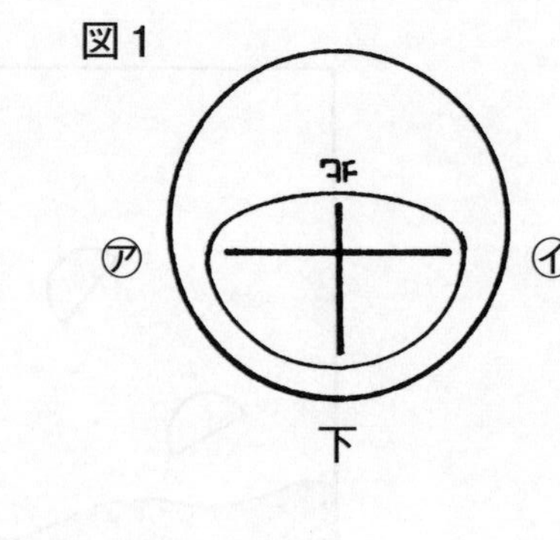

② アとイの方位をかきましょう。

ア（　　）　イ（　　）

③ 図2のようにあわせたときの月日と時こくをかきましょう。

（　　月　　日）（　　時）

図2

2 図のような月が見えました。（各5点）

① 太陽はア、イ、ウ、エのどの方向にありますか。（　　）

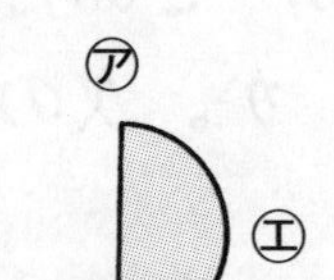

② この月は、Ａ、Ｂのどちらの方向に動きますか。（　　）

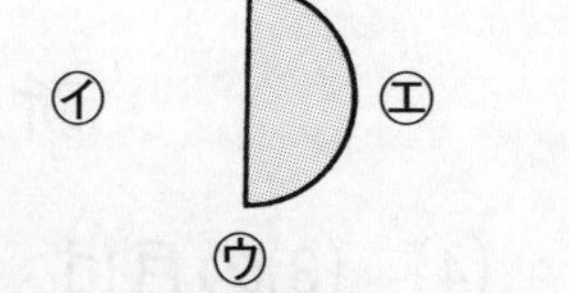

③ 7日月ですか。それとも22日月ですか。（　　）

④ 午後6時ごろの月は、東・西・南のどの方位に見えますか。（　　）

3 次の（　）にあてはまる言葉を□から選(えら)んでかきましょう。（各5点）

1日中、見えない月を（①　　）といいます。（①）から3日目の月を（②　　）といい、満月(まんげつ)は、（①）から（③　　）目の月のことです。満月は別のよび方で（④　　）の月ともいいます。

15日	三日月	十五夜	新月

4 ある日の午後7時ごろから星ざを観察(かんさつ)しました。

右の図はそのときのようすを表したものです。（各6点）

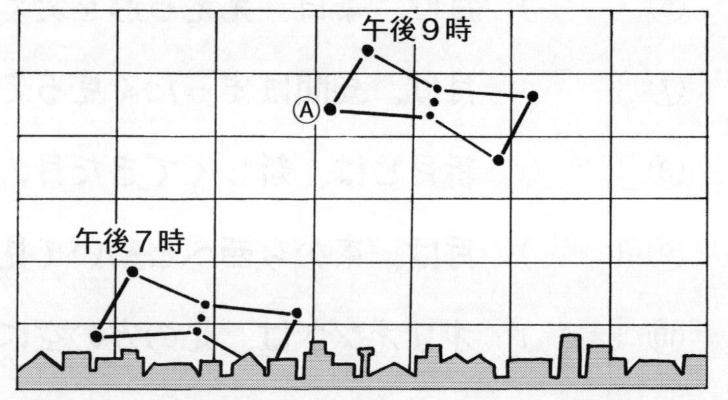

① この星ざの名前をかきましょう。（　　）

② 観察した季節(きせつ)はいつですか。（　　）

③ 観察したのは北の空ですか、それとも南の空ですか。（　　）

④ 1等星Ａの名前をかきましょう。（　　）

⑤ この星ざの動きは月と同じですか。（　　）

まとめテスト

月や星

月　　日　名前　　／100点

1 次の（　）にあてはまる言葉を□から選ん（えら）でかきましょう。（各5点）

星の集まりを（①　　）や道具などの形に見立てて、名前をつけたものを（②　　）といいます。1等星や2等星というのは、星の（③　　）を表しています。

また、星には、さまざまな（④　　）があります。図の星ざは（⑤　　）です。この星ざには、1等星のアンタレスという（⑥　　）色の星があります。

アンタレス（赤い星）
☆1等星　✧2等星　○3等星

明るさ　赤い　動物　色　星ざ　さそりざ

2 ★ 太陽と月は、それぞれ時こくはちがいますが、東の空から出て南の空を通り、西の空にしずみます。そのように見える理由をかきましょう。（20点）

（太陽）

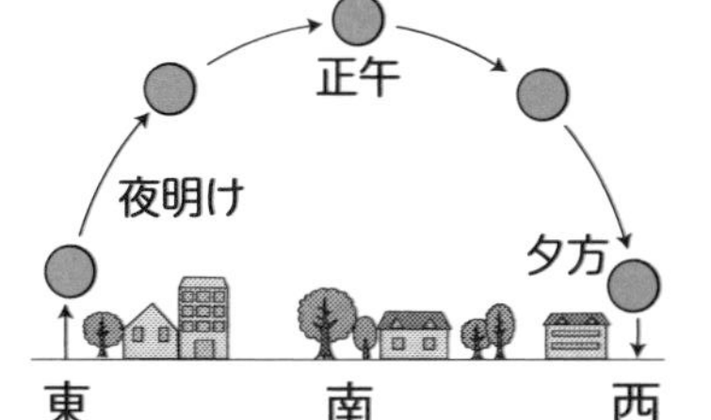

（月）

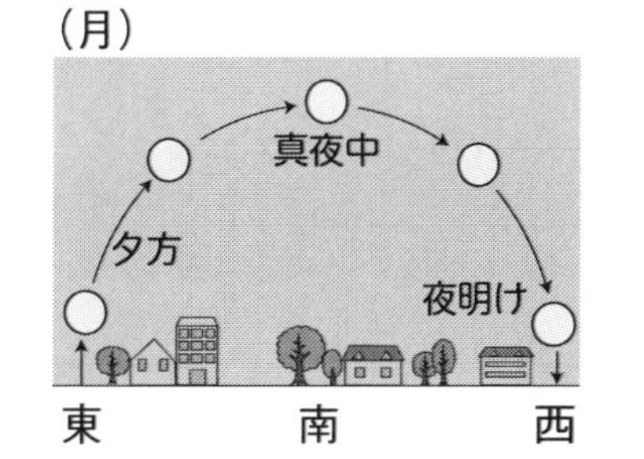

［　　　　］

3 図は夏の大三角を表しています。㋐～㋒には星ざの名前を、①～③には星の名前を□から選んでかきましょう。（各5点）

㋐（　　ざ）
㋑（　　ざ）
㋒（　　ざ）
①（　　）
②（　　）
③（　　）

はくちょう　こと　わし　ベガ　アルタイル　デネブ

4 図は、冬の大三角を表しています。㋐には星ざの名前を、①～③には星の名前を□から選んでかきましょう。（各5点）

㋐（　　ざ）
①（　　）
②（　　）
③（　　）

リゲル

ベテルギウス　オリオン
プロキオン　シリウス

まとめテスト

月や星

月　　日　名前　　　　/100点

1 月の形とあう文を――で結びましょう。（各5点）

① ・　　・ ㋐上げんの月（7日月）
午後3時ごろ、南東の空に見られる。

② ・　　・ ㋑下げんの月（22日月）
午前9時ごろ、南西の空に見られる。

③ ・　　・ ㋒三日月
日がしずむと、西の空に低く見られる。

④ ・　　・ ㋓27日月
明け方、南東の空に見られる。

⑤ ・　　・ ㋔満月、十五夜の月
日がしずむと、東の空からのぼる。

2 次の図は北の空のようすです。（各5点）

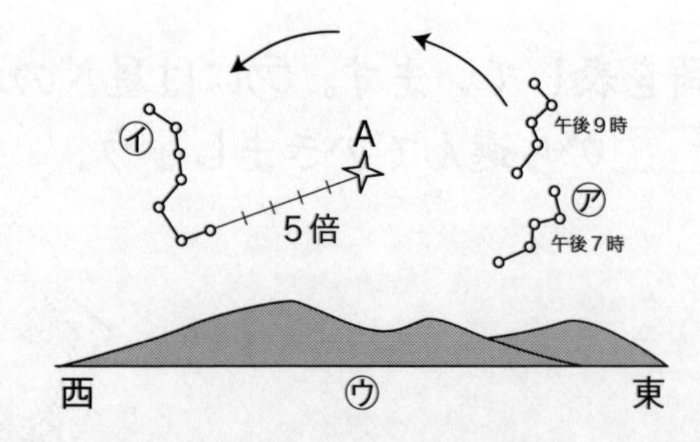

① ㋐の星ざの名前をかきましょう。（　　　）

② ㋑の星ざの名前をかきましょう。（　　　）

③ ㋒の方位をかきましょう。（　　　）

④ 星Aの名前をかきましょう。（　　　）

3 次の（　）にあてはまる言葉を□から選んでかきましょう。（各5点）

(1) 図は（①　　　）です。時間がたつにつれて（②　　　）は変わりますが、（③　　　）は変わりません。

午後10時
午後8時
北　　東

ならび方　　位置　　カシオペアざ

(2) 右の星ざは（①　　　）です。星や星ざの動きは、（②　　　）とともに見えている（③　　　）が変わります。しかし、（④　　　）は変わりません。この後、時こくが進むと（⑤　　　）の方へ動きます。

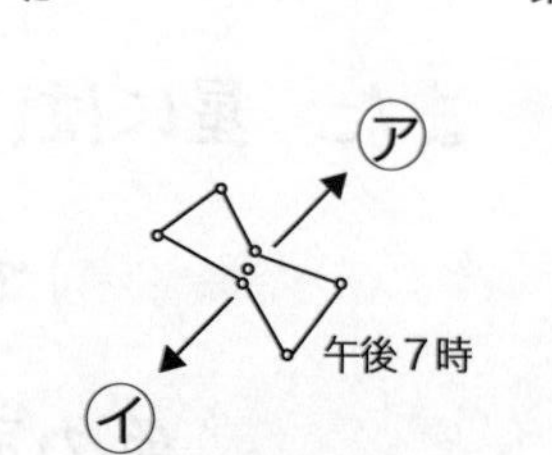

東　　南

時こく　　ならび方　　位置　　オリオンざ　　㋐

4 正しいものを3つ選んで○をかきましょう。（1つ5点）

①（　）星には、自分で光を出すものと、出さないものがあります。

②（　）光を出す星のことをわく星といいます。

③（　）光を出す星のことをこう星といいます。

④（　）こう星の周りを回る星をわく星といいます。

空気と水

月　　日　名前

空気のせいしつ

目に見えない
体積(たいせき)がある

おしちぢめられる
(体積が小さくなる) ⇔ 元の体積にもどろうとする

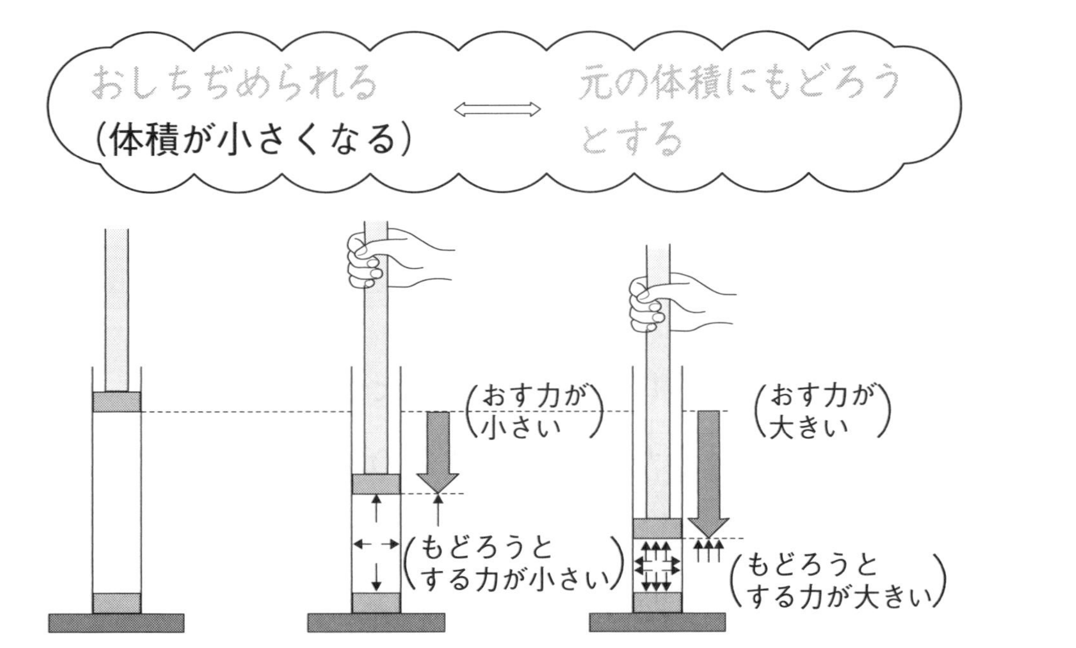

水のせいしつ

目に見える
体積がある

おしちぢめられない

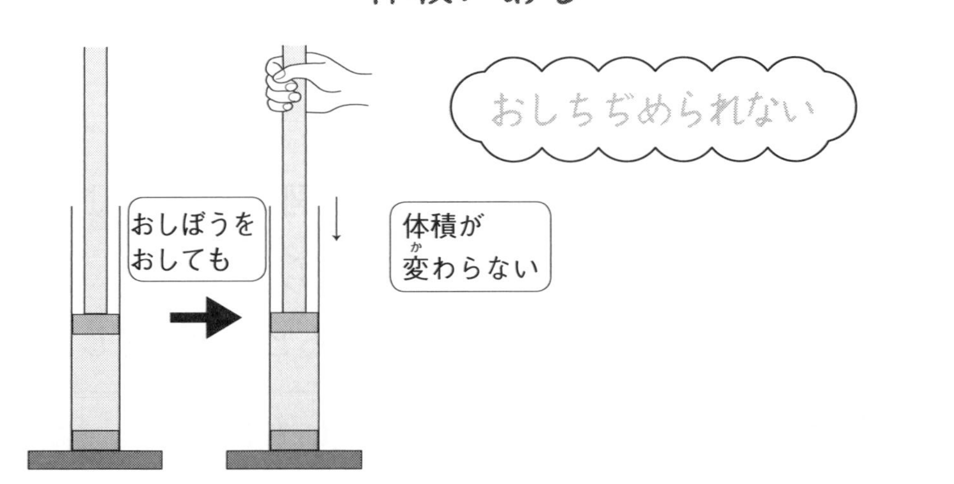

空気でっぽうのしくみ

① おしぼうをおす

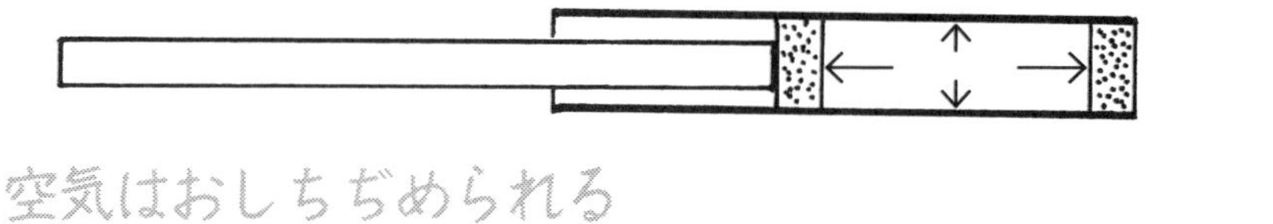

② 空気はおしちぢめられる

③ 空気が元の体積にもどろうとする

④ 前玉が飛(と)び出す

エアーポットのしくみ

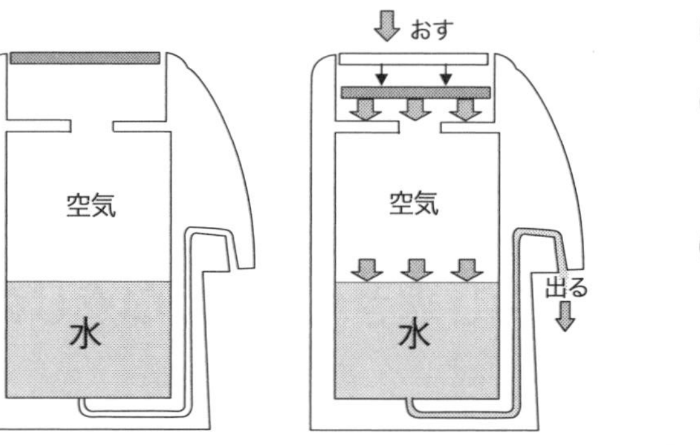

① ふたをおす
② 中の空気がおしちぢめられる
③ 水がおし出される

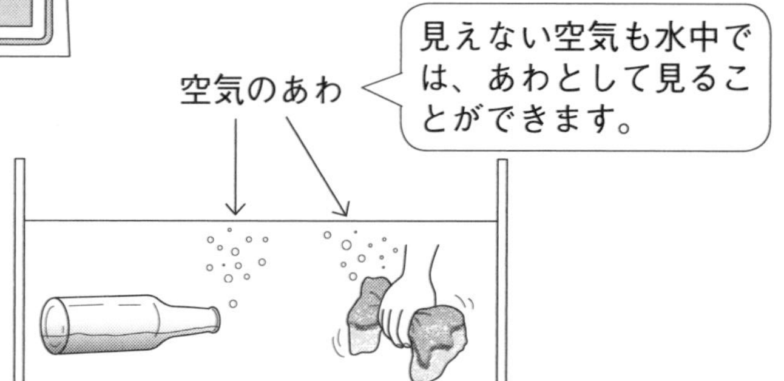

空気と水 ①

とじこめた空気

1 次の(　　)にあてはまる言葉を□から選(えら)んでかきましょう。

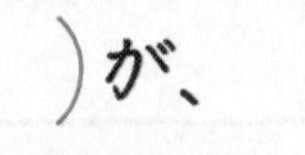

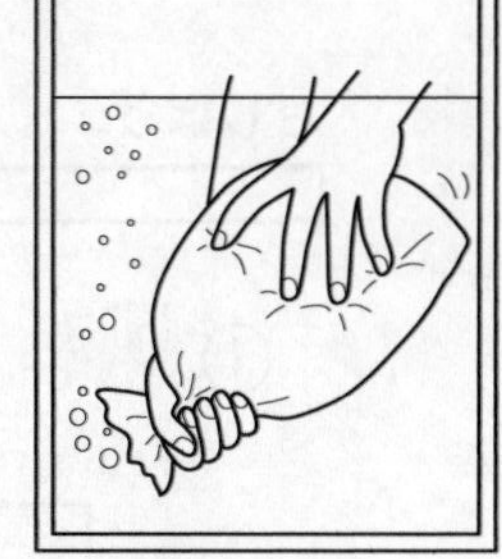

空気を(①　　　　　)ビニールぶくろの口を、水そうの中で開くと(②　　　　)が出てきました。

ふだん、空気は目に(③　　　　　)が、水中では、あわとして(④　　　　　)ができます。

あわ　　とじこめた　　見えません　　見ること

2 次の(　　)にあてはまる言葉を□から選んでかきましょう。

ビニールぶくろを大きく広げて動かすと、まわりの(①　　)をたくさんとり入れることができます。ビニールぶくろの口をひもでとじると、空気を(②　　　　　)ことができます。

このビニールぶくろを手でおすと(③　　　　　)があり、(④　　　　　)がはたらき、おし返されるような感じがあります。

手ごたえ　　元にもどる力　　空気　　とじこめる

月　　日　名前

ポイント 空気には体積があり、とじこめることができます。とじこめた空気をおして体積をへらすと元にもどろうとします。

3 次の(　　)にあてはまる言葉を□から選んでかきましょう。

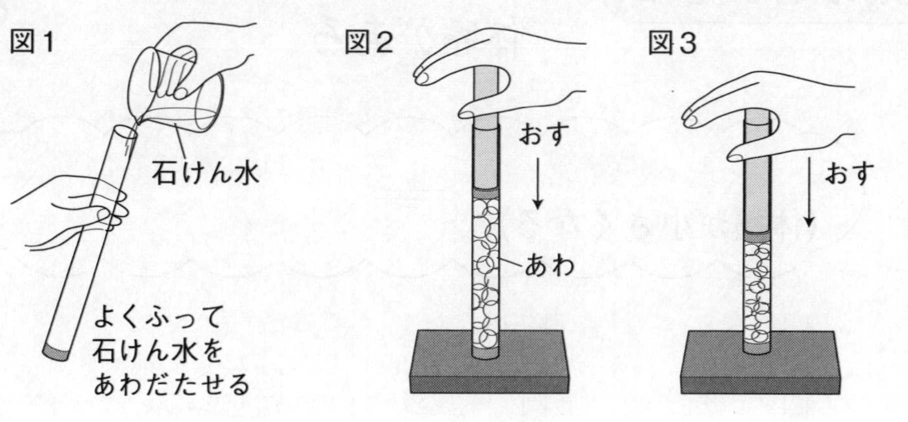

(1) 図1のように石けん水をあわだたせるのは(①　　　)が目に見えるようにするためです。図2のように石けんの(②　　　)をとじこめて、ぼうをおすと(②)の体積(たいせき)は(③　　　　)なります。このことから(①)は、おしちぢめることができ、(④　　　)は小さくなることがわかります。

空気　　体積　　あわ　　小さく

(2) 図2から図3へさらに強くおしました。すると(①　　　)の体積はさらに(②　　　　)なりました。このとき、手にはたらく(③　　　　　)とする力は、図2のときよりさらに(④　　　　)なりました。このことから、(⑤　　　)が小さくなるほど(③)とする力は(④)なるとわかりました。

あわ　　小さく　　大きく　　元にもどろう　　体積

空気と水 ②
とじこめた空気

1 次の(　　)にあてはまる言葉を□から選んでかきましょう。

(1) 空気でっぽうは、前玉と後玉でつつの中に(①　　　)をとじこめます。(②　　　)をおしぼうでおすと、つつの中の空気は(③　　　)られます。

空気　　おしちぢめ　　後玉

(2) 空気は(①　　　)られると、体積(たいせき)は(②　　　)なり(③　　　)とする力がはたらきます。

小さく　　おしちぢめ　　元にもどろう

(3) (①　　　)とする力で、前玉と後玉の両方をおしますが、後玉は、おしぼうでおさえられているので、(②　　　)をおして、前玉が(③　　　)。

飛(と)びます　　元にもどろう　　前玉

月　　日　名前

ポイント　空気でっぽうのしくみを知り、空気のせいしつを調べます。

2 次の(　　)にあてはまる言葉を□から選んでかきましょう。

(1) 水中で空気でっぽうを打つと、前玉は(①　　　)。そのとき、同時に空気の(②　　　)が出ます。
つつの中に(③　　　)空気が、目に(④　　　)すがたで出てきたのです。

とじこめられた　　あわ　　飛び出します　　見える

(2) 上の実験(じっけん)のように、空気はふだん目に(①　　　)が、水中では、(②　　　)として、見ることが(③　　　)。

見えません　　できます　　あわ

3 長さのちがう3つのおしぼうの空気でっぽうをつくります。

(1) 一番よいおしぼうに○をかきましょう。

①(　　)　②(　　)　③(　　)

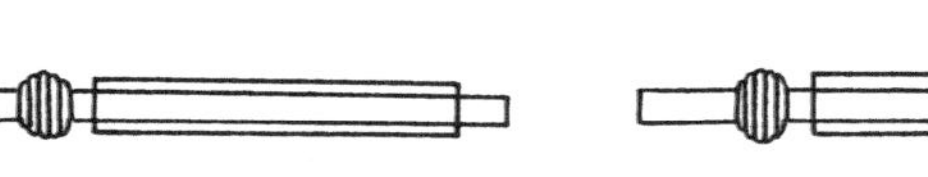

(2) 遠くに飛ばすには、おしぼうをどのようにおせばよいですか。よいものに○をかきましょう。

①(　　)ゆっくりとおす　②(　　)いきおいよくおす

空気と水 ③

とじこめた水

注しゃ器を使い、とじこめた水のせいしつを調べます。

月　　日　名前

1 次の(　　)にあてはまる言葉を□から選んでかきましょう。

(1) 図１のように注しゃ器に(①　　　)を入れて、ピストンをおしました。すると、ピストンは下に(②　　　　)。これは、とじこめた(①)の体積がおされて(③　　　　)ためです。

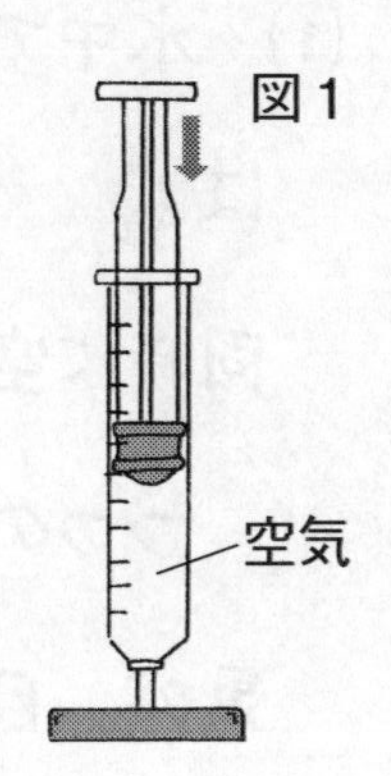

空気　　下がります　　おしちぢめられた

(2) 図２のように注しゃ器に(①　　　)を入れて、ピストンをおしました。すると、ピストンは下に(②　　　　)。

とじこめた水をピストンでおしても水の(④　　)は(⑤　　)。

この結果から、水は(⑥　　　)られないことがわかります。

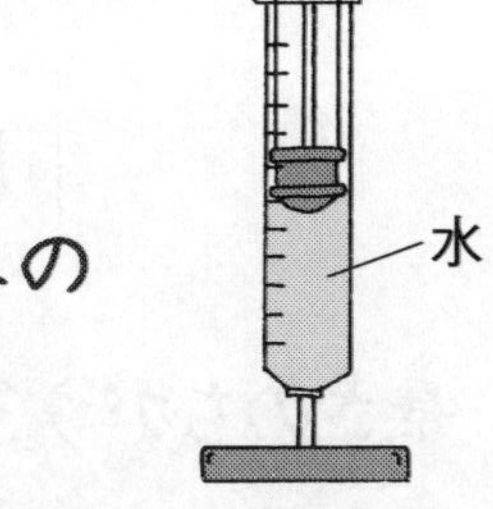

体積　　水　　下がりません　　変わりません　　おしちぢめ

2 図のような水でっぽうをつくりました。(　　)にあてはまる言葉を□から選んでかきましょう。

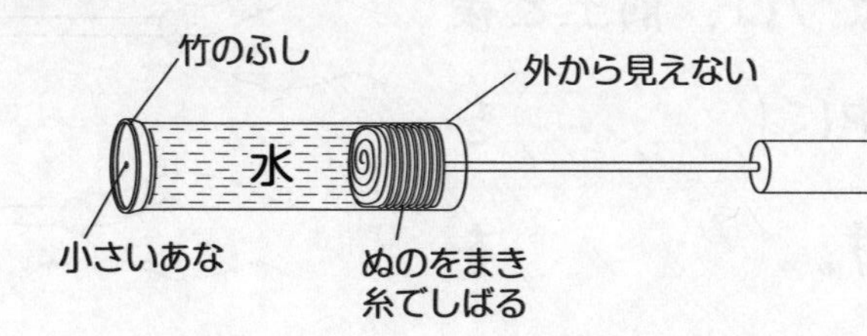

水でっぽうの先を(①　　　)につけて(②　　　)を引きます。すると竹のつつの中に水がすいこまれます。

水でっぽうのおしぼうを強くおします。(③　　　　)水が(④　　　)あなから出ようとして、いきおいよく飛ぶのです。

あなが(⑤　　　)とあまり飛びません。

大きい　　小さい　　おされた　　水　　おしぼう

3 図のように空気や水をとじこめた注しゃ器のピストンを引いてみました。

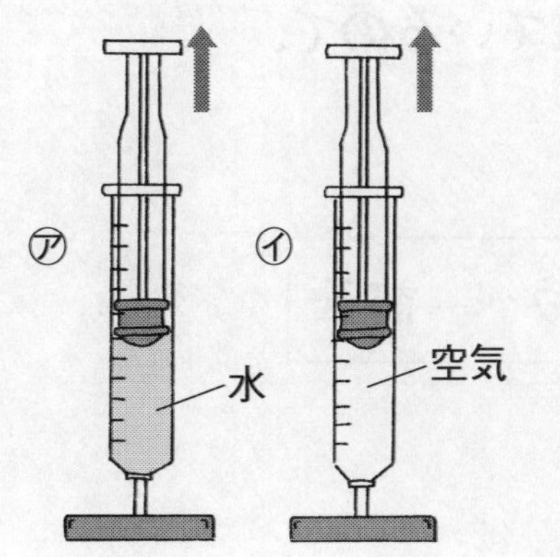

① ピストンを引くことができるのはどちらですか。(　　)

② またそのときの手ごたえは、次のどちらですか。(　　)

Ⓐ 引きもどそうとする力がはたらく

Ⓑ 手ごたえはなく引くことができる

空気と水 ④

とじこめた空気と水

月　日 名前

ポイント　とじこめた空気と水のようすを調べ、エアーポットなどのしくみを知ります。

1 図のように注しゃ器に水と空気を入れてピストンをおしました。(　　)にあてはまる言葉を□から選んでかきましょう。

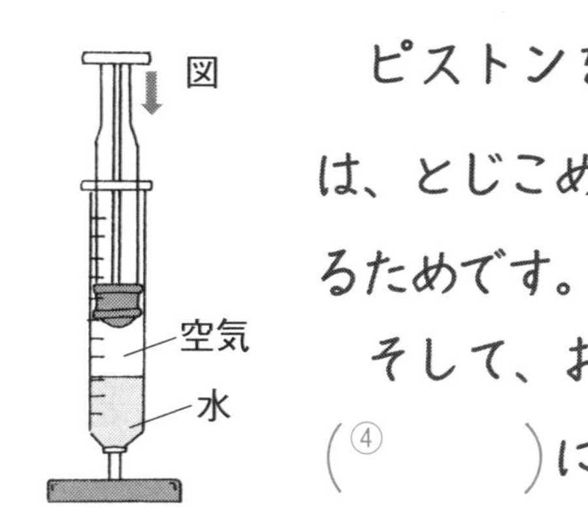

ピストンをおすと下に(①　　　)。これは、とじこめた(②　　　)の体積が(③　　　)なるためです。

そして、おす力がなくなると、ピストンは元の(④　　　)にもどります。

このしくみを利用したものに(⑤　　　)があります。

エアーポット	位置	下がります	小さく	空気

2 エアーポットのしくみの図を見て、次の問いに答えましょう。

(1) ポットの上をおすと、水が出ます。水をおし出すものは何ですか。

(　　　)

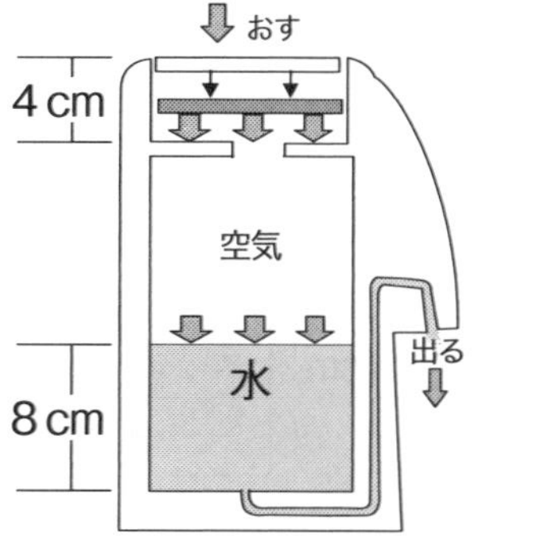

(2) 図のポットの上を1回おしたままにすると、水はどれくらい出ますか。次の中から選びましょう。(　　　)

① 全部出る
② 入っている水の半分くらい出る
③ 入っている水の4分の1くらい出る

3 次の(　　)にあてはまる言葉を□から選んでかきましょう。

ペットボトルロケットを飛ばすために図のようなそうちをつくりました。㋐には、空気入れから送られた(①　　　)が入ります。

ロケットを遠くに飛ばすには、(①)を(②　　　)入れなければなりません。すると、ペットボトル全体がいっぱいに(③　　　)きます。

次に発しゃレバーを引くと、ペットボトルの口から(④　　　)がいきおいよく飛び出します。これは(①)の元にもどろうとする力におされて飛び出したのです。このとき、ロケットは、飛び出します。

空気	水	ふくらんで	たくさん

4 次の文のうち正しいものには○、まちがっているものには×をかきましょう。

①(　　) とじこめた水をおしたとき、体積は小さくなり、元にもどろうとする力がうまれます。

②(　　) とじこめた水をおしても、体積は変わりません。

③(　　) 水でっぽうは、とじこめた水が元にもどろうとする力で、玉を飛ばします。

まとめテスト 

空気と水

月　　日　名前　　　　/100点

■1 次の(　)にあてはまる言葉を□から選(えら)んでかきましょう。（各5点）

(1) つつの中に(①　　)をとじこめて、おしぼうをおすと空気の(②　　)は(③　　)なります。手をはなすとぼうは元の位置(いち)に(④　　)ます。

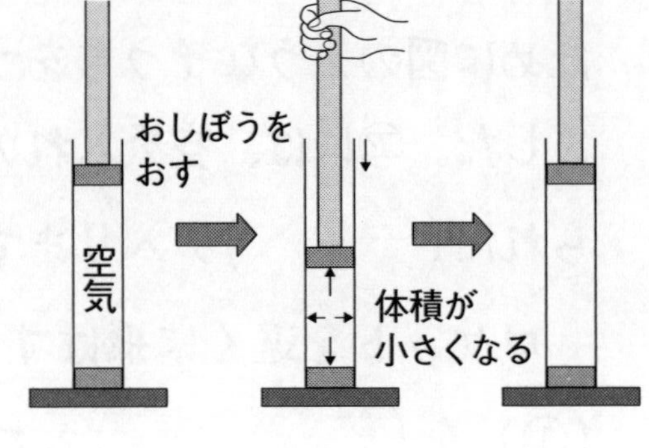

体積(たいせき)　　空気　　もどり　　小さく

(2) とじこめた空気をおすと(①　　)が(②　　)なることから、空気は(③　　)ことがわかります。
　また、体積が小さくなった(④　　)には、元の体積に(⑤　　)とする力がはたらきます。

おしちぢめられる　　もどろう　　小さく　　空気　　体積

(3) とじこめた空気は、体積が(①　　)なればなるほど、元に(②　　)とする力も(③　　)なります。また、そのとき(④　　)も大きくなります。

大きく　　手ごたえ　　もどろう　　小さく

■2 次の文のうち、正しいものには○、まちがっているものには×をかきましょう。（各5点）

①(　　) 水は空気と同じように、おしちぢめられます。

②(　　) とじこめた空気は、体積が小さくなるほど、おし返す力が大きくなります。

③(　　) 水でっぽうは、空気のおし返す力を利用(りよう)しています。

④(　　) ドッジボールに入れた空気はおしちぢめることができます。

⑤(　　) エアーポットは、空気と水のせいしつを利用しています。

★■3 図のようなエアーポットの水が出るしくみを答えましょう。また、１回おすとどれくらいの量(りょう)の水が出ますか。（10点）

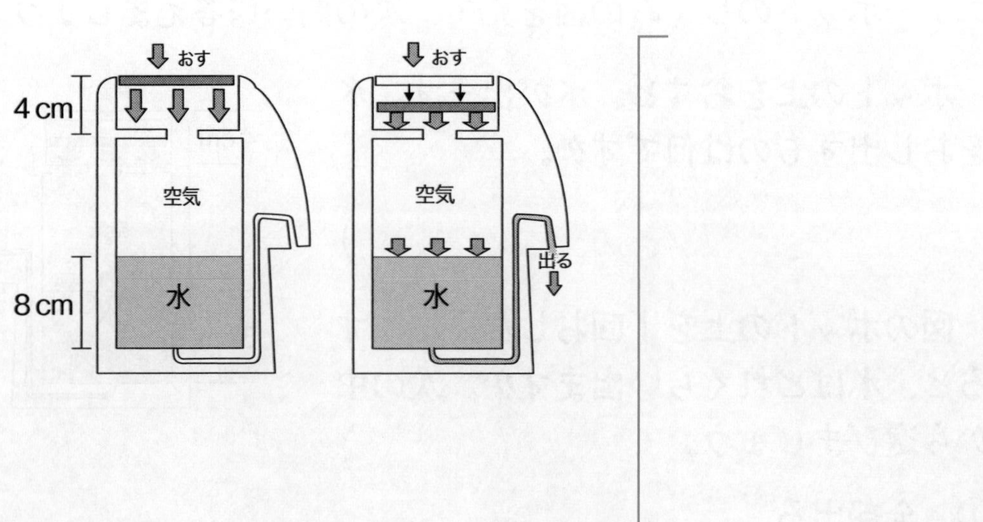

[　　　　　　　　　　　　　　　]

空気と水

月　　日　名前

／100点

1 あとの問いに答えましょう。（各10点）

(1) 注しゃ器をおすと、中の体積がへったのは㋐、㋑のどちらですか。
（　　　）

(2) 注しゃ器の中の体積がへったのは、空気ですか、水ですか。（　　　）

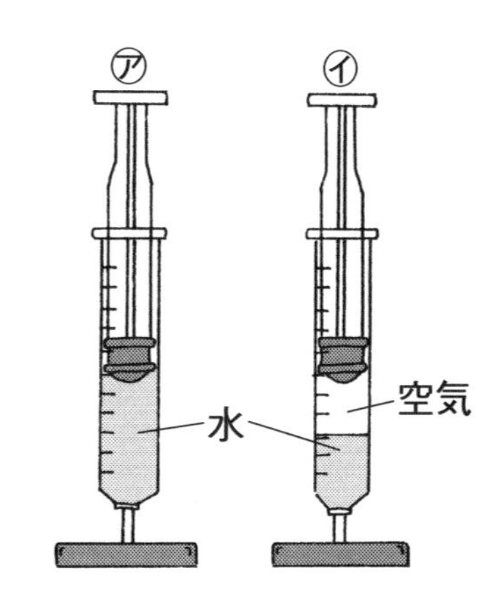

2 空気でっぽうの中に水を入れます。

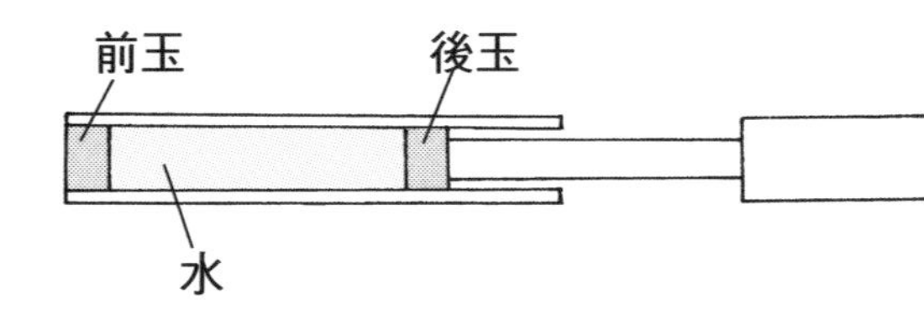

(1) 後玉をおしぼうでおすと、どうなりますか。正しい方に○をかきましょう。（10点）

①（　）いきおいよく飛ぶ　②（　）ぽとりと落ちる

(2) 次の（　）にあてはまる言葉を□から選んでかきましょう。（各６点）

水はおされても（①　　）ことがないので、元の体積に（②　　）力もはたらきません。そのため、前玉を前へ強くおし出す（③　　）がなく、玉は近くに落ちます。

力　ちぢむ　もどる

3 次の（　）にあてはまる言葉を□から選んでかきましょう。（各６点）

(1) 図は、空気でっぽうの玉が飛ぶしくみを表しています。
おしぼうをおしたとき、とじこめた（①　　）の（②　　）は（③　　）なります。

㋐　㋑　㋒　空気

空気　体積　小さく

(2) ㋐のおしぼうをおして、㋑のように、（①　　）空気には、（②　　）とする力がうまれます。この力が前玉をおすことで㋒のように前玉が（③　　）。

元にもどろう　おしちぢめられた　飛びます

★**4** 図のようなⒶ、Ⓑの空気でっぽうを用意しました。つつの太さは同じで、同じ力でおしぼうをおすと、どちらの方の玉が遠くまで飛びますか。理由もかきましょう。（16点）

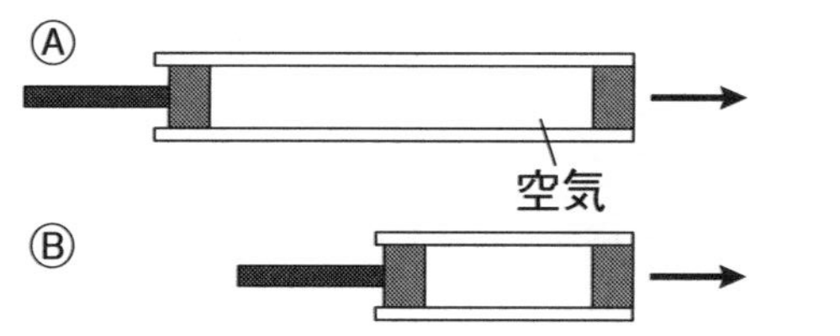
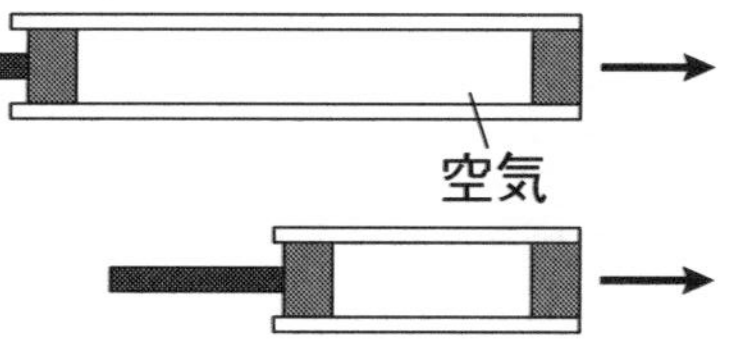

［　　　　］

動物の体

月　　日　名前

ほねのはたらき

① 体をささえる

- せなかのほね
- 手や足のほね

② 大切な部分を守る

- 頭のほね（のうを守る）
- むねのほね（心ぞうやはいを守る）
- こしのほね（ちょうなどの内ぞうを守る）

動く部分と動かない部分

頭のほね

（動かない）

せなかのほね

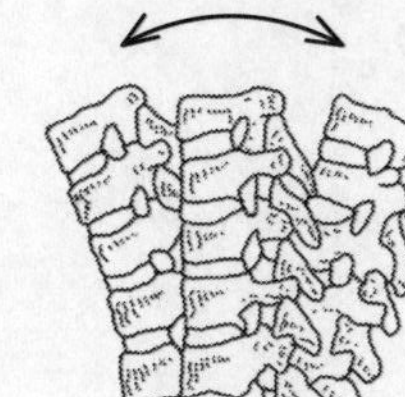

（少し動く）

むねのほね

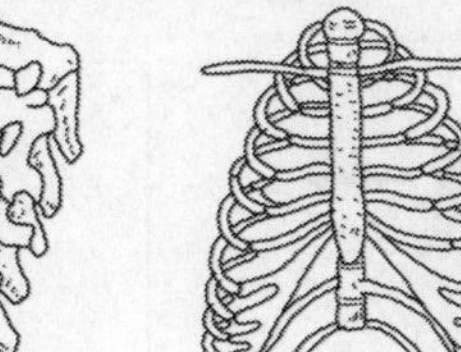

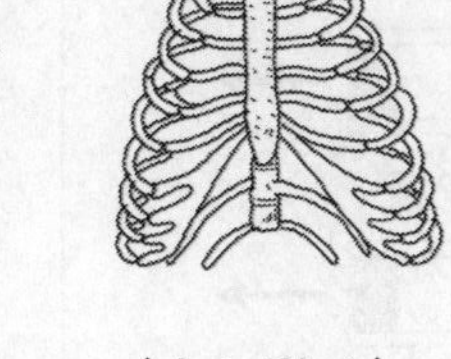

（少し動く）

ほねとほねをつなぐ関節（かんせつ）

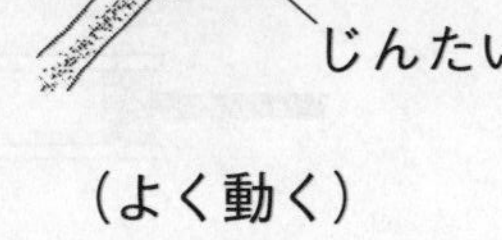

（よく動く）

きん肉のはたらきと関節

きん肉のしくみ

ちぢむ―ふくらむ
ゆるむ―のびる

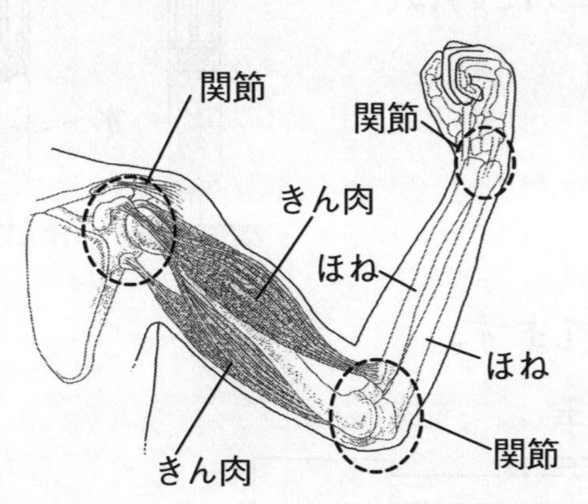

（うでを曲げたとき）

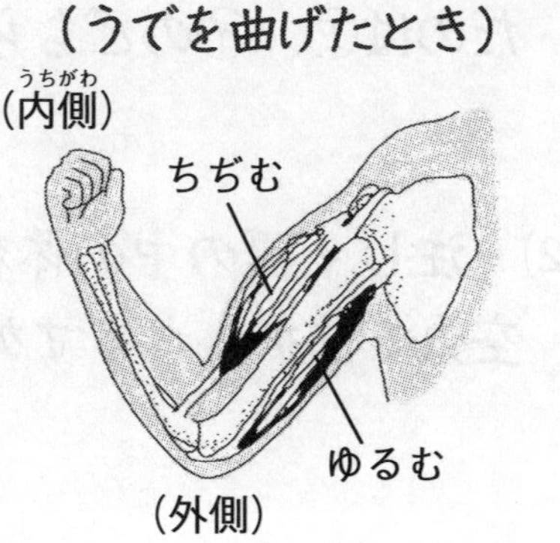

（うでをのばしたとき）

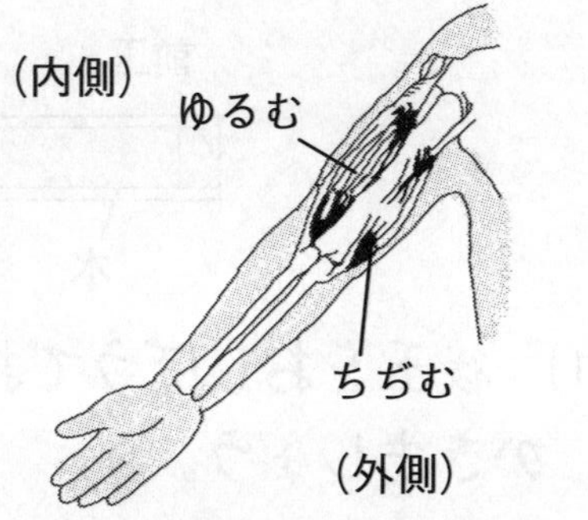

動物の体のつくり

動物にもヒトと同じようにほね、きん肉、関節があり、体をささえたり、動かしたりしている。

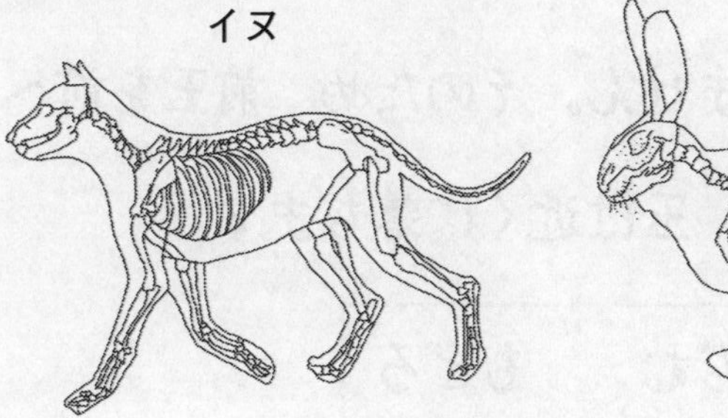

イヌ

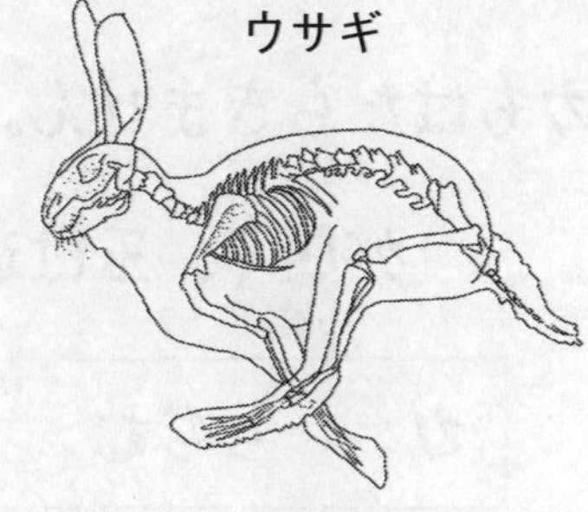

ウサギ

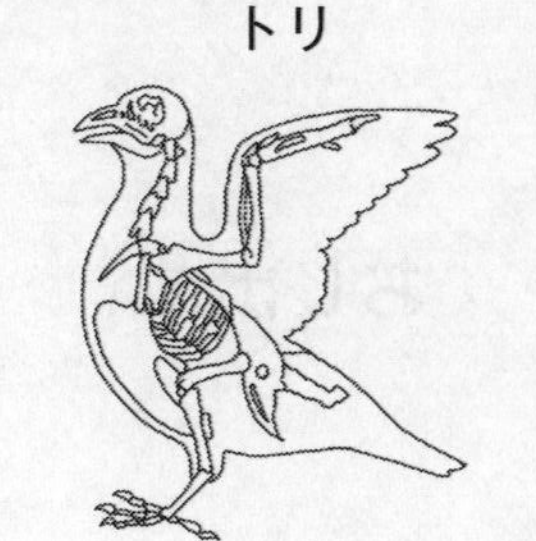

トリ

動物の体 ①

体のつくりと運動

ほねの種類と、ほねの役わりを調べます。

月　　日　名前

1 図はヒトの体のほねのようすを表しています。

次の(1)～(5)の文章はどの部分のほねを説明(せつめい)したものですか。(　　)には、図の記号をかき、□には、ほねの名前を□から選(えら)んでかきましょう。

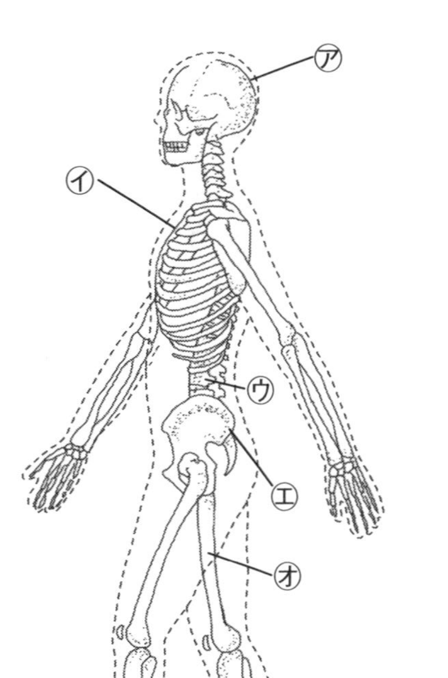

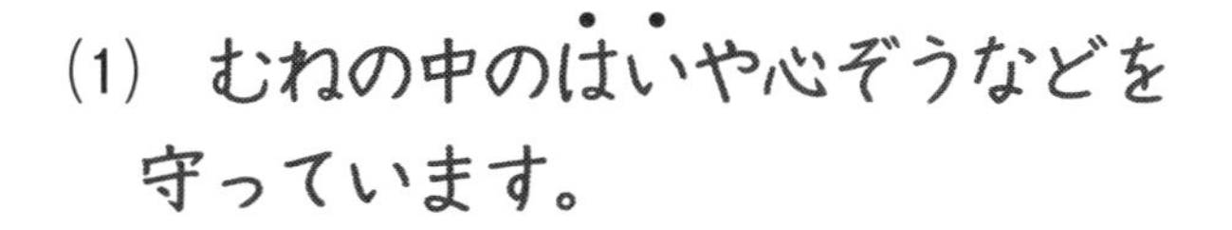

(1) むねの中のはいや心ぞうなどを守っています。

(　　) □

(2) 体をささえる柱のような役わりをしています。

(　　) □

(3) ちょうなどを守っています。

(　　) □

(4) 丸くて、かたく、のうを守っています。

(　　) □

(5) 立って歩くために、両方で体をささえています。

(　　) □

足のほね	せなかのほね	こしのほね
むねのほね	頭のほね	

2 次の(　　)にあてはまる言葉を□から選んでかきましょう。

ヒトの体の中には、いろいろな形をした、大小さまざまなほねがおよそ(①　　)こぐらいあります。ほねのはたらきは、体を(②　　)たり、体の中のものを(③　　)たりすることです。

(④　　)のほねや手や足のほねは、体をささえ、体の形をつくっています。

また、大切なのうは、(⑤　　)のほねによって守られ、心ぞうやはいは、(⑥　　)のほねによって守られています。

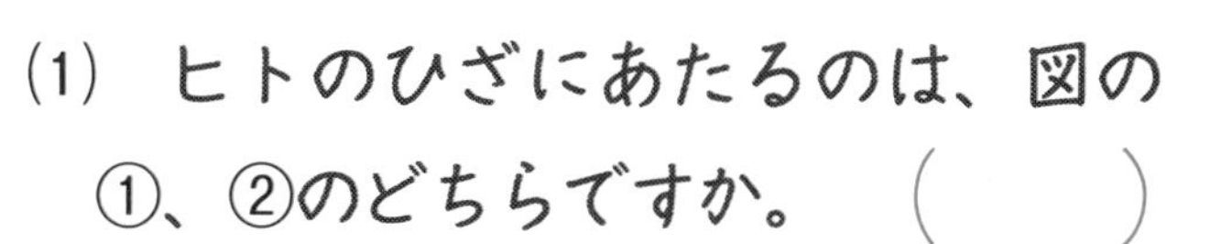

守っ	ささえ	200	むね	頭	せなか

3 右の図は、イヌのほねのようすを表したものです。

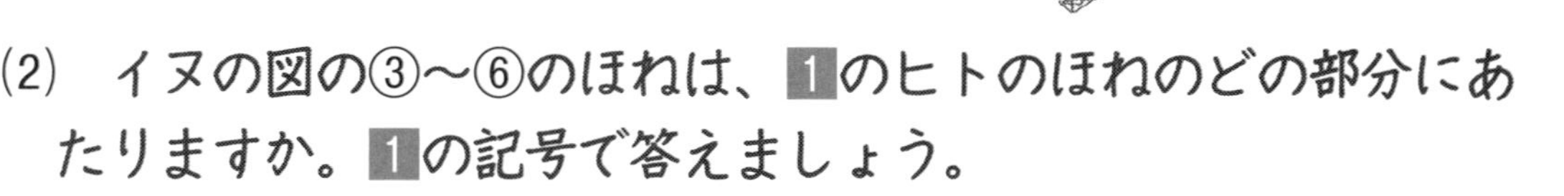

(1) ヒトのひざにあたるのは、図の①、②のどちらですか。　(　　)

(2) イヌの図の③～⑥のほねは、**1**のヒトのほねのどの部分にあたりますか。**1**の記号で答えましょう。

③ (　　)　④ (　　)

⑤ (　　)　⑥ (　　)

動物の体 ②
体のつくりと運動

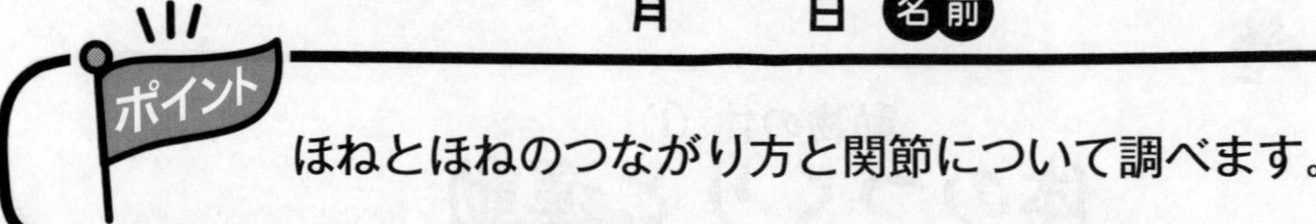

ポイント　ほねとほねのつながり方と関節について調べます。

月　日　名前

1 次の(　)にあてはまる言葉を□から選(えら)んでかきましょう。

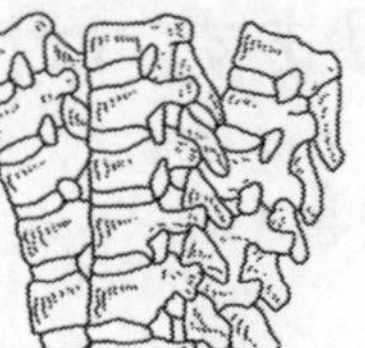

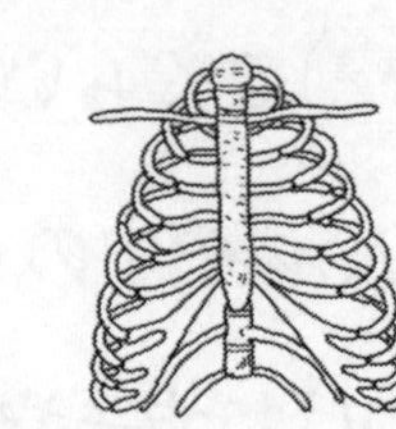

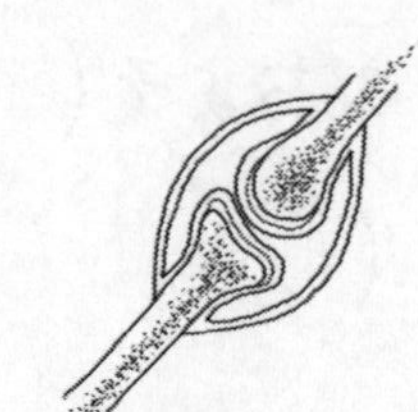

(1) ほねのつながり方には、㋐のように(①　　　)つながり方や、㋑、㋒のように(②　　　)つながり方や、㋓のように、とてもよく動くつながり方があります。㋐は(③　　　)のほね、㋑は(④　　　)のほね、㋒は(⑤　　　)のほねです。

頭	むね	せなか	動かない	少し動く

(2) ヒトの体の中には、たくさんのほねと(①　　　)があります。体には曲げられないほねの部分と曲げられる部分があります。曲げられる部分を(②　　　)といいます。きん肉を(③　　　)たり、ゆるめたりして体を動かします。

関節(かんせつ)	きん肉	ちぢめ

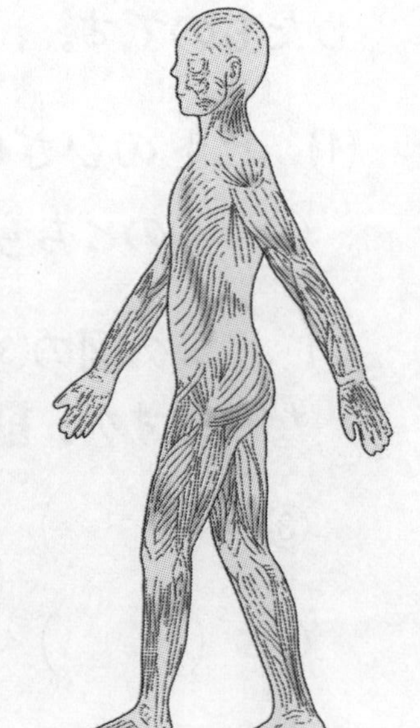

2 右の図は、かたとうでのようすを表したものです。

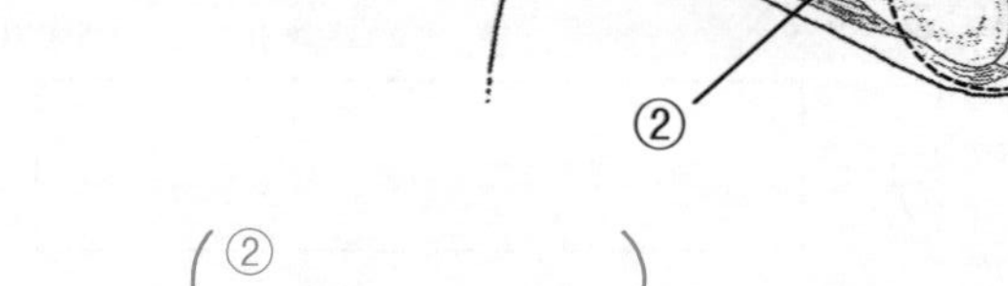

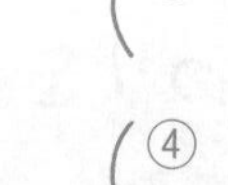

(1) 図の①～④の名前を□から選んでかきましょう。

関節	ほね
きん肉	けん

(①　　　)　(②　　　)
(③　　　)　(④　　　)

(2)

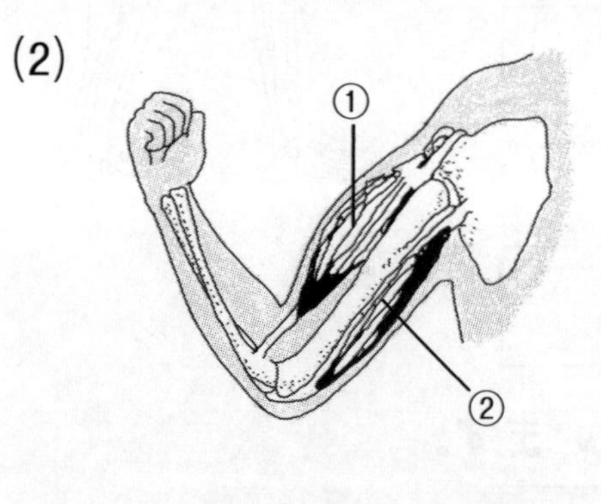

うでを曲げています。図の①、②のきん肉は、ちぢんでいますか、それともゆるんでいますか。

(①　　　)
(②　　　)

(3)

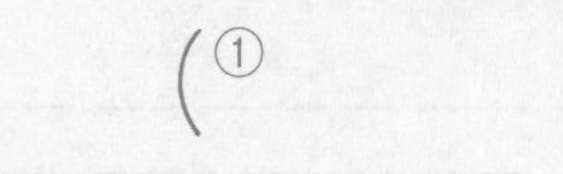

うでをのばしています。図の①、②のきん肉は、ちぢんでいますか、それともゆるんでいますか。

(①　　　)
(②　　　)

動物の体 ③

体のつくりと運動

1 次の(　　)にあてはまる言葉を□から選んでかきましょう。

(1) 図1は(①　　　)のほねです。せなかには、多くの(②　　　)があり、それらを少しずつ曲げることで、せなか全体を大きく(③　　　)ことができます。

図1　せなかのほね

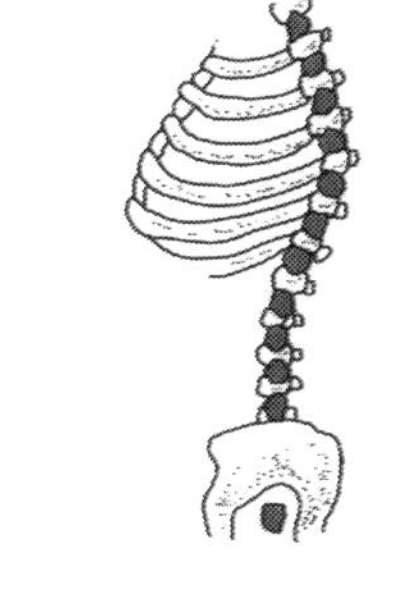

せなか	関節(かんせつ)	曲げる

(2) 図2は(①　　　)のほねです。足にも多くの(②　　　)があります。関節は、ほねとほねの(③　　　)です。

図2　足のほね

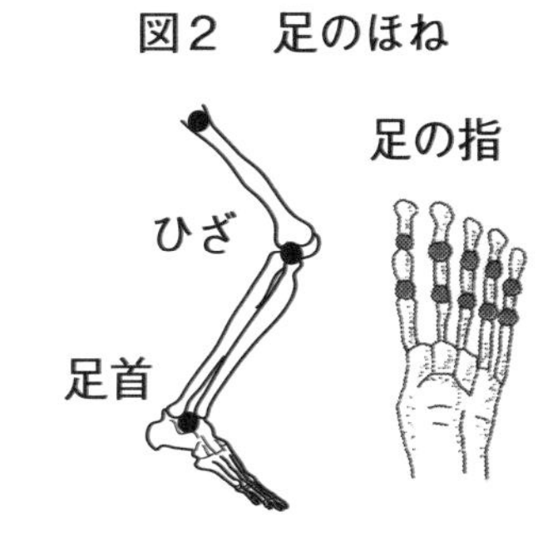

関節	足	つなぎ目

2 次の文の(　　)のうち、正しい方に○をつけましょう。

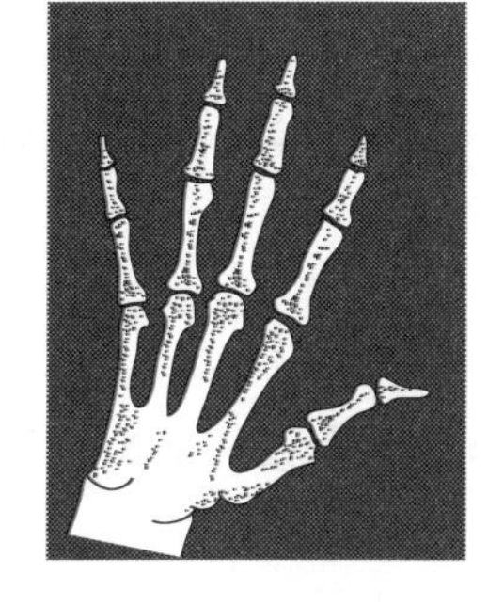

左の写真は(足・手)のレントゲン写真です。写真からわかるように、ほねとほねのつなぎ目である(きん肉・関節)が多くあります。手でものを(つかんだり・けったり)できるのは、このためです。

月　　日　名前

ポイント 大きい関節、小さい関節など、いろいろな関節のはたらきを調べます。

3 次の(　　)にあてはまる言葉を□から選んでかきましょう。

(1) 図1はウサギの体です。図2の㋐のようなかたくてじょうぶな部分を(①　　　)といい、㋑のようなやわらかい部分を(②　　　)といいます。また、㋒のようなほねとほねの(③　　　)で曲げられるところを(④　　　)といいます。

図1

図2

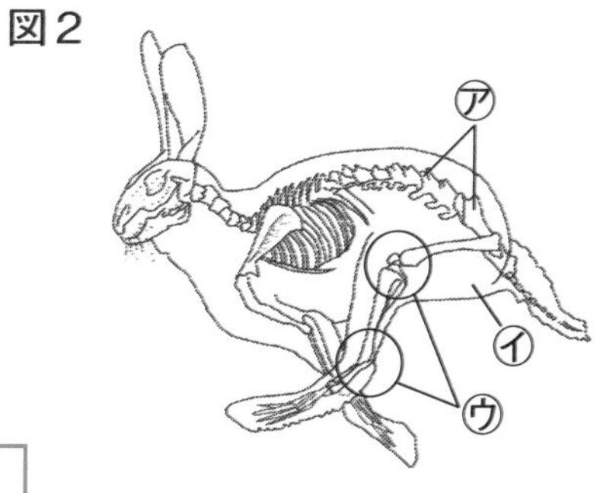

関節	きん肉	ほね	つなぎ目

(2) ウサギなどの動物にも(①　　　)と同じように(②　　　)や(③　　　)や(④　　　)があります。

関節	きん肉	ほね	ヒト

4 ほねやきん肉についてかかれた文で、正しいものには○、まちがっているものには×をかきましょう。

① (　　) きん肉は、うでと足だけにしかありません。

② (　　) ヒトの体のやわらかいところを関節といいます。

③ (　　) ほねは、ヒトの体全体にあります。

まとめテスト

動物の体

月　　日　名前　　　　／100点

1 次の(　)にあてはまる言葉を□から選(えら)んでかきましょう。（各4点）

(1) 図の①～③はきん肉、④～⑦はほねの名前をかきましょう。

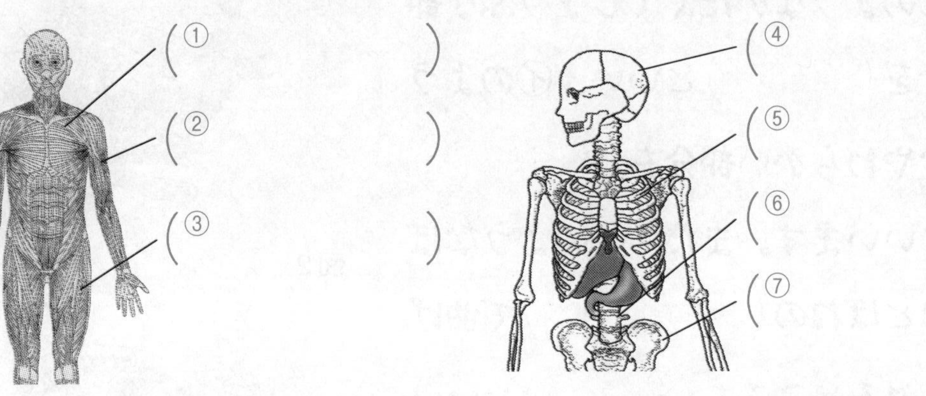

①(　　　)
②(　　　)
③(　　　)
④(　　　)
⑤(　　　)
⑥(　　　)
⑦(　　　)

足のきん肉、うでのきん肉 むねのきん肉	こしのほね、頭のほね むねのほね、せなかのほね

(2) ほねには、せなかのほねや(①　　)のほねのように体を(②　　)役わりがあります。また、頭や(③　　)のほねのように、のうや(④　　)など体の中にある(⑤　　)ところを(⑥　　)役わりがあります。

守る　ささえる　心ぞう　こし　むね　やわらかい

(3) 動物にもヒトと同じように、ほねや(①　　)があり、ほねとほねをつなぐ(②　　)もあります。

きん肉　関節(かんせつ)

2 次の図はどこのほねで、どんな動きをしますか。線で結(むす)びましょう。（1つ5点）

① 頭のほね　② せなかのほね　③ ほねとほねをつなぐ関節

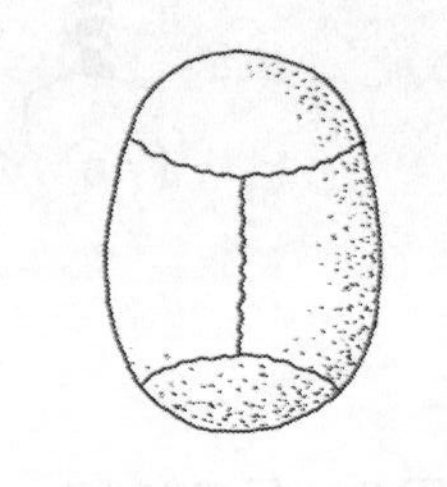
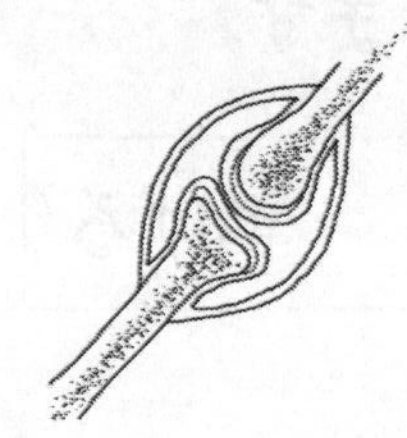
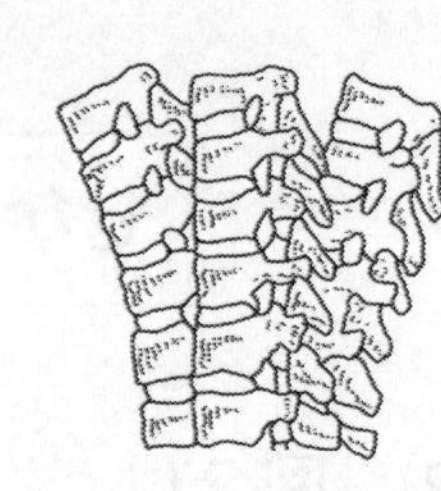

㋐ よく動く　㋑ 少し動く　㋒ 動かない

3 2つの動物の図を見て、あとの問いに記号で答えましょう。（1つ2点）

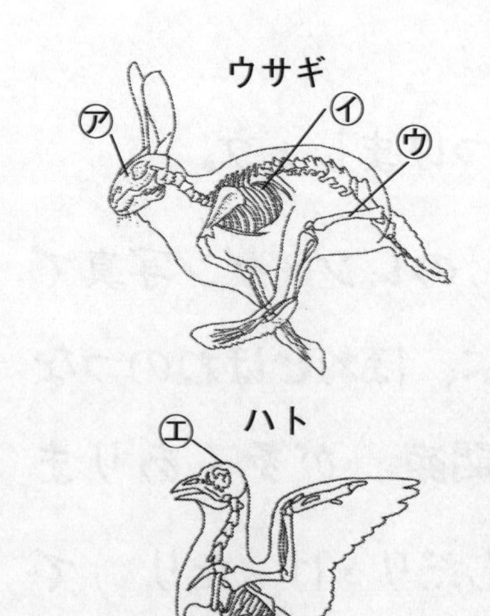

(1) 心ぞうやはいを守っているほねはそれぞれどれですか。(　　)(　　)

(2) のうを守っているのは、それぞれどれですか。(　　)(　　)

(3) ウサギの㋒にあたるほねは、ハトではどれですか。(　　)

まとめテスト

動物の体

月　　日　名前

/100点

1 次の図を見て、あとの問いに答えましょう。（1つ6点）

[ヒト]　　[ウサギ]

[ハト]

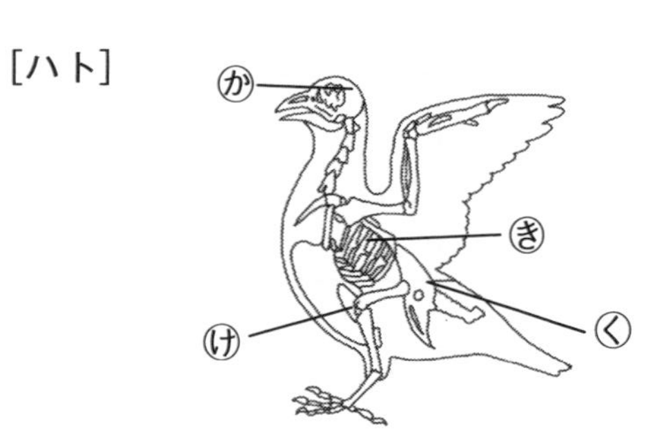

(1) ヒトの㋐と同じはたらきをしているウサギとハトのほねは、それぞれどれですか。記号で答えましょう。

ウサギ（　　）　ハト（　　）

★(2) (1)のほねは、どんなはたらきをしていますか。

（　　　　　　　　　　）

(3) よく動く関節（かんせつ）は、それぞれどこですか。記号で答えましょう。

ヒト（　　）　ウサギ（　　）　ハト（　　）

(4) 心ぞうを守るはたらきをしているほねは、それぞれどれですか。記号で答えましょう。

ヒト（　　）　ウサギ（　　）　ハト（　　）

2 右の図は、うでを曲げたときのようすを表しています。次の（　）にあてはまる言葉を□から選（えら）んでかきましょう。（各6点）

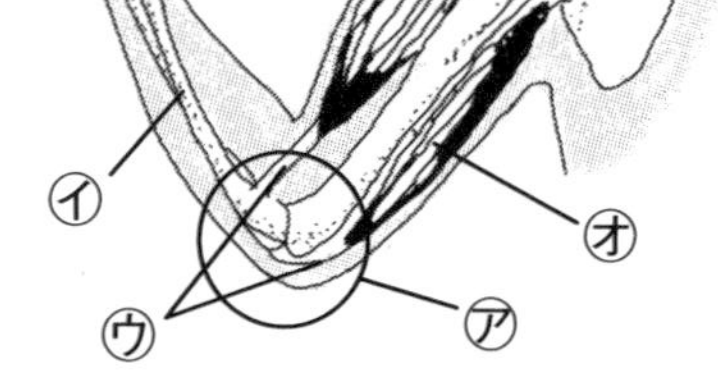

図の㋐の部分を（①　　）といいます。㋑の部分を（②　　）、㋓や㋔の部分を（③　　）といいます。

ほねときん肉をつなぐ㋒の部分を（④　　）といいます。関節はほねとほねをつなぎ、きん肉をちぢめたり、ゆるめたりすることによって動かすことができます。

図のようにうでを曲げているときには、㋓のきん肉は、（⑤　　）いて、㋔のきん肉は（⑥　　）います。

ゆるんで	ちぢんで	ほね	関節	けん	きん肉

★**3** 図のようにウサギのせなかのほねには、たくさんの関節があります。せなかの関節のはたらきをかきましょう。（10点）

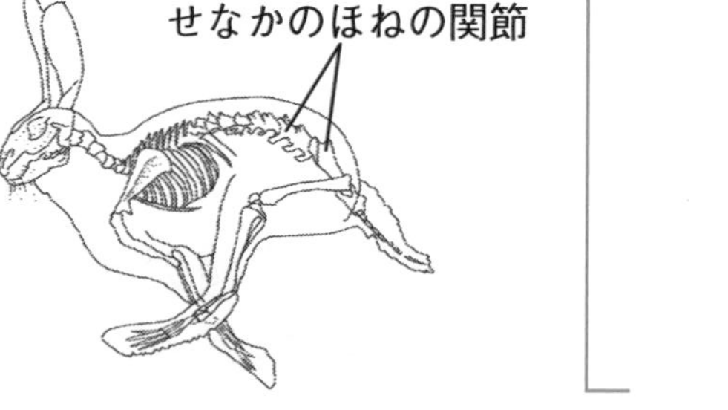
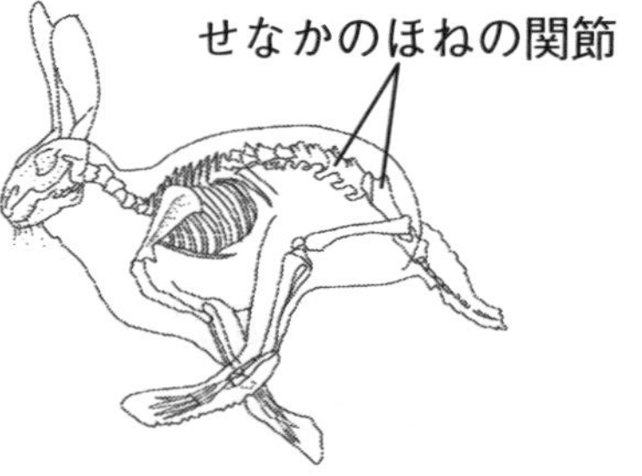

［　　　　　　　　　　］

温度とものの体積

月　日　名前

空気（気体）の温度と体積

体積＝もののかさ

体積の変化は、とても大きい

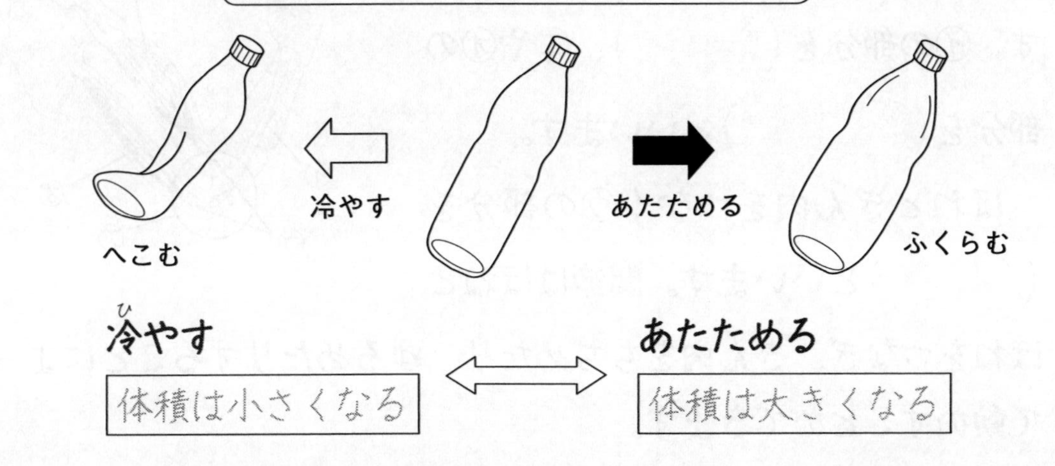

冷やす
体積は小さくなる

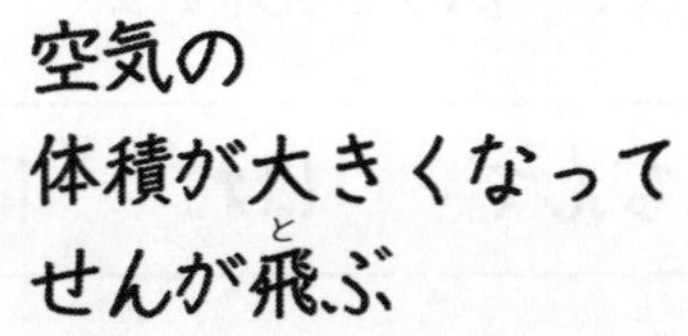

あたためる
体積は大きくなる

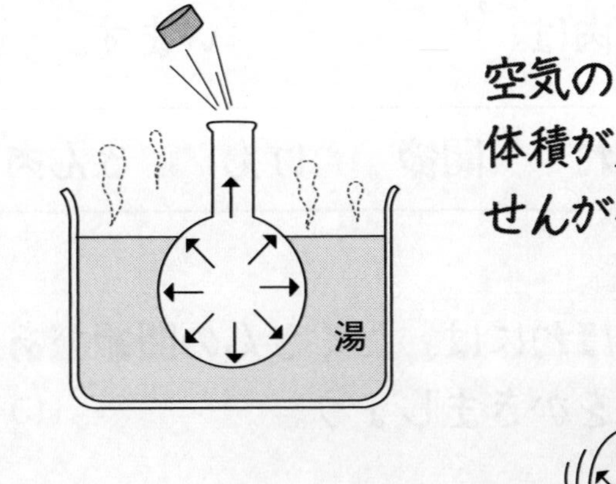

空気の体積が大きくなってせんが飛ぶ

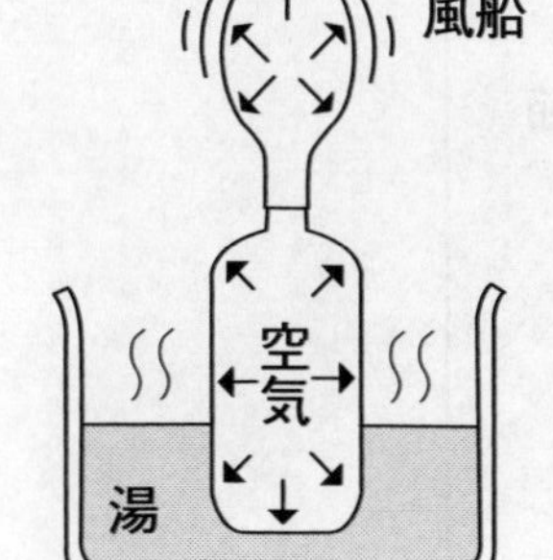

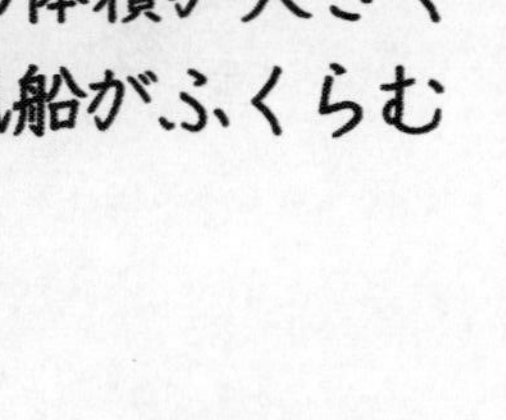

空気の体積が大きくなり風船がふくらむ

水（えき体）の温度と体積

体積の変化は、空気（気体）より小さい

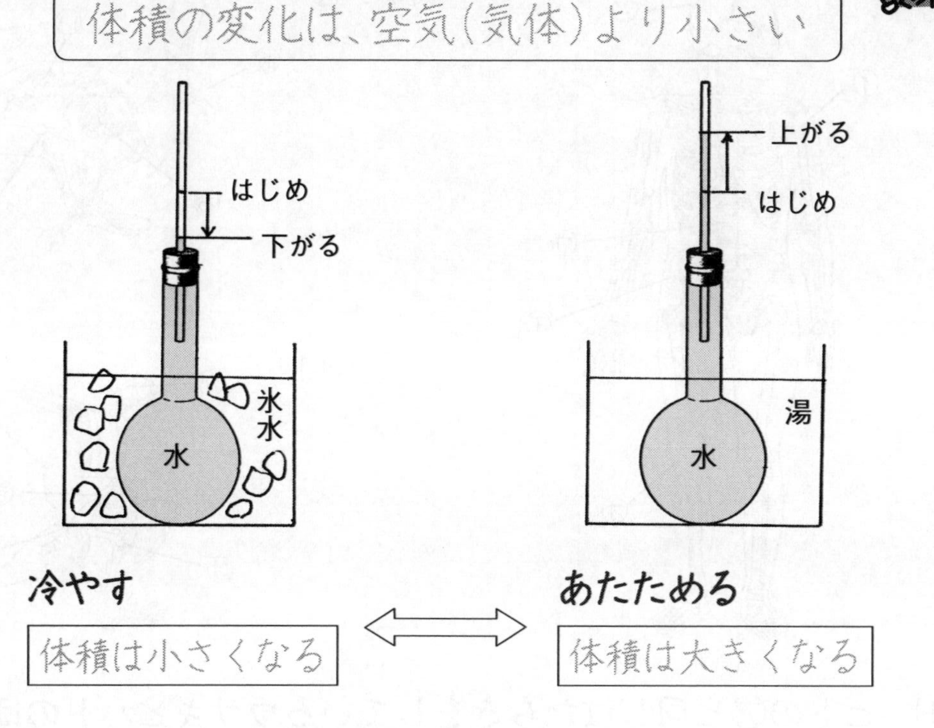

冷やす
体積は小さくなる

あたためる
体積は大きくなる

金ぞく（固体）の温度と体積

体積の変化は、
見た目では、わからないほど小さい

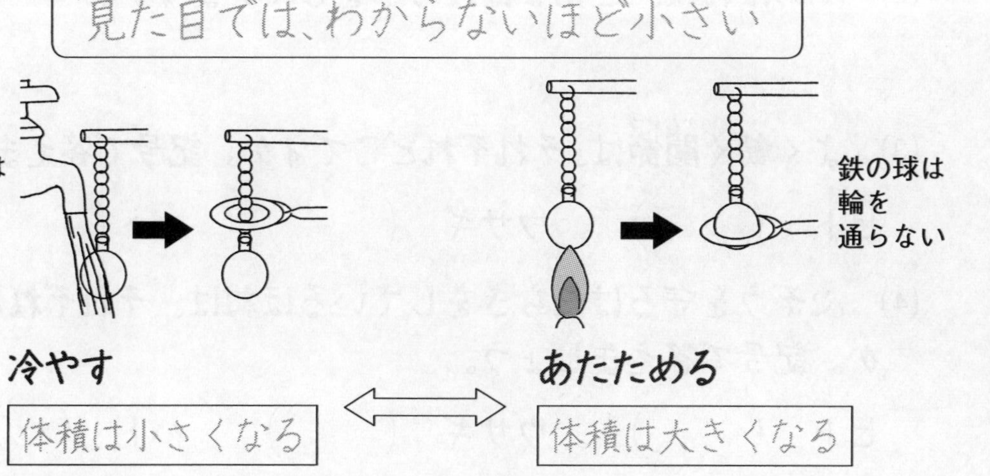

冷やす
体積は小さくなる

あたためる
体積は大きくなる

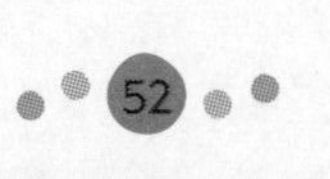

温度とものの体積

月　　日　名前

ガスバーナーの使い方

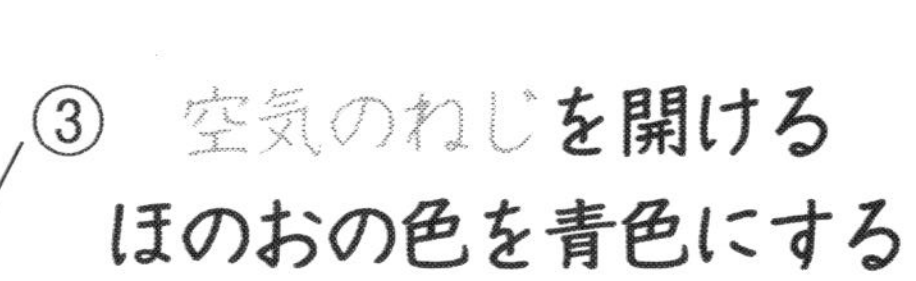

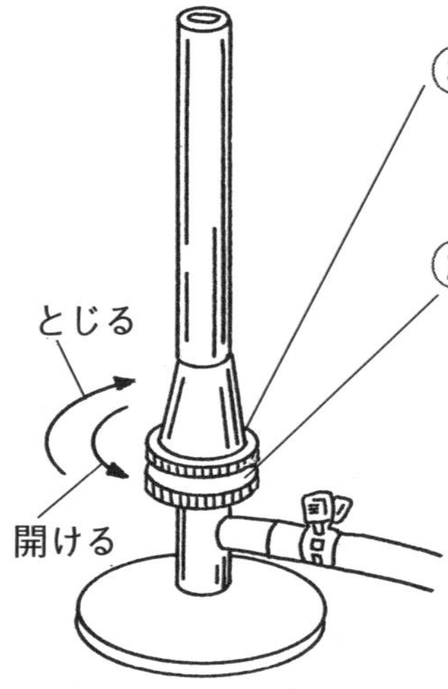

③ 空気のねじを開ける
ほのおの色を青色にする

② ガスのねじを開ける
火をつける

① 元せんを開ける

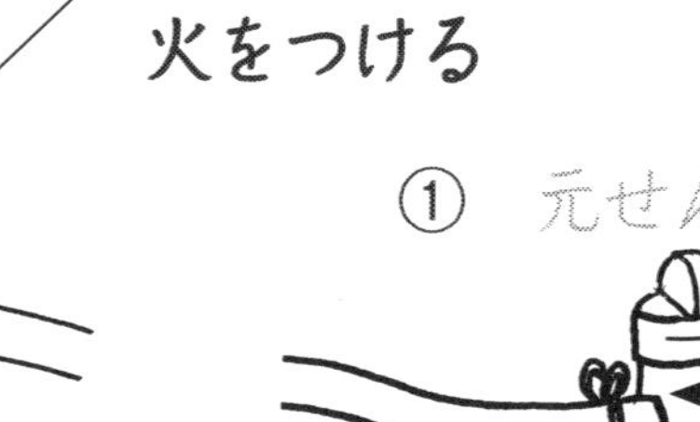

アルコールランプの使い方

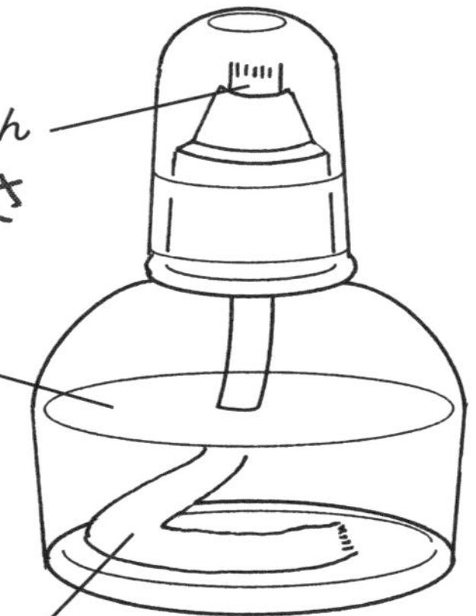

しん
5～6mmの長さ

アルコール
8分目まで
入っているか

中のしんが短く
なっていないか

★火をつける

マッチで火を横からつける

★火を消す

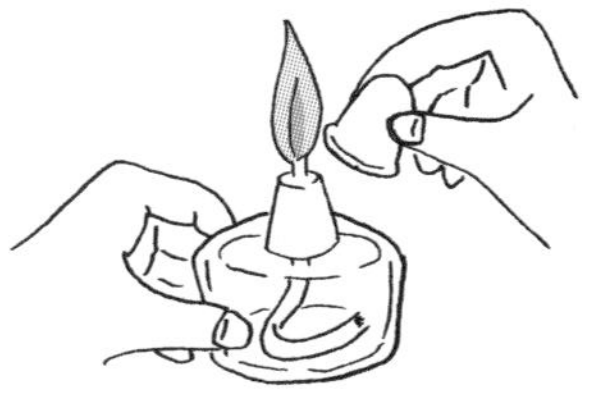

ななめ上からふたをかぶせる

鉄せいスタンドのしくみ

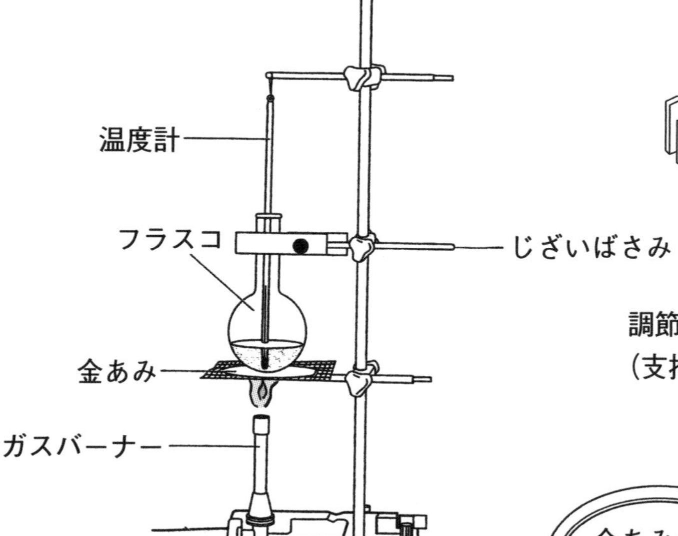

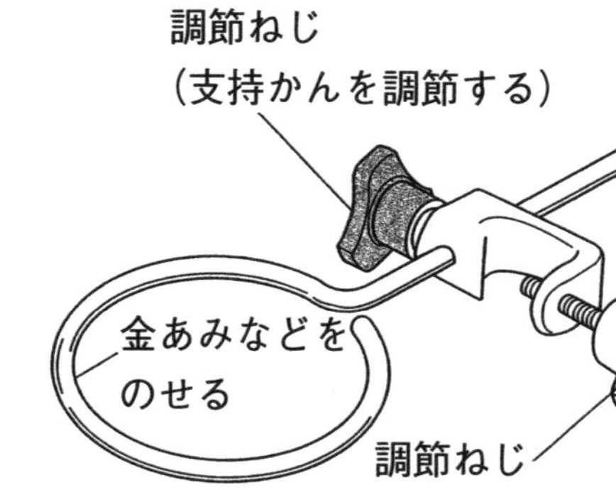

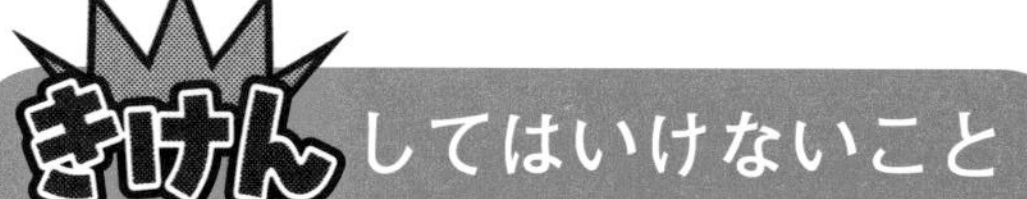

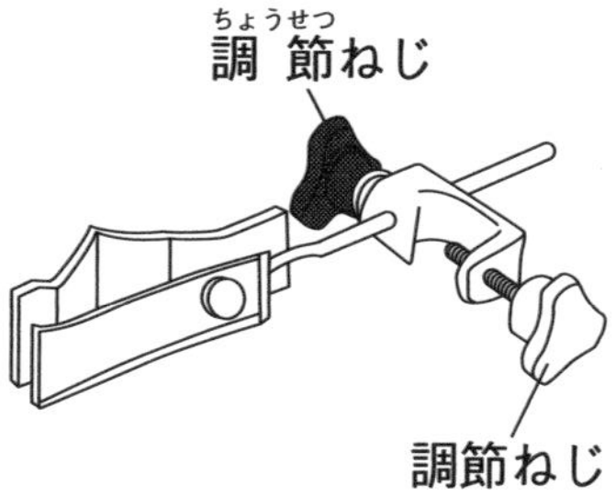

してはいけないこと

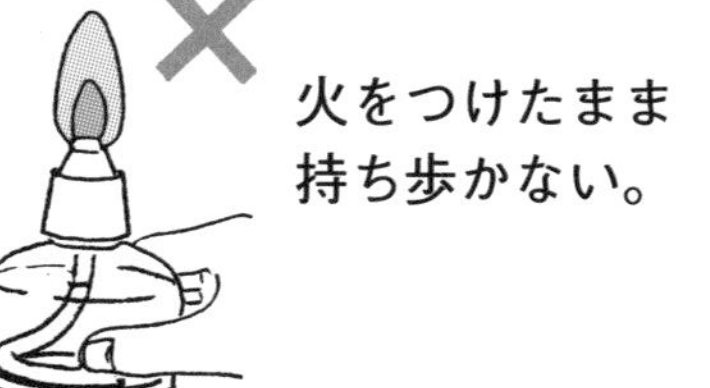

火をつけたまま
持ち歩かない。

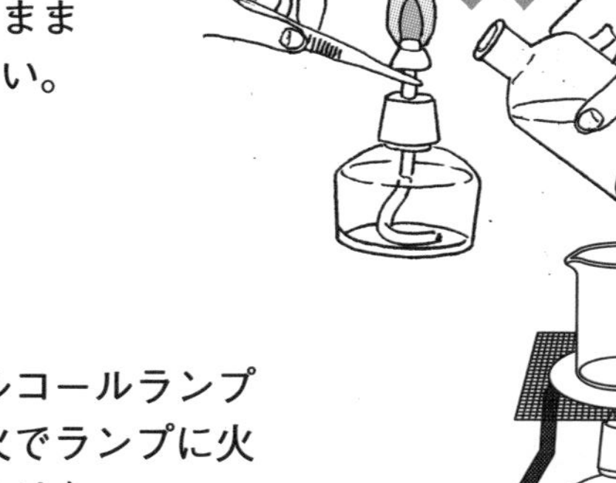

火をつけたまま
で、アルコール
をたさない。

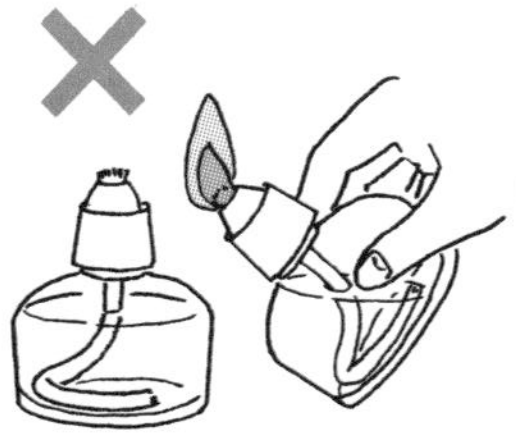

アルコールランプ
の火でランプに火
をつけない。

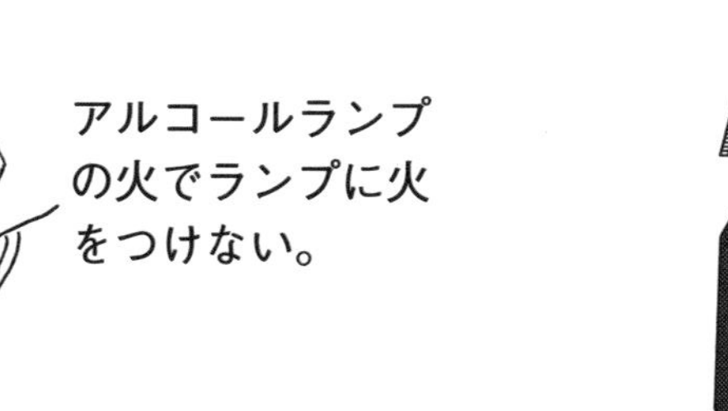

不安定な
物の上に
乗せない。

温度とものの体積 ①
空気と水の変化

1 次の(　　)にあてはまる言葉を□から選んでかきましょう。

(1) マヨネーズのよう器を60℃の湯につけて(①　　　)ます。すると、よう器は(②　　　)ました。次は、氷水につけて(③　　　)ます。するとよう器は(④　　　)ました。

ふくらみ	へこみ	あたため	冷やし

(2) 右の図のようにフラスコの口に発ぽうスチロールのせんをつけて、湯の中であたためます。すると、せんが(①　　　)ました。

発ぽうスチロールのせん
60℃の湯

これは、フラスコの中の(②　　　)が湯で(③　　　)られて体積が(④　　　)からです。

空気	あたため	飛び	ふえた

(3) 空気は(①　　　)ると体積が(②　　　)なり、反対に(③　　　)と体積が(④　　　)なることがわかります。

大きく	小さく	あたため	冷やす

月　日　名前

ポイント 空気と水の温度による体積の変わり方を調べます。

2 次の(　　)にあてはまる言葉を□から選んでかきましょう。

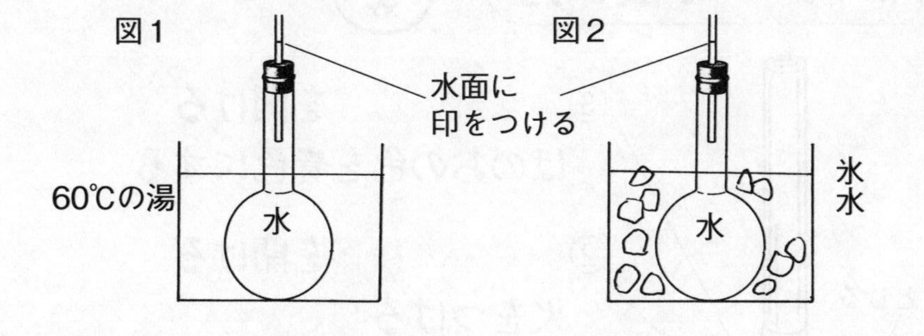

(1) 図1のようにフラスコを湯につけ、(①　　　)ると、水面は印より(②　　　)ます。図2のようにフラスコを氷水につけ、(③　　　)と、水面は、印より(④　　　)ます。

上がり	下がり	あたため	冷やす

(2) 図3のように水を入れた試験管とゼリーで印をつけた空気の入った試験管を(①　　　)ました。すると、㋐の水面は、はじめの位置よりも(②　　　)りました。しかし、空気の方のゼリーの位置は、もっと高くまで(③　　　)っていました。これにより、水より(④　　　)の方が温度による(⑤　　　)の変化が(⑥　　　)とわかりました。

図3
㋐ ㋑
ゼリー
水
空気
湯

体積	あたため	空気	上が	上が	大きい

温度とものの体積 ②

空気と水の変化

月　　日　名前

ポイント　温度による体積の変化は、水より空気の方が大きいことを学びます。

1 次の（　）にあてはまる言葉を□から選んでかきましょう。

(1) 図のように、空気の入ったよう器に風船をかぶせて、お湯の中であたためました。風船が（①　　）のは、よう器の中の（②　　）が湯で（③　　）られて（④　　）が大きくなったからです。

風船　湯

空気	体積	ふくらむ	あたため

(2) 次に、同じよう器を氷水につけると、風船は（①　　）ました。これは、よう器の中の（②　　）が氷水によって（③　　）て、（④　　）が小さくなったからです。

空気	体積	しぼみ	冷やされ

2 次の文について、正しいものには○、まちがっているものには×をかきましょう。

① （　） 空気や水の体積は温度が高くなると大きくなり、温度が低くなると小さくなる。

② （　） 空気や水の体積は温度が高くなると小さくなり、温度が低くなると大きくなる。

③ （　） 空気も水も温度による体積の変化は小さい。

3 次の（　）にあてはまる言葉を□から選んでかきましょう。

(1) 図のように（①　　）の入ったフラスコを氷水で（②　　）ました。すると、水面は最初の位置よりも（③　　）ました。このことから、水は（④　　）と（⑤　　）が小さくなることがわかります。

下がり	冷やし	冷やす	体積	水

(2) 図のフラスコを60℃の湯につけて（①　　）ました。すると水面は湯につける前よりも（②　　）ました。

このことから水は（③　　）と（④　　）が大きくなることがわかります。

上がり	あたためられる	あたため	体積

4 次の文について、正しいものには○、まちがっているものには×をかきましょう。

① （　） 空気よりも水の方が温度による体積の変化は大きい。

② （　） 水よりも空気の方が温度による体積の変化は大きい。

温度とものの体積 ③
金ぞくの変化

1 図のように、金ぞくの輪(わ)と、それをちょうど通る大きさの金ぞくの球があります。あとの問いに答えましょう。

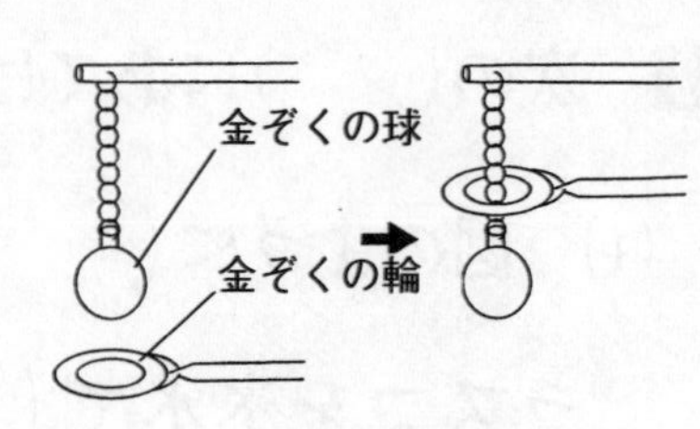

(1) 次の(　　)にあてはまる言葉を□から選んでかきましょう。

金ぞくの球を、実験(じっけん)Ⓐのように(①　　　　　　)であたためてやると、輪を(②　　　　　)なりました。

輪を（②）なったのは、金ぞくの球があたためられて、その体積(たいせき)が(③　　　)なったからです。

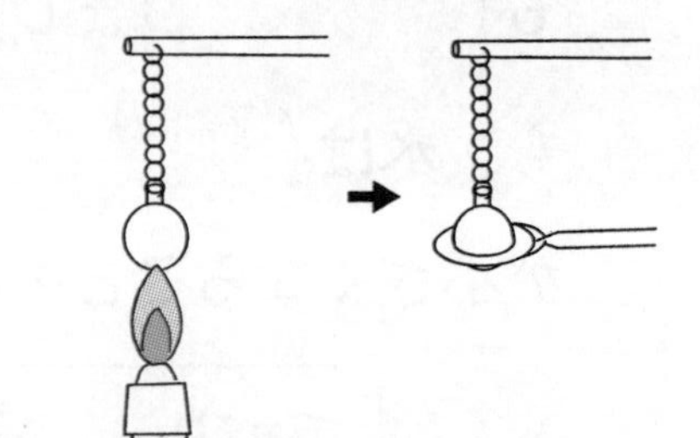

大きく　通らなく　アルコールランプ

(2) 実験Ⓐの球を実験Ⓑのように水道水で冷(ひ)やしました。金ぞくの球は、輪を通りますか、それとも輪を通りませんか。(　　　　　　)

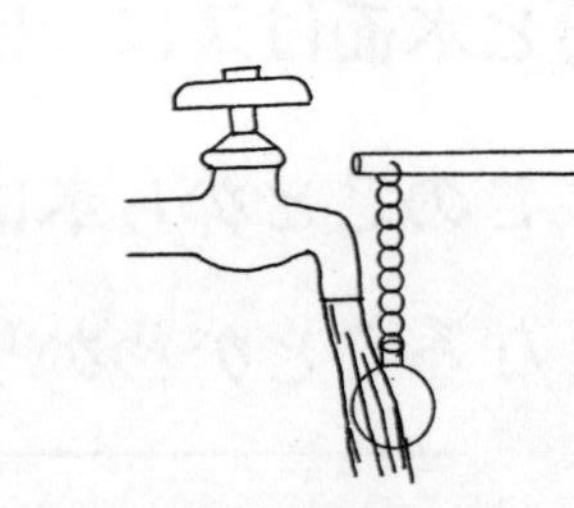

(3) 金ぞくの輪を実験Ⓒのように、アルコールランプであたためてみました。金ぞくの球は、あたためた輪を通りますか、それとも輪を通りませんか。(　　　　　　)

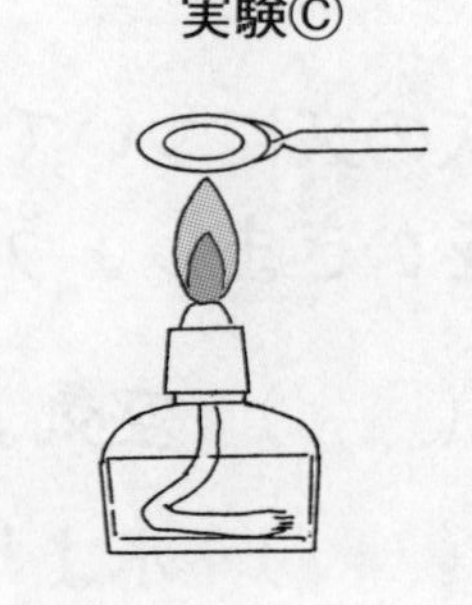

月　　日　名前

ポイント 金ぞくも温度により体積が変化することを知ります。

2 金ぞくのぼうを使った図のような実験そうちをつくりました。あとの問いに答えましょう。

電気コードを止める金具
ストロー
木の台
ストロー
㋐　㋑
金ぞくぼう
はり
ゴム板

金ぞくのぼうをアルコールランプであたためて温度を上げると、その長さはどうなりますか。①～③から選んで番号で答えましょう。(　　　)

① ぼうが短くなり、ストローが㋐の方へ動きます。
② ぼうが長くなり、ストローが㋑の方へ動きます。
③ ぼうの長さは変わらず、ストローは動きません。

3 次の(　　)にあてはまる言葉を□から選んでかきましょう。

金ぞくの球は、温度が(①　　　　)と体積は(②　　　)なります。温度が下がると体積は(③　　　　)なります。

また、金ぞくのぼうは、温度が上がると長さは(④　　　　)なります。温度が(⑤　　　　)と長さは(⑥　　　)なります。

上がる　下がる　大きく　小さく　長く　短く

温度とものの体積 ④

金ぞくの変化

1 次の（　　）にあてはまる言葉を□から選んでかきましょう。

図1

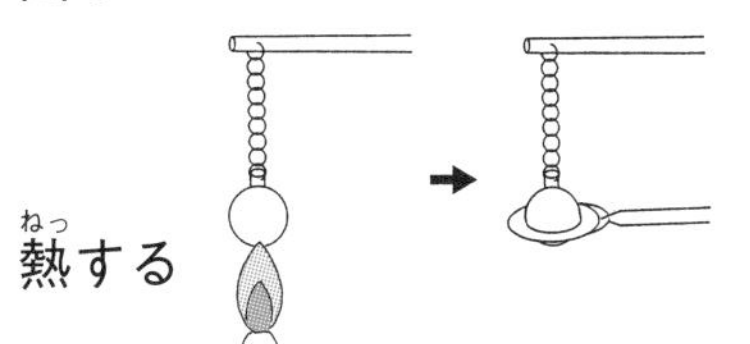

図2

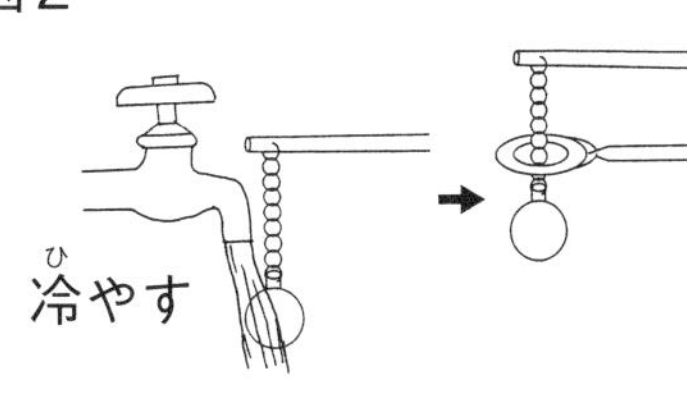

(1) 図1の金ぞくの球は輪を（①　　　　）。それは、金ぞくの球が（②　　　　）られて、（③　　　　）が大きくなったからです。その後、図2のように水で冷やすと金ぞくの球は輪を（④　　　　）。それは金ぞくの球が（⑤　　　　）て、体積が小さくなったからです。

通ります	通りません	あたため	冷やされ	体積

(2) 図は鉄道のレールです。鉄道のレールは（①　　　　）でできています。㋐のレールのつなぎ目はすき間がありません。これは、夏の時期で金ぞくが（②　　　　）られて（③　　　　）が大きくなっているからです。㋑のレールのつなぎ目はすき間が（④　　　　）。これは冬の時期で金ぞくが（⑤　　　　）て体積が小さくなっているからです。

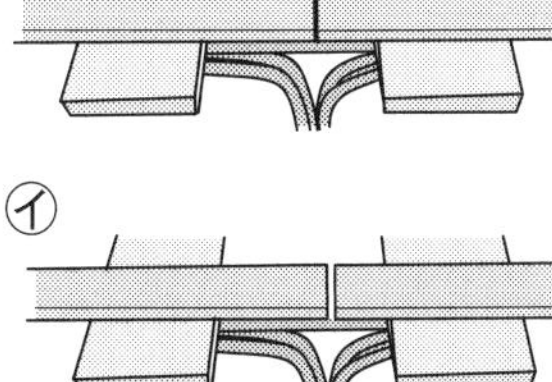

あたため	冷やされ	体積	金ぞく	あります

月　　日 名前

ポイント 生活の場での、温度による金ぞくの体積の変化を調べます。

2 次の（　　）にあてはまる言葉を□から選んでかきましょう。

ガラスのびん
湯
金ぞくのふた

ジャムのびんのふたなど、金ぞくのふたが開かなくなったら（①　　　　）の中に入れて、ふたを（②　　　　）ます。すると金ぞくの体積は（③　　　　）て、ふたが少し（④　　　　）なり、びんとふたにすき間ができます。そして開けることができます。

大きく	湯	ふえ	あたため

3 次の（　　）にあてはまる言葉を□から選んでかきましょう。

金ぞくや水、空気などは、温度が上がると、その体積は（①　　　　）ます。

金ぞくや水、空気などは、温度が下がると、その体積は（②　　　　）ます。

温度による体積の変化は、金ぞく、水、空気によってちがいます。空気の変化は、金ぞくや水より（③　　　　）、金ぞくの変化は、水や空気より（④　　　　）なります。

へり	ふえ	大きく	小さく

温度とものの体積 ⑤

器具の使い方

月　日 名前

ポイント アルコールランプやガスバーナーの使い方や手順を覚えましょう。

1 次の(　)にあてはまる言葉を□から選(えら)んでかきましょう。

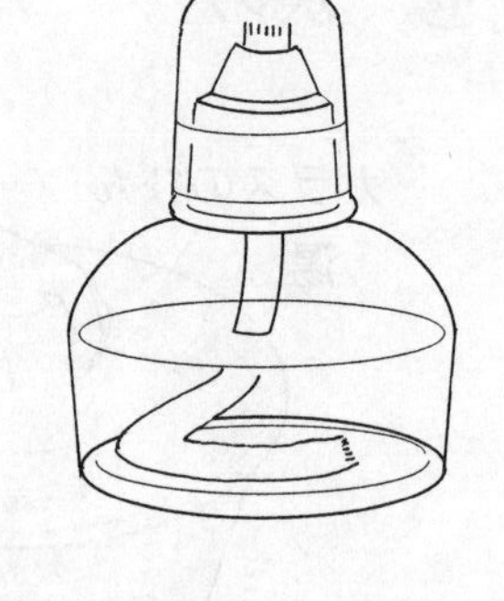

(1) アルコールランプのガラスに(①　　)が入っていないか調べます。

アルコールは(②　　)くらいまで入れておきます。その中にあるしんが(③　　)なっていないか調べます。火をつける部分のしんの長さが、(④　　)くらいか調べます。

8分目	5～6mm	ひび	短く

(2) 火をつけるときは、とったふたをつくえの上に(①　　)おき、マッチの火を(②　　)からつけます。つくえの上に、(③　　)を用意しておきます。火を消すときは、ふたを(④　　)から静(しず)かにかぶせます。

また、アルコールランプどうしでの(⑤　　)や、火のついたアルコールランプの(⑥　　)はきけんです。

もえさし入れ	ななめ上	横	立てて
もらい火	持ち運び		

2 次の(　)にあてはまる言葉を□から選んでかきましょう。

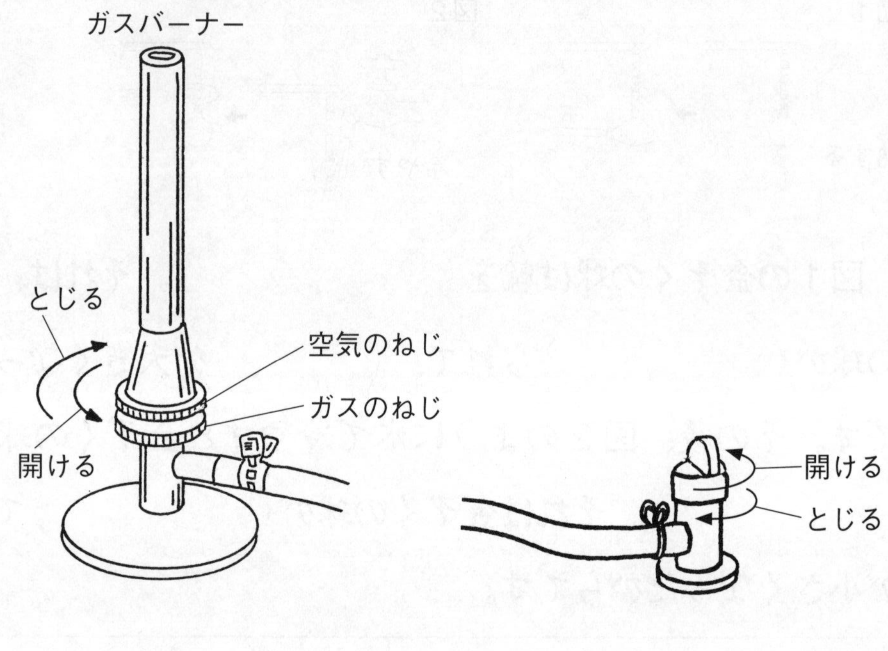

(1) まず、(①　　)を開けます。次に(②　　)のねじを開けて火をつけます。火がついたら、(③　　)のねじを開けて、(④　　)の色が(⑤　　)なるように調整します。

ガス	元せん	空気	青白く	ほのお

(2) 火の消し方は、まず(①　　)のねじをとじます。そして(②　　)のねじをとじます。最後(さいご)にガスの(③　　)をしっかりとじます。

ガス	元せん	空気

まとめテスト

温度とものの体積

月　日　名前　　／100点

1 図のように空のびんをさかさにして、熱い湯の中につけると、あわが出てきます。あとの問いに答えましょう。（各10点）

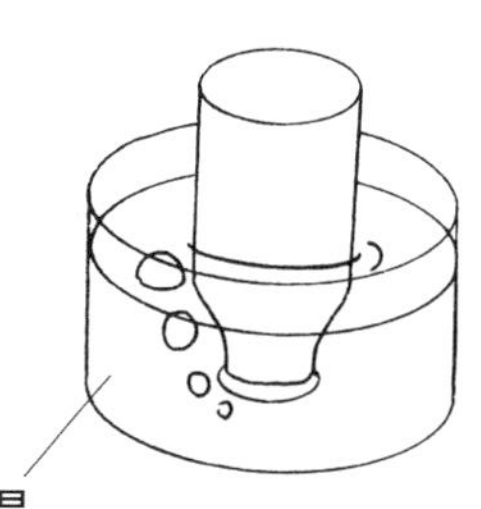
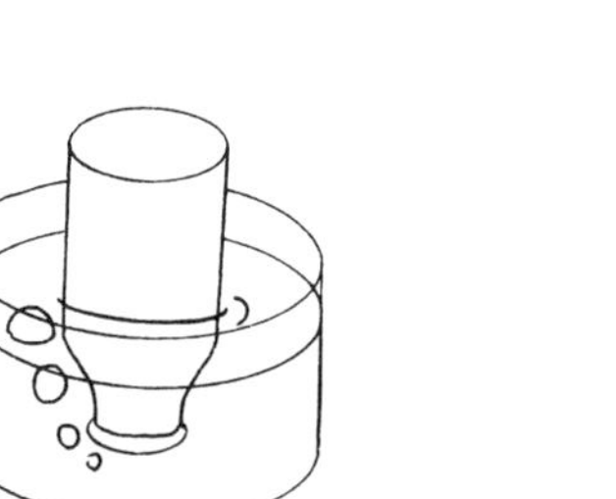

(1) びんから出てきたあわは何ですか。（　　）

(2) 熱い湯の中につけると、あわが出る理由を次の中から選びましょう。（　　）

① びんの中のものがあたためられ、体積がふえるから。

② びんの中のものがあたためられ、体積がへるから。

(3) このあわは、このあとどんな出方になりますか。次の中から選びましょう。（　　）

① より多くのあわが出続けます。

② いくらか出ると、止まってしまいます。

③ このままのようすで出続けます。

★**2** 図のように、空気の入ったびんの口にぬらした10円玉をのせて、両手でびんをあたためました。すると、10円玉がコトコト音をたてて動きました。なぜでしょう。（10点）

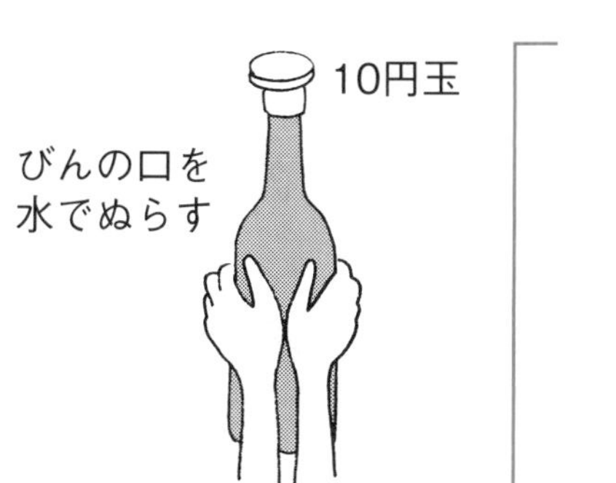

［　　　　］

3 水の温度による体積の変化を調べるために図のようなそうちをつくります。（各10点）

(1) 試験管を両手でにぎりしめて、水をあたためると、ガラス管の中の水は、イ、ウ、エのどれになりますか。（　　）

(2) 試験管をお湯であたためて、50℃くらいにします。ガラス管の水面について、正しいものを選びましょう。（　　）

① 水の体積はあまり変わらないので、ウのままです。

② 水の体積がふえたため、水面が上がり、アになります。

③ 試験管がふくれて大きくなったため、水面がエになります。

(3) (2)であたためた試験管は、はじめの水温にもどりました。正しいものを選びましょう。（　　）

① (2)のあたためた実験のときと同じ場所に水面はあります。

② あたためる前の水面にほぼもどります。

4 次の（　）にあてはまる言葉を□から選んでかきましょう。（各6点）

水は、あたためると体積が（①　　）、冷やすと体積が（②　　）ます。温度計は、えき体の（③　　）が温度で（④　　）することを利用してつくられた（⑤　　）です。

体積	ふえ	へり	道具	変化

まとめテスト

温度とものの体積

月　日　名前　　／100点

1 注しゃ器に空気をとじこめて、次のような実験をしました。あとの問いに答えましょう。

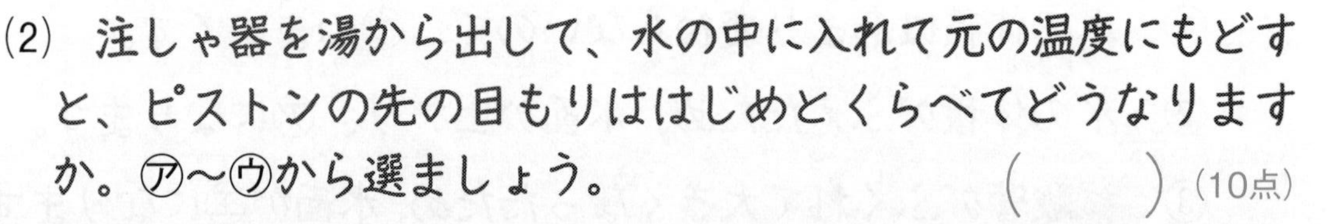

(1) このまま70℃の湯の中に入れると、ピストンははじめとくらべどうなりますか。㋐～㋒から選びましょう。（　　）(10点)

㋐ おし上げられた　㋑ 引き下げられた
㋒ 動かなかった

(2) 注しゃ器を湯から出して、水の中に入れて元の温度にもどすと、ピストンの先の目もりははじめとくらべてどうなりますか。㋐～㋒から選ましょう。（　　）(10点)

㋐ 上になった　㋑ 下になった　㋒ 元のところになった

(3) (2)の注しゃ器を氷水の中に入れると、ピストンの先の目もりは、はじめとくらべて、どうなりましたか。㋐～㋒から選びましょう。（　　）(10点)

㋐ 上になった　㋑ 下になった　㋒ 同じだった

(4) （　）にあてはまる言葉を□から選んでかきましょう。(各5点)

実験から空気の体積は温度が（①　　）と（②　　）、温度が下がると体積が（③　　）ます。

ふえ	へり	上がる

2 次の（　）にあてはまる言葉を□から選んでかきましょう。(各5点)

(1) 図1のように（①　　）をあたためるとガラス管の中の水面は（②　　）、冷やすと水面は（③　　）ます。これは、水も空気と同じように、あたためると体積が（④　　）なり、冷やすと体積が（⑤　　）なるからです。

図1

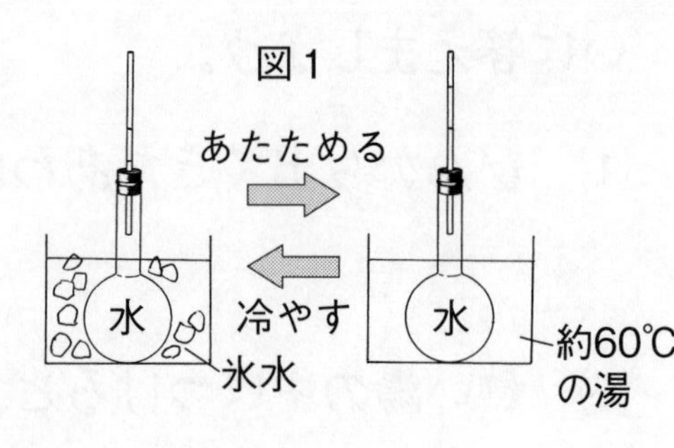

上がり	下がり	大きく	小さく	水

(2) 図2のように（①　　）と（②　　）の入った試験管をそれぞれあたためます。すると、どちらの試験管もはじめの位置より上に上がりました。しかし、空気の方のゼリーの位置の方が（③　　）の位置よりも（④　　）なりました。このことから、温度による体積の変化は（⑤　　）よりも（⑥　　）の方が大きいことがわかります。

図2

ゼリー
水面
空気
水

空気	空気	水	水	高く	水面

まとめテスト

温度とものの体積

1　温度による金ぞくの体積(たいせき)の変化(へんか)を、図のように調べます。(　　)にあてはまる言葉を□から選(えら)んでかきましょう。(各5点)

通る

まず、金ぞくの球が(①　　　)を通りぬけることをたしかめます。

次にアルコールランプで金ぞくの球を(②　　　)ます。

すると、金ぞくの球は輪(わ)を通りぬけ(③　　　)。

続(つづ)いて、今度は熱(ねっ)した球を水で(④　　　)ます。すると、金ぞくの球は輪を通りぬけ(⑤　　　)。

この実験(じっけん)で、変化の見えにくい金ぞくの球も(⑥　　　)によって体積が(⑦　　　)することがわかりました。

金ぞくの体積の変化は、水や空気よりも(⑧　　　)です。

冷(ひ)やし	熱し	輪	小さい	変化
温度	ません	ます		

月　　日　名前　　　　／100点

2　次の(　　)にあてはまる言葉を□から選んでかきましょう。(各6点)

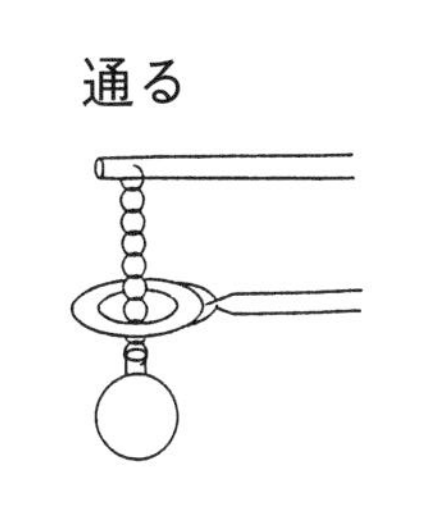

温度計の(①　　　)には、色をつけた灯油(とうゆ)などのえき体が入っています。それが(②　　　)られると、中のえき体の(③　　　)がふえて管(くだ)の中を上がっていきます。また、反対に冷やされると、体積が(④　　　)、えき体の高さは下がります。

へり	えきだめ	あたため	体積

3　次の文は、空気、水、金ぞくの温度による体積の変化について、かいたものです。すべてにあてはまるものには◎、どれにもあてはまらないものには×、空気だけには㊡、水だけには㊌、金ぞくだけには㊎とかきましょう。(各6点)

①(　　)　鉄道のレールのつぎ目には、すき間があります。

②(　　)　熱気球は空気をあたためて、飛(と)ばします。

③(　　)　へこんだピンポン玉を湯につけてふくらませます。

④(　　)　水を使った温度計をつくります。

⑤(　　)　熱すると体積が小さくなります。

⑥(　　)　熱すると体積がふえ、冷(さ)ますと、元の体積にもどります。

まとめテスト

温度とものの体積

月　　日　名前　　　　／100点

1 次の文は、空気、水、金ぞくの温度による体積の変化について、かいたものです。すべてにあてはまるものには◎、どれにもあてはまらないものには×、空気だけには㊜、水だけには㊌、金ぞくだけには㊎とかきましょう。（各5点）

① (　　) 冷やすと、体積が小さくなります。

② (　　) 温度による体積の変化が最も大きいです。

③ (　　) 温度による体積の変化が最も小さいです。

④ (　　) 熱すると、体積が大きくなります。

⑤ (　　) 冷やすと、体積が大きくなります。

⑥ (　　) 水を使った温度計をつくります。

⑦ (　　) びんの金ぞくのふたを湯につけて開けます。

⑧ (　　) へこんだピンポン玉を湯につけてふくらませます。

2 次の図は鉄道の鉄でできたレールのようすを表しています。(　　)に夏のようすか冬のようすか、季節を答えましょう。（各5点）

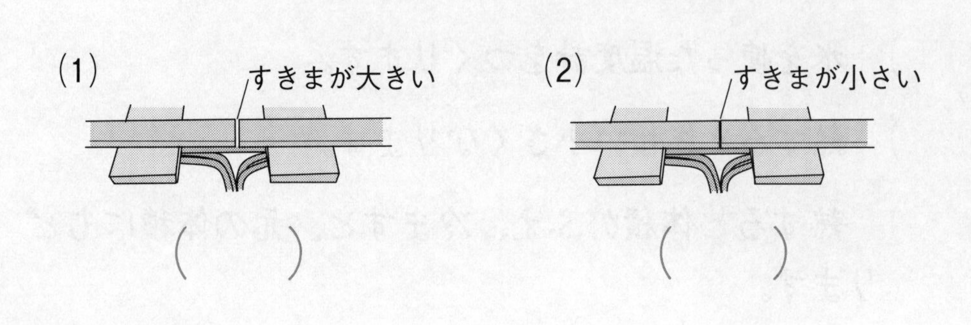

(1) (　　)　(2) (　　)

3 アルコールランプの使い方で、正しいものには○、まちがっているものには×をかきましょう。（各5点）

火をつけたままアルコールをつぎたす　火のついたアルコールランプを運ぶ　火のついたアルコールランプにふたをかぶせて火を消す　他のアルコールランプに火をうつす

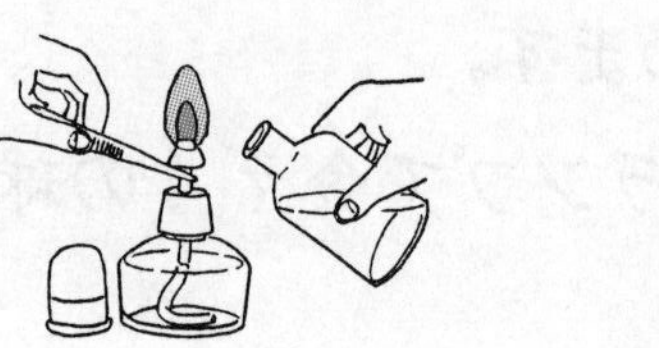

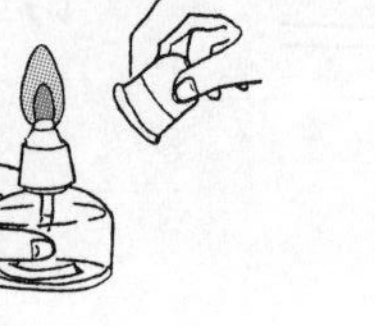

① (　　)　② (　　)　③ (　　)　④ (　　)

4 ガスバーナーの使い方について、あとの問いに答えましょう。（各5点）

(1) 火のつけ方について、順に番号をかきましょう。

元せんを開けます。

① (　　) 空気のねじを調節して、ほのおを青白くします。

② (　　) ほのおの大きさを調節します。

③ (　　) ガスのねじをゆるめ、火をつけます。

(2) 火の消し方について、順に番号をつけましょう。

① (　　) ガスのねじをとじます。

② (　　) 空気のねじをとじます。

③ (　　) 元せんをとじます。

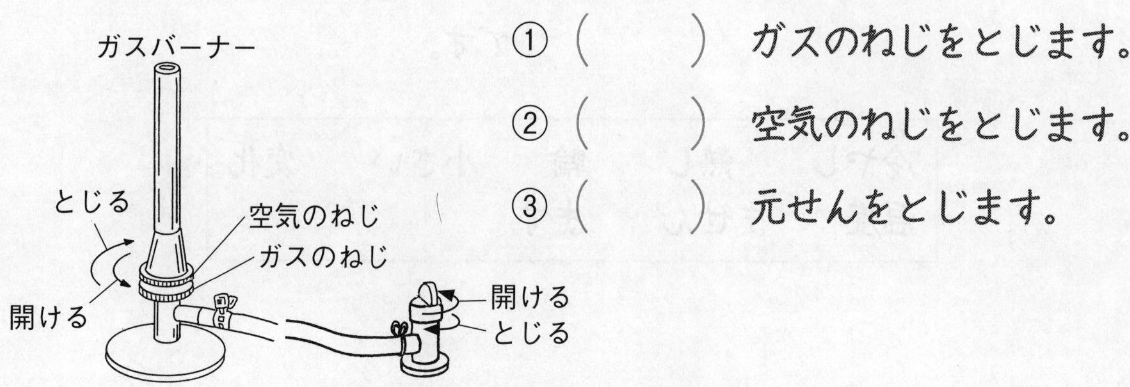

イメージマップ

もののあたたまり方

金ぞくのあたたまり方

金ぞくは、あたためられた部分から順(じゅん)に、あたたまっていく（伝(でん)どう）

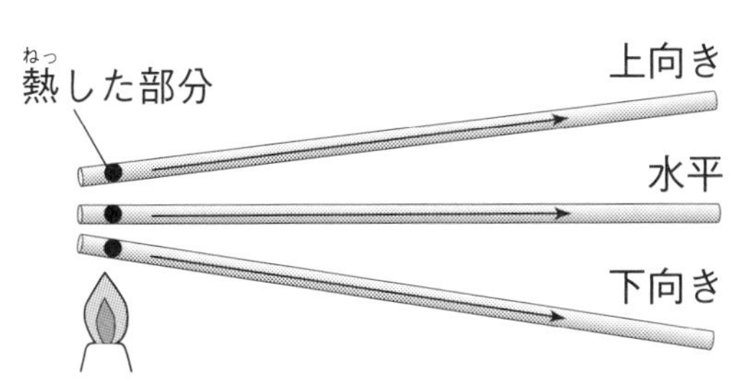

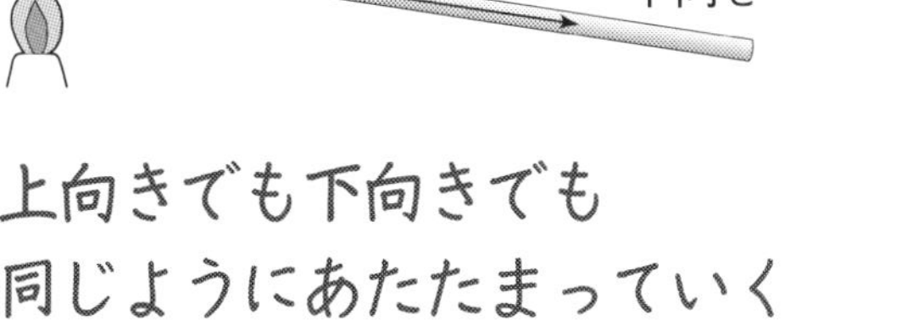

上向きでも下向きでも
同じようにあたたまっていく

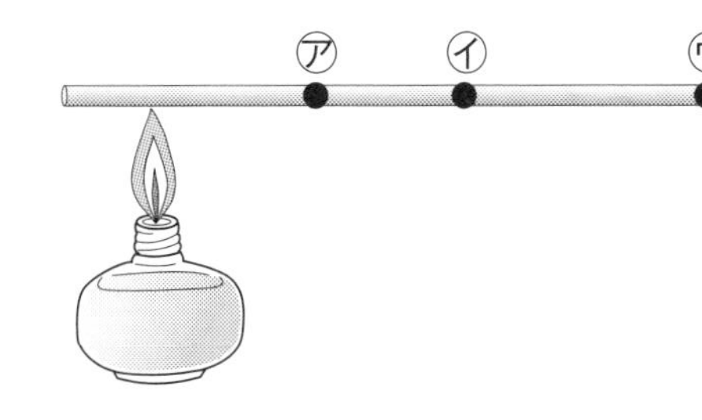

あたためられたところから
近い順にあたたまっていく

金ぞくの板

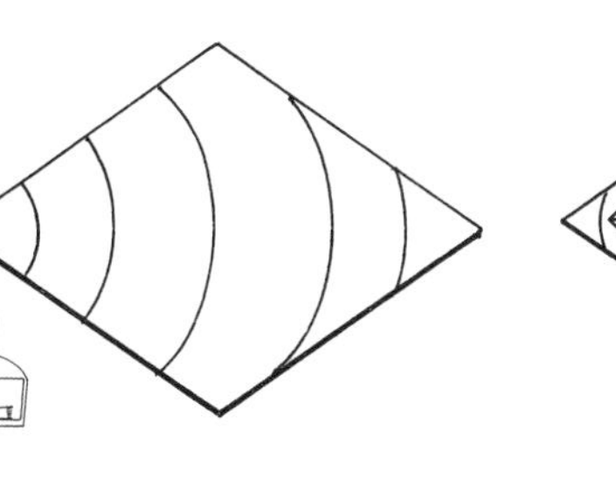

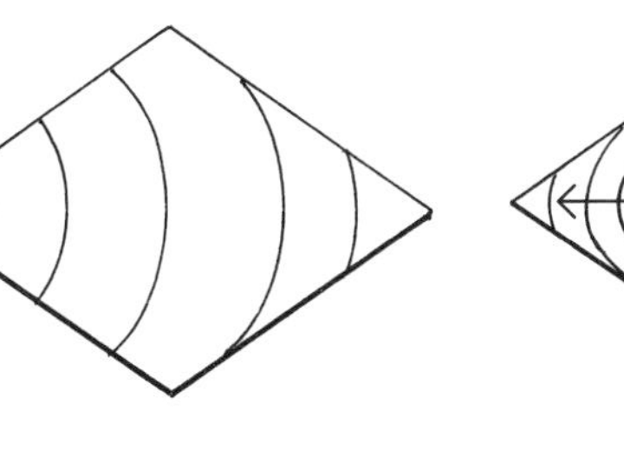

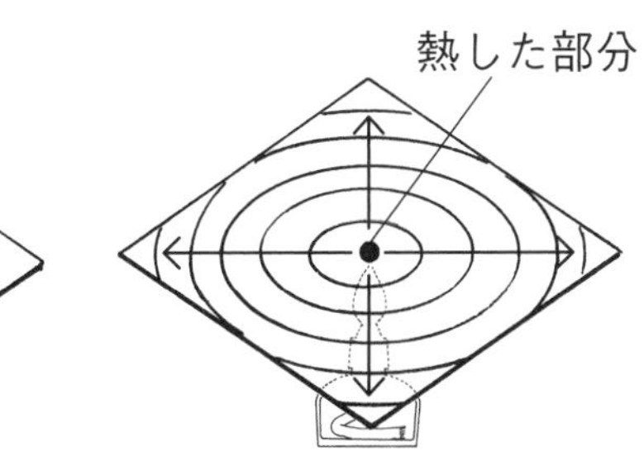

あたためられた部分から
熱が伝(つた)わっていく

月　　日　名前

水や空気のあたたまり方

あたためられた部分が上へ動き
全体があたたまっていく（対流(たいりゅう)）

底(そこ)の部分をあたためる

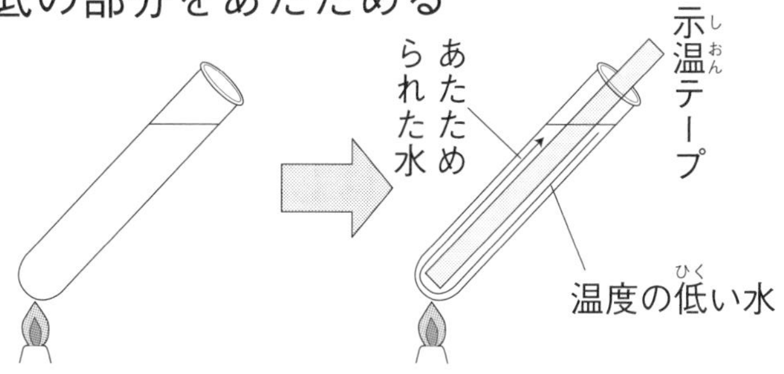

先に上の方があたたまる
その後、全体があたたまる

水面の近くをあたためる

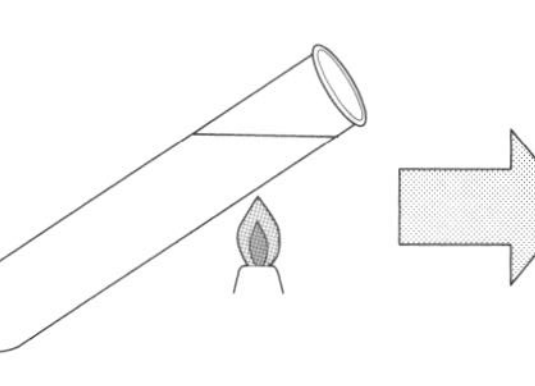

上の方だけあたたまる
（下の方は冷(つめ)たいまま）

ビーカー
あたためられた水
温度の低い水

あたためられた空気
温度の低い空気

あたためられた水（空気）は上へ動く
温度の低い水（空気）は下へ動く

くり返して、全体があたたまっていく

もののあたたまり方 ①
金ぞくのあたたまり方

金ぞくの熱の伝わり方、あたたまり方を調べます。

月　　日　名前

1　次の(　　)にあてはまる言葉を□から選んでかきましょう。

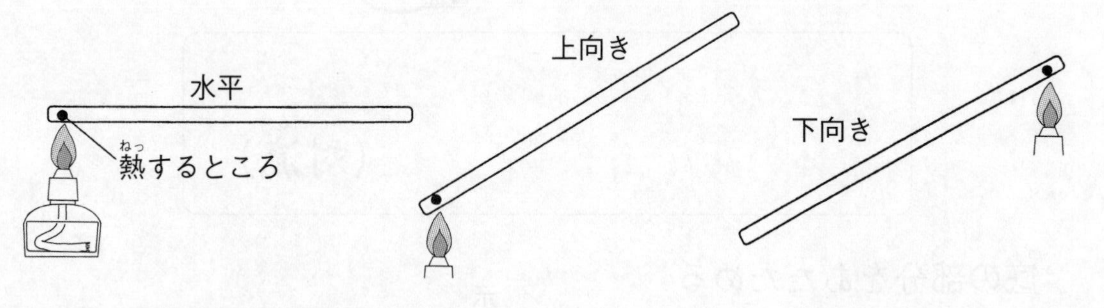

(1)　ろうをぬった金ぞくのぼうで、あたたまり方を調べます。図のように、(①　　　)、上向き、下向きにした金ぞくのぼうを、アルコールランプで熱します。

どれも、熱せられた部分から順に(②　　　)が伝わり、先の方までろうがとけます。

熱が先の方まで(③　　　)速さは、3つとも(④　　　)です。

同じ　　水平　　熱　　伝わる

(2)　金ぞくのぼうの(①　　　)の伝わり方は、ぼうが水平のときやぼうの(②　　　)には関係なく、熱せられた(③　　　)から順に先の方に向かって(④　　　)られます。

伝え　　熱　　部分　　かたむき

2　次の(　　)にあてはまる言葉を□から選んでかきましょう。

(1)　ろうをぬった金ぞくの板の角の部分を熱すると、熱した部分から(①　　　)ように熱が伝わり、(②　　　)に板全体があたためられてろうが(③　　　)。

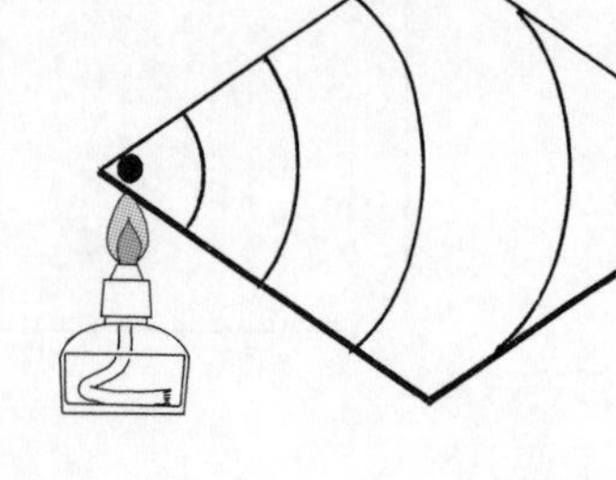

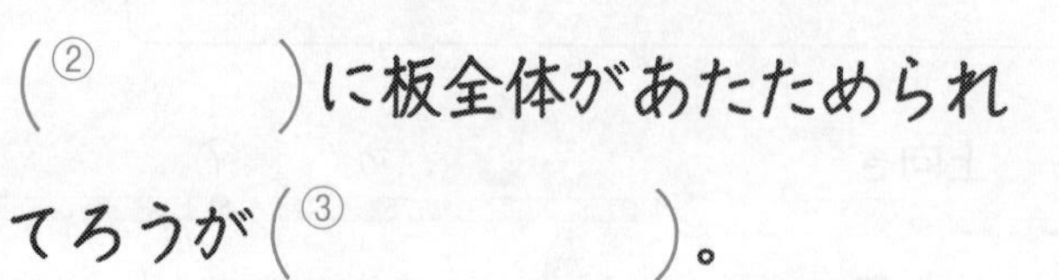

とけます　　順　　広がる

(2)　金ぞくの板の中央部分を熱すると熱した部分を(①　　)に(②　　)ができるように熱が伝わり、ろうが(③　　　)。

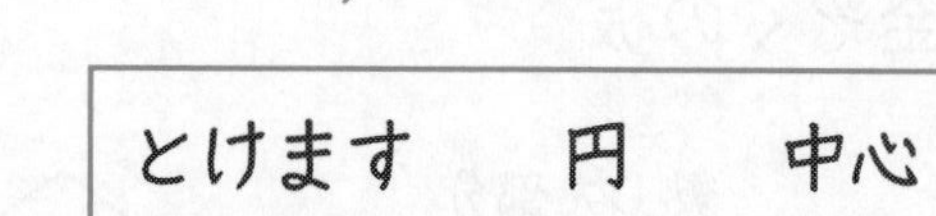

とけます　　円　　中心

(3)　切りこみを入れた金ぞくの板の角を熱すると熱した部分に(①　　)ところから(②　　　)が伝わり、板のはしまであたためられてろうが(③　　　)。

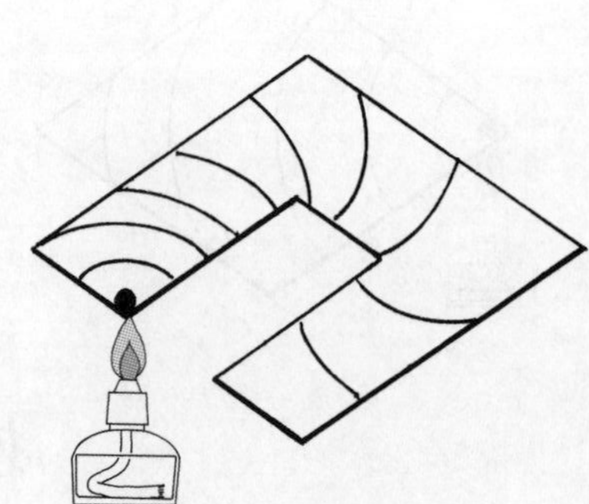

とけます　　熱　　近い

ものの あたたまり方 ②

金ぞくのあたたまり方

月　　日　名前

ポイント　金ぞくのあたたまり方は、かたむきに関係なく、熱したところから順に伝わっていきます。

1 金ぞくの板をあたためる実験(じっけん)をしました。

図1

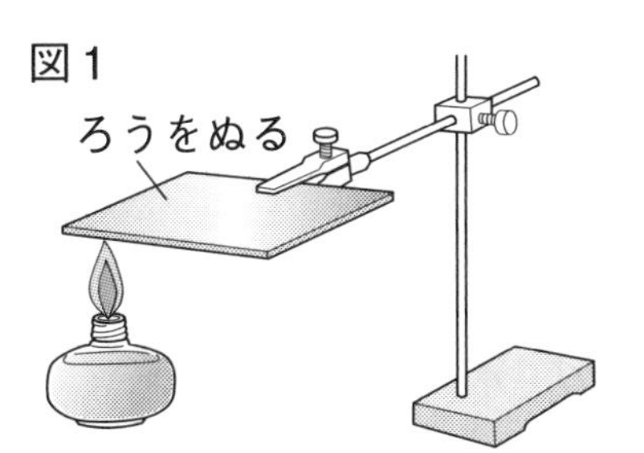

図2

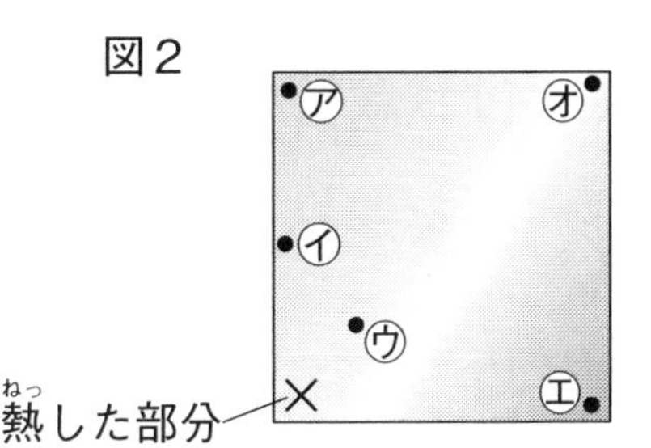

(1) 図2について、正しいものには○、まちがっているものには×をかきましょう。

① (　　) ㋔が1番最初(さいしょ)にろうがとけます。

② (　　) ㋑が2番目にろうがとけます。

③ (　　) ㋐と㋓と㋔のろうはとけません。

④ (　　) ㋒が1番最初にろうがとけます。

(2) 次の①、②のあたたまり方で、正しいものに○をつけましょう。(図の×は熱した部分)

① 金ぞくの板の中央をあたためたとき

あ □ 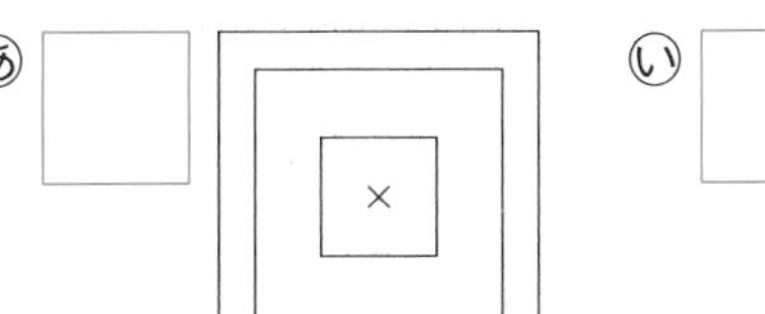　い □ 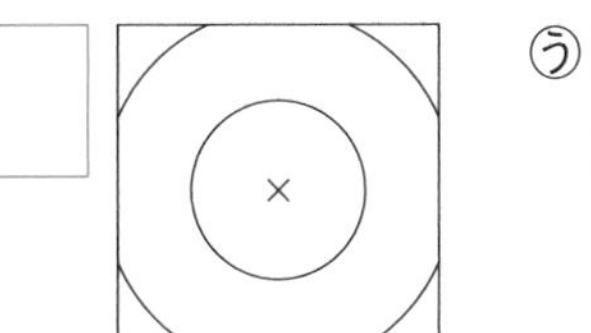　う □ 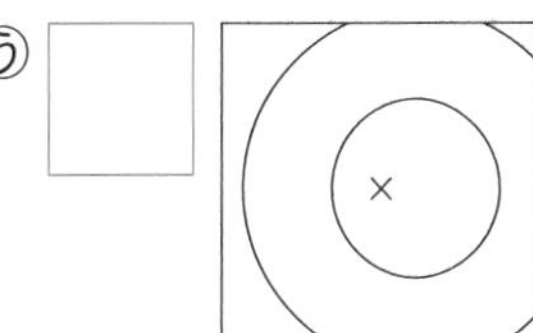

② 金ぞくの板のはしをあたためたとき

あ □ 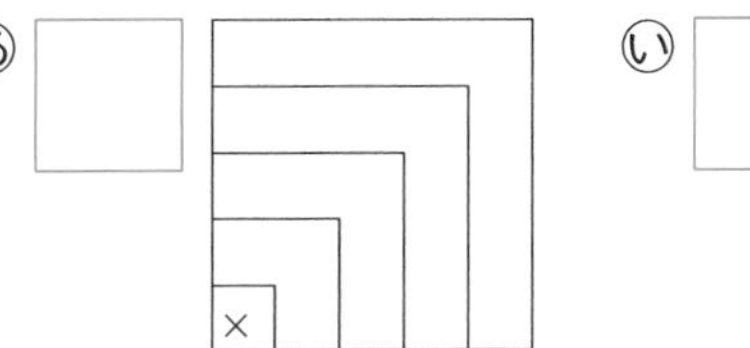　い □ 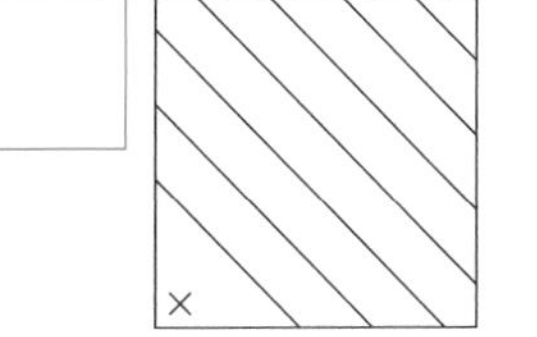　う □ 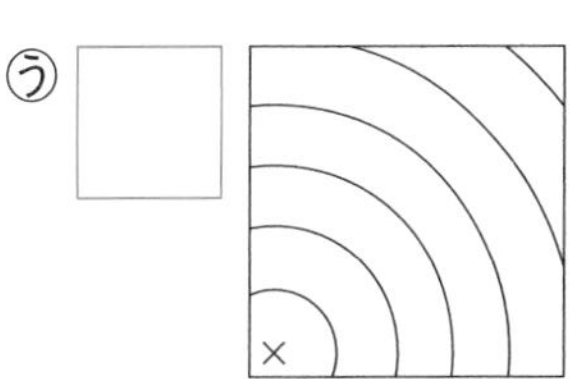

2 図のように金ぞくのぼうのあ、い、うにろうをぬって、あたためる実験をしました。あとの問いに答えましょう。

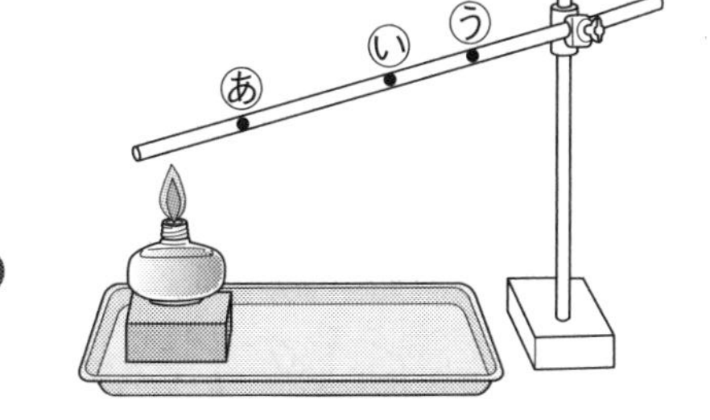

(1) 図1、図2について、ろうがとけた順(じゅん)に(　　)に記号をかきましょう。

(図1)

(　　)→(　　)→(　　)

(図2)

(　　)→(　　)→(　　)

(2) 次の(　　)にあてはまる言葉を□から選(えら)んでかきましょう。

2つの実験の結果(けっか)から、金ぞくのぼうは、(①　　　)に関係(かんけい)なく(②　　　)部分から(③　　　)に熱(ねつ)が伝(つた)わります。

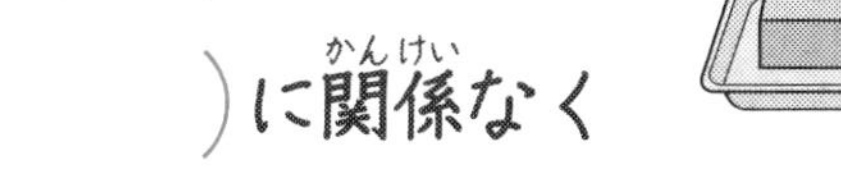

熱した　　近い順　　かたむき

3 図の㋐、㋑、㋒の部分があたたまる順に記号をかきましょう。

図1

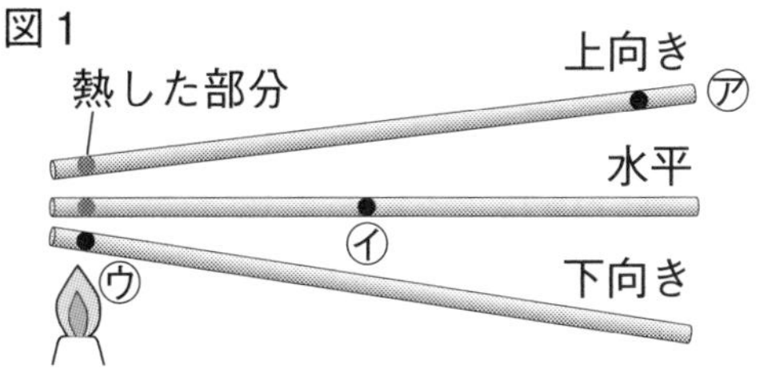

図2

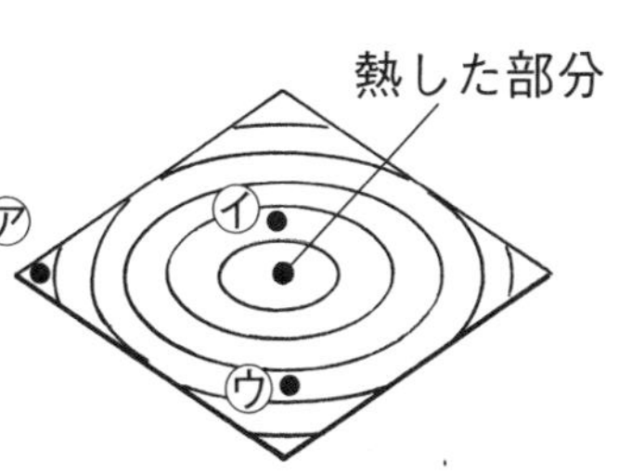

(　　)→(　　)→(　　)　　(　　)→(　　)→(　　)

ものののあたたまり方 ③
水と空気のあたたまり方

ポイント　あたためられた水や空気の動きを調べます。

月　　日　名前

1 次の問いに答えましょう。

(1) 20℃の水の中に40℃の水と5℃の水を入れたよう器を入れると図1のようになりました。㋐と㋑には、それぞれ何℃の水が入っていますか。

㋐（　　　）　㋑（　　　）

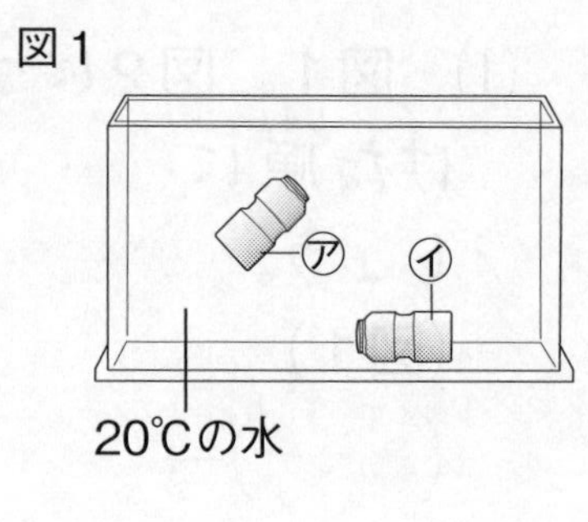

(2) 図2のような実験をしました。絵の具ははじめどのように動きますか。図のあ、い、うから1つ選びましょう。

（　　　）

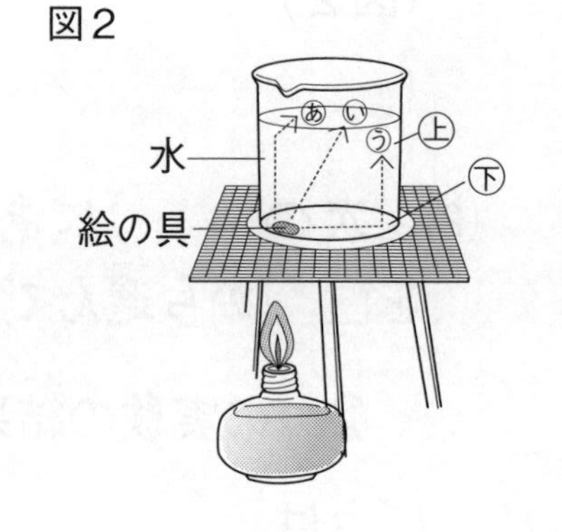

(3) 図2の実験で、先にあたたまるのは、上と下のどちらですか。

（　　　）

(4) 次の（　　）にあてはまる言葉を［　］から選んでかきましょう。

図1・図2の結果から、（①　　　）水は上へ動き、（②　　　）水は下へ動くことがわかります。

温度の高い　温度の低い

2 次の（　　）にあてはまる言葉を［　］から選んでかきましょう。

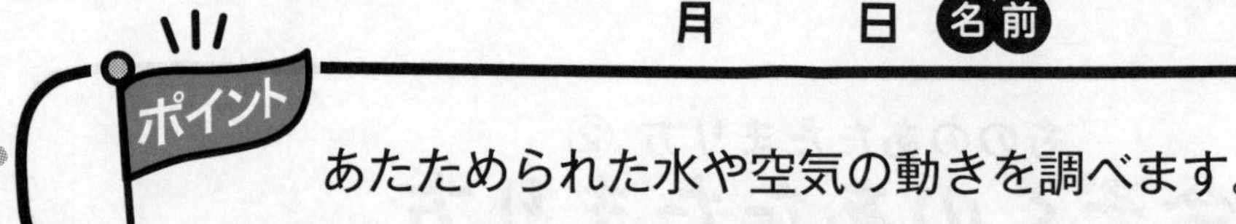

(1) 実験1は試験管の（①　　　）近くの水を熱します。試験管の水の（②　　　）の方だけがあたためられ、（③　　　）の方の水は（④　　　）ままです。

上　下　冷たい　水面

(2) 実験2は試験管の（①　　　）の部分を熱します。下の方の（②　　　）水は（③　　　）へ動き、水面近くの（④　　　）水は（⑤　　　）へ動きます。このようにして、水全体があたためられます。

上　下　底　温度の低い　あたためられた

(3) ストーブで室内をあたためたとき、あたためられた空気は上へ動き、（①　　　）空気は下へ動きます。これより水と（②　　　）のあたたまり方は（③　　　）だということがわかります。

ストーブ

温度の低い　同じ　空気

 もののあたたまり方 ④

水と空気のあたたまり方

1 次の実験(じっけん)は、あたためられた水の動きを調べています。あとの問いに答えましょう。

(1) どんなおがくずを使いますか。正しいものに○をつけましょう。

① (　　) かわいた

② (　　) しめった

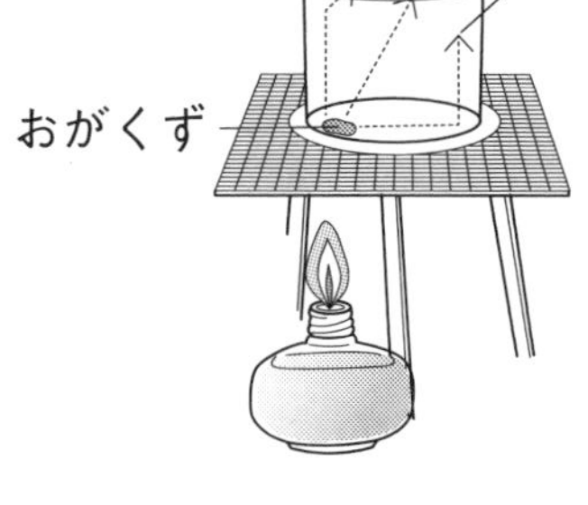

(2) おがくずはどの動きをしますか。あ～うの中から１つ選びましょう。

(　　)

(3) (　　)にあてはまる言葉を□から選(えら)んでかきましょう。

ビーカーの底(そこ)にあった(①　　　)が上の方へ動くことから、(②　　　)水は(③　　　)へ動くことがわかります。

上の方　　おがくず　　あたためられた

2 だんぼうしている部屋の中の、上の方と下の方の空気の温度をはかってくらべます。

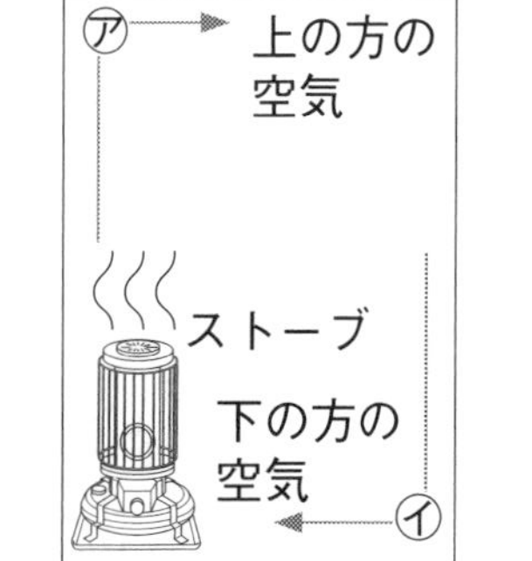

(1) 図のア、イで、空気の温度が高いのはどちらですか。　(　　)

(2) 空気はあたためられるとア、イのどちらに動きますか。　(　　)

月　　日　名前

ポイント　水や空気は、あたためられた部分は軽くなって上に動き、冷たいものは下に動くことを学びます。

3 次の(　　)にあてはまる言葉を□から選んでかきましょう。

電熱器(でんねつき)の上に線こうのけむりを近づけると、手に持っている線こうのけむりは、いきおいよく(①　　　)へ動きます。このことから電熱器の真上では(②　　　)空気は上に動くことがわかります。空気のあたたまり方は(③　　　)のあたたまり方と同じで、あたたかい空気は上の方へ動きます。上の方にあった空気は下の方におりてきて、順(じゅん)にまわり、やがて全体があたたかくなります。

線こう

電熱器

あたためられた　　水　　上の方

4 次の文のうち正しいものには○、まちがっているものには×をかきましょう。

① (　　) あたためられた水は上へ動きます。

② (　　) 温度の低(ひく)い水は上へ動きます。

③ (　　) あたためられた空気は下へ動きます。

④ (　　) 温度の低い空気は下へ動きます。

⑤ (　　) 水と空気のあたたまり方は同じです。

⑥ (　　) 水と空気のあたたまり方はちがいます。

まとめテスト

もののあたたまり方

月　日　名前　　　／100点

1 次の(　)にあてはまる言葉を□から選んでかきましょう。（各5点）

(1) ストーブで(①　　　)している部屋の空気の温度をはかると、上の方が(②　　　)、下の方が(③　　　)なっています。空気はあたためられると、まわりの空気より(④　　　)なり、上の方へ動きます。上の方にあった温度の低い(⑤　　　)空気が下の方へ下りてきます。

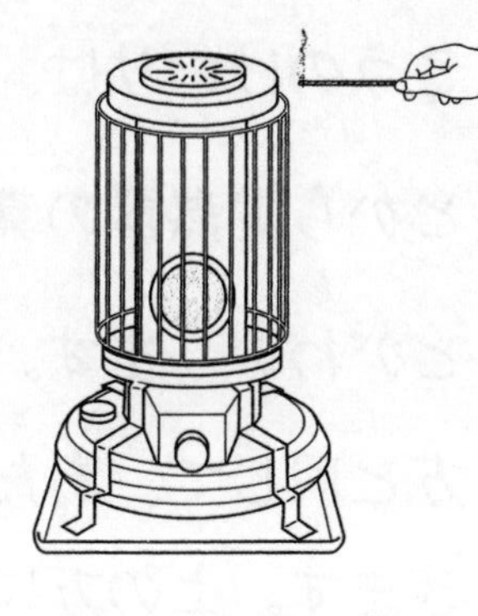

高く　低く　軽く　重い　だんぼう

(2) Ⓐは(①　　　)られた水が(②　　　)なって上に上がるところです。Ⓑは上がってきた軽い水より(③　　　)水が下に下りるところです。Ⓑの水は、また（①）られて、Ⓐの方向に上がっていきます。このようにビーカーの中を動きながら(④　　　)の方からあたたまります。

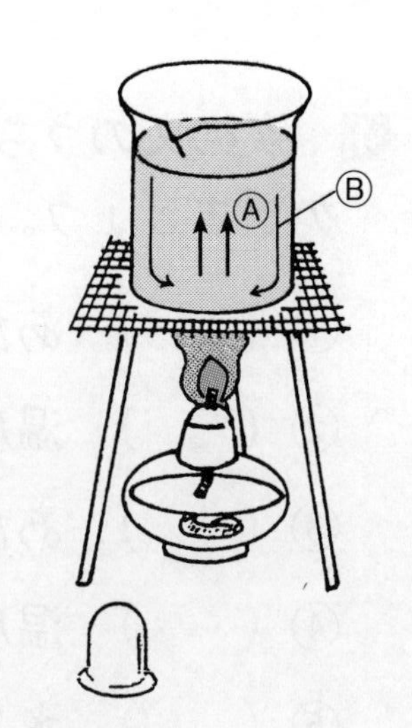

上　あたため　重い　軽く

2 次の(　)にあてはまる言葉を□から選んでかきましょう。（各5点）

ろうをぬった金ぞくの板の中央部分を熱すると、熱した部分を(①　　　)にして、(②　　　)ができるように熱が広がり、ろうが(③　　　)。

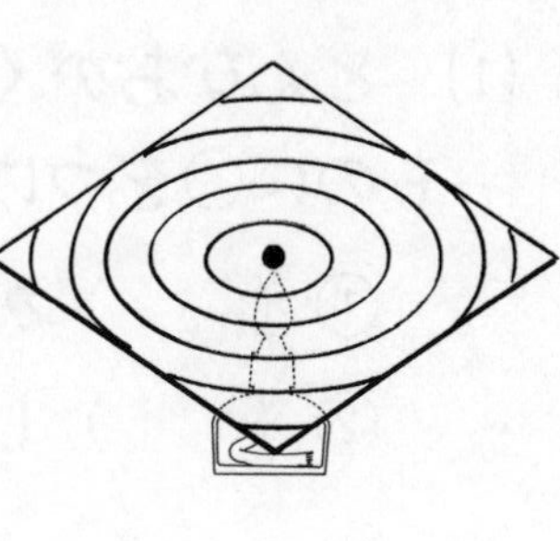

図のように切りこみを入れた板の角を熱すると、熱した部分に(④　　　)ところから(⑤　　　)が伝わり、板のはしまで、ろうが(⑥　　　)。

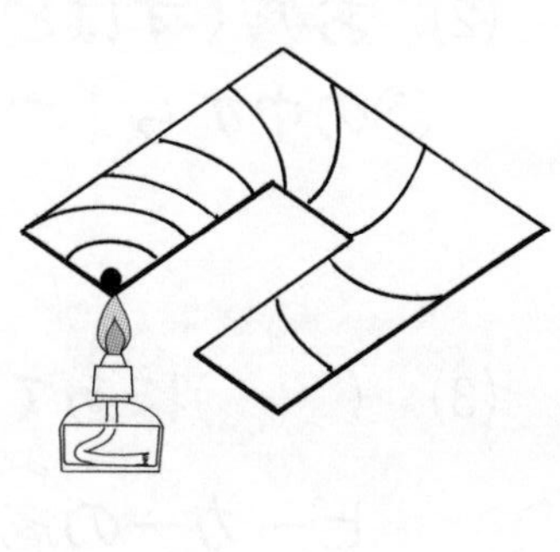

とけます　とけます　円　中心　熱　近い

3 次の文でもののあたたまり方として、正しいものには○、まちがっているものには×をかきましょう。（各5点）

①(　　) 空気は金ぞくのあたたまり方とにています。
②(　　) 水は空気のあたたまり方とにています。
③(　　) 金ぞくは水のあたたまり方とにています。
④(　　) なべのふたにプラスチックのとってがあるのは、熱を伝わらないようにするためです。
⑤(　　) 試験管の水をあたためるとき、上の方を熱した方が速くあたたまります。

まとめテスト

もののあたたまり方

月　　日　名前　　　　/100点

1 試験管に水を入れてⒶ、Ⓑのようにあたためます。(　　)にあてはまる言葉を□から選んでかきましょう。(各5点)

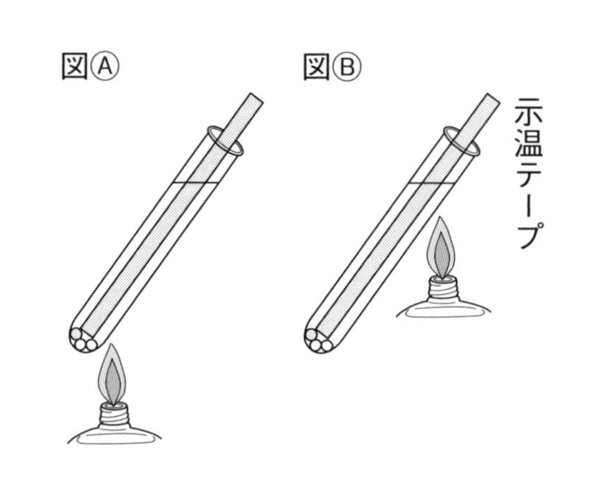

図Ⓐは水の(①　　　)の方をあたためています。

すると、間もなく(②　　　)の方も(③　　　)の方もあたたかくなっています。

図Ⓑは水面の近くをあたためています。

すると、(④　　　)の方がふっとうしても(⑤　　　)の方は、温度が(⑥　　　)ままです。

水のあたたまり方は、(⑦　　　)とはちがい、あたためられた部分が(⑧　　　)の方へ動き、はじめにあった上の方の水が下の方へ動きます。

これは、あたためられた水の体積が(⑨　　　)なり、周りの温度の低い水より(⑩　　　)なるためです。

上　下　低い　金ぞく　軽く　底　大きく
●何度も使う言葉もあります。

2 金ぞくのぼうにろうをぬって、図のように熱します。ア、イのどちらのろうが速くとけますか。(各5点)

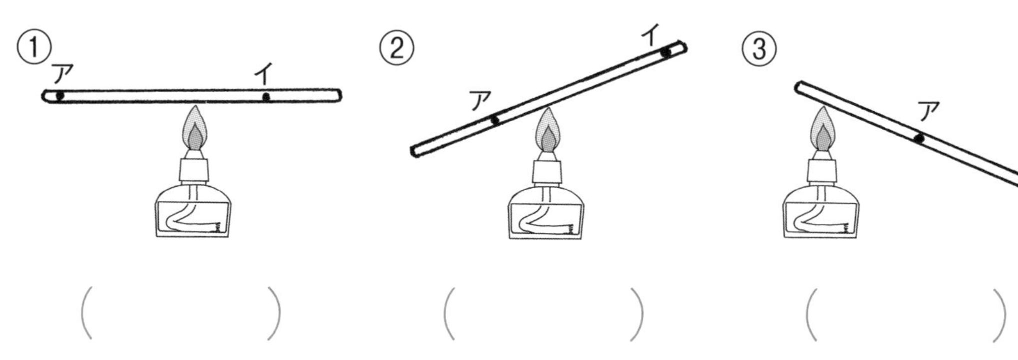

①(　　　)　②(　　　)　③(　　　)

3 次の(　　)にあてはまる言葉を□から選んでかきましょう。(各5点)

(1) 金ぞくのぼうの一部分を熱したときのあたたまり方は、金ぞくのぼうの(①　　　)に関係なく、熱せられている部分に(②　　　)ところから(③　　　)にあたたまっていきます。

順　かたむき　近い

(2) (①　　　)はあたためられた(②　　　)が(③　　　)へ動くせいしつを利用しています。ガスバーナーで、気球の中の(④　　　)を熱して大空へうかび上がります。

空気　空気　熱気球　上

もののあたたまり方

月　　日　名前　　　　／100点

1 次の(　)にあてはまる言葉を□から選んでかきましょう。（各5点）

金ぞく、プラスチック、木のコップに熱い湯（60℃～70℃）を入れて、コップの(①　　　)をくらべました。すると、コップの材料によって速さが(②　　　)ことがわかりました。

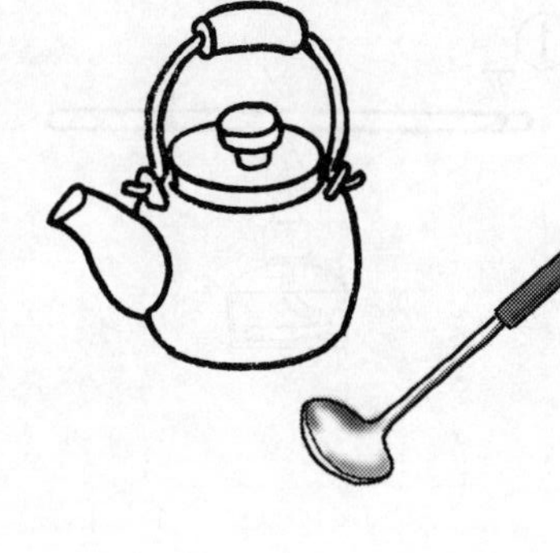

金ぞくのコップは(③　　　)熱くなりますが、(④　　　)やプラスチックのコップは、それほど熱くなりません。

上図のように、金ぞくのやかんや料理のスプーンの持つところに（④）やプラスチックを使っているのは、（④）やプラスチックが(⑤　　　)よりも(⑥　　　)なりにくいからです。

金ぞく　木　あたたまり方　速く　ちがう　熱く

2 あたたまり方で、金ぞくは○、水や空気は△、どちらにも関係ないものには×をかきましょう。（各5点）

① (　　)　スープを入れたアルミニウムの食器は、すぐ熱くなります。

② (　　)　ふろの湯に手を入れると、上の方だけ熱かったです。

③ (　　)　ドッジボールに空気を入れるとふくらみました。

④ (　　)　クーラーのきいた部屋は、ゆかの方がすずしいです。

⑤ (　　)　せんこうのけむりは、上へのぼっていきます。

3 図のように金ぞくのぼうのあ、い、うにろうをぬって、あたためる実験をしました。あとの問いに答えましょう。

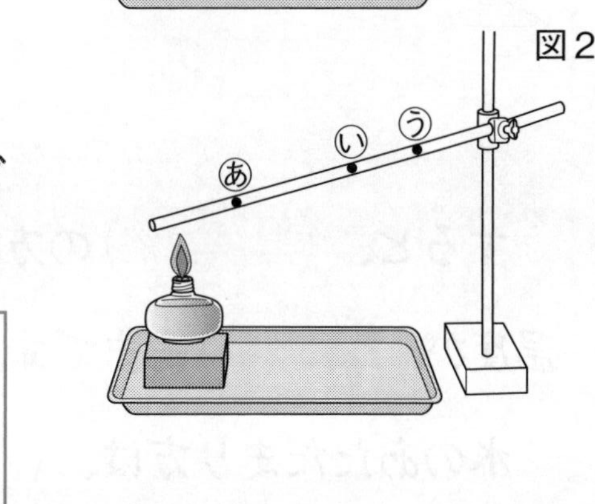

(1) 図1、図2について、ろうがとけた順に(　　)に記号をかきましょう。（1つ5点）

（図1）

(　　)→(　　)→(　　)

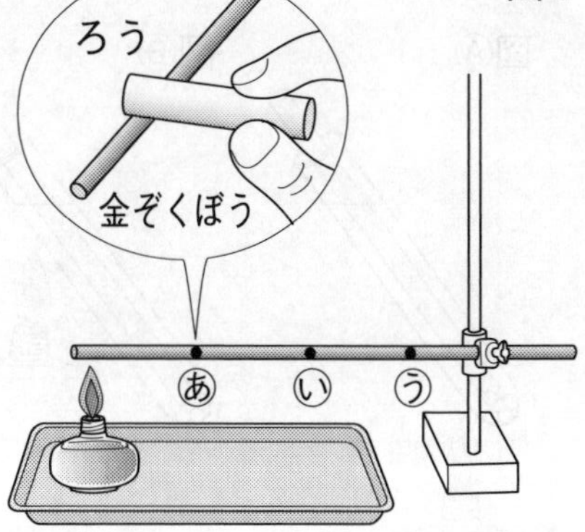

（図2）

(　　)→(　　)→(　　)

★(2) 図1、図2の実験の結果からどんなことがわかりますか。（5点）

[　　　　　　　　]

★**3** 湯かげんをみようと手を入れると上の方は熱いくらいになっていました。それで、しっかりまぜてからおふろに入りました。なぜ、かきまぜるのですか。（10点）

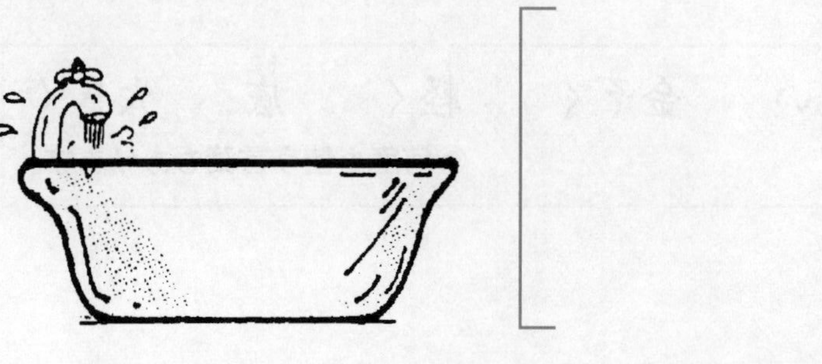

[　　　　　　　　]

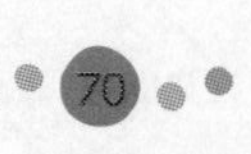

イメージマップ

水の３つのすがた

月　　日　名前

水の３つのすがた

水は温度によって３つのすがた（氷、水、水じょう気）に変わる。

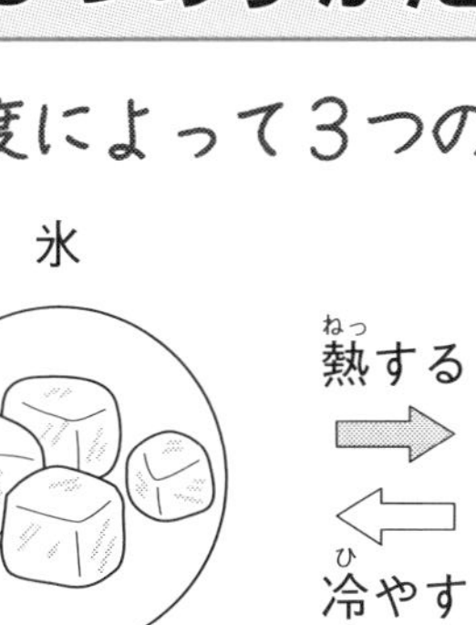

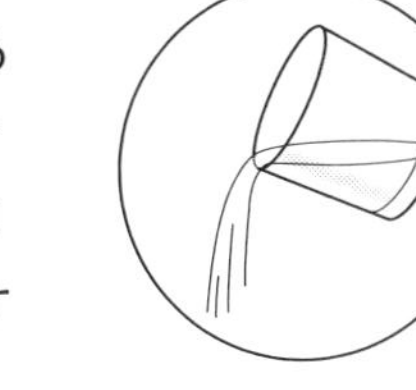

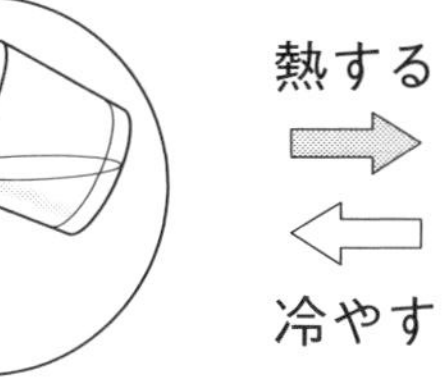

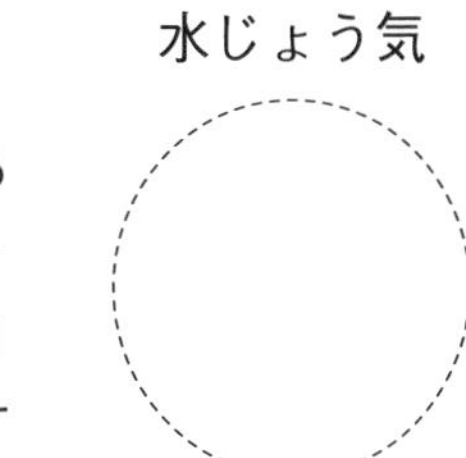

固体	えき体	気体
氷、鉄、石など形が変わりにくい	水やアルコール、油など器に入れて、自由に形が変えられる	水じょう気や空気など目に見えない、形を自由に変えられる

水を熱したときの変化

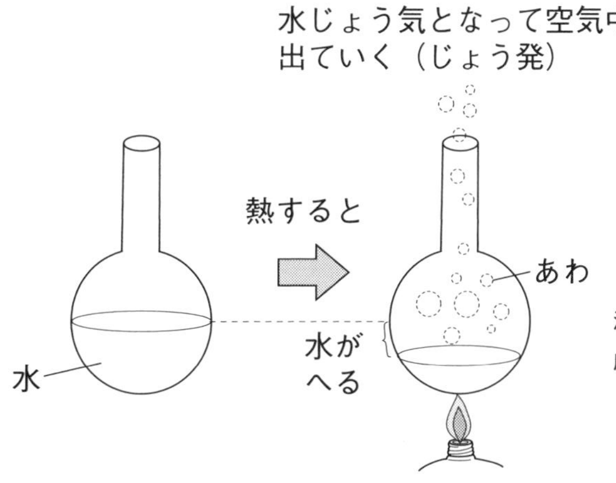

水じょう気となって空気中に出ていく（じょう発）

熱すると

水

あわ

水がへる

水を熱したときの温度の変化のようす

（℃）温度 100, 80, 60, 40, 20 ／ 時間 0, 5, 10, 15, 20（分）

ふっとうしている間、水の温度は変わらない

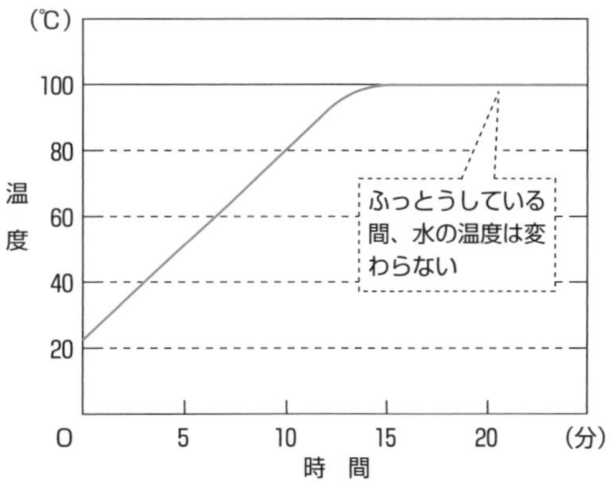

ふっとう…水がわき立つこと（中からあわが出てくる）

水じょう気と湯気

水を熱するときは ふっとう石 を入れる

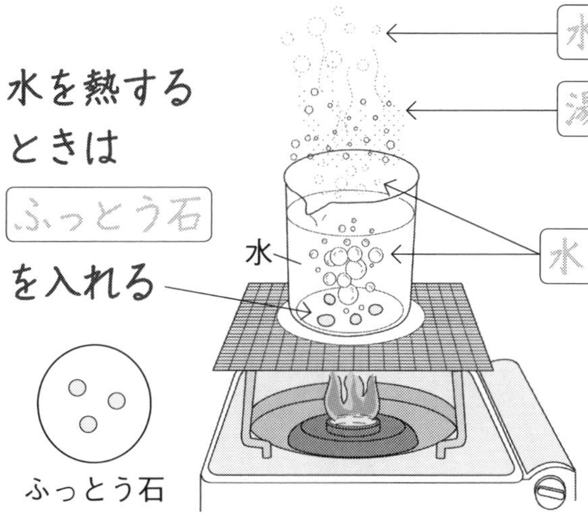

水

ふっとう石

水じょう気…（目に見えない）

湯気（水のつぶ）…（目に見える）
→水じょう気が冷やされたもの

水じょう気…（目に見えない）

あわの正体は水じょう気

水を冷やしたときの変化

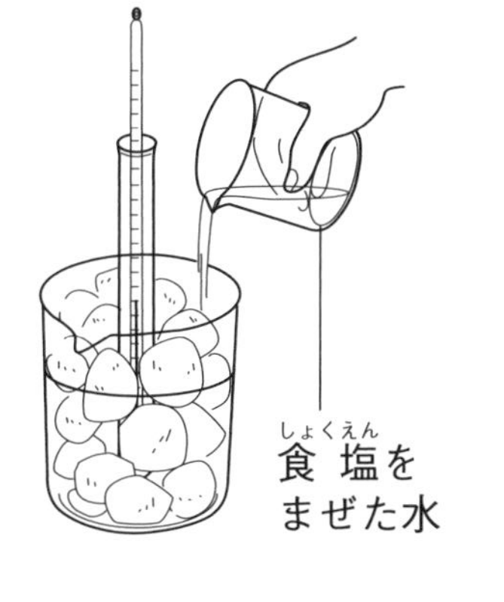

水がこおるときの温度の変化のようす

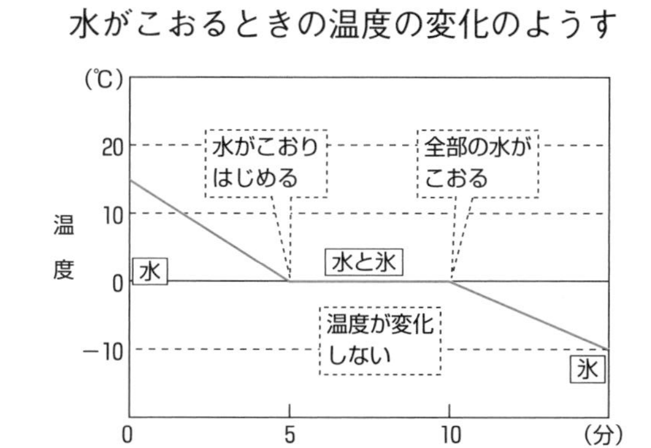

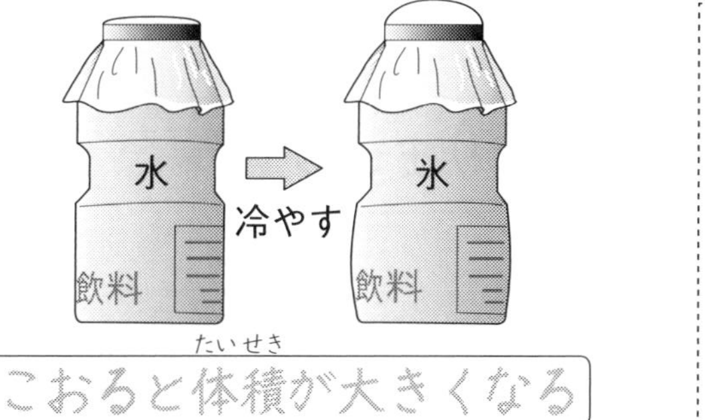

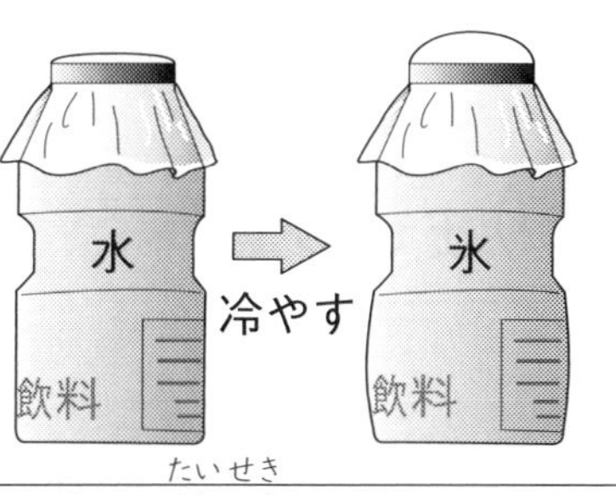

こおると体積が大きくなる

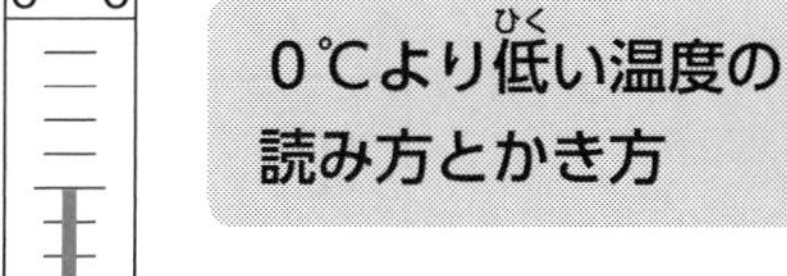

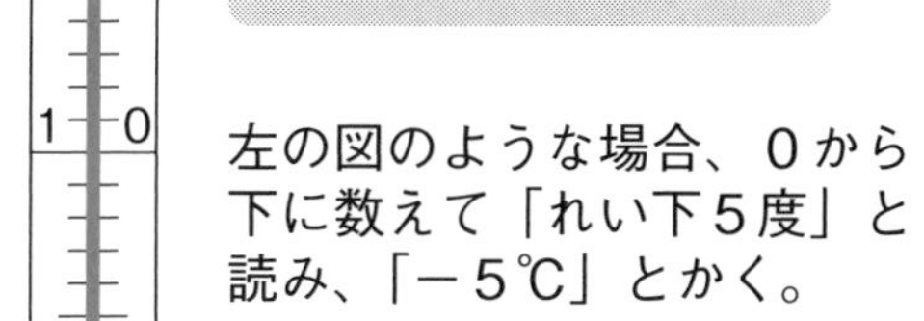

0℃より低い温度の読み方とかき方

左の図のような場合、０から下に数えて「れい下５度」と読み、「−５℃」とかく。

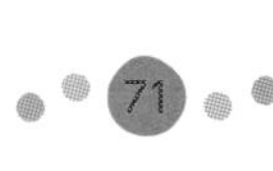

水の３つのすがた ①

水をあたためる

1 次の(　　)にあてはまる言葉を□から選んでかきましょう。

(1) 水を熱すると、水面から(①　　　)が出はじめます。やがて、水の中の方から(②　　　)が出るようになり、しだいに(②)は(③　　　)なります。

　このように、水が熱せられて、(④　　　)ことを、(⑤　　　)といいます。

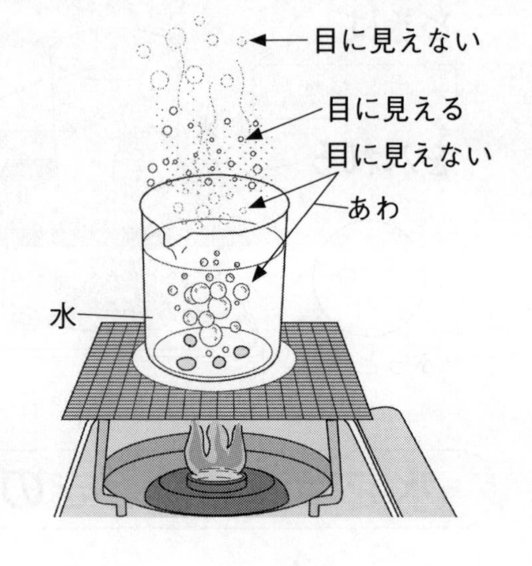

ふっとう	あわ	湯気
わき立つ	多く	

(2) 右のグラフから、水を熱すると水の温度は、(①　　　)ます。水はおよそ(②　　　)℃でふっとうし、ふっとうしている間の温度は(③　　　)。

水を熱したときの温度の変化のようす

(℃) 100 80 60 40 20 温度 / 0 5 10 15 20 (分) 時間

ふっとうしている間、水の温度は変わらない

100	上がり	変わりません

月　日　名前

ポイント 水をふっとうするまで熱し、その変化を調べます。そのときの水じょう気と湯気のちがいを知ります。

2 次の(　　)にあてはまる言葉を□から選んでかきましょう。

(1) 水を熱すると(①　　　)し、水中からさかんにあわが出てきます。このⒶは水が目に見えないすがたに変わったもので(②　　　)といいます。

　Ⓐは空気中で(③　　　)目に見えるⒷになります。このⒷを(④　　　)といいます。

Ⓒ Ⓑ Ⓓ 水を熱するときはふっとう石を入れる 水 Ⓐ

湯気	冷やされて	水じょう気	ふっとう

(2) Ⓑは、空気中で、ふたたびⒸ(①　　　)になり、目に(②　　　)なります。どんどん、熱していくと水が(①)になることで、熱する前の水の量より(③　　　)いきます。

見えなく	水じょう気	へって

(3) 水を熱していくとき、とつ然の(①　　　)ふっとうをおさえるためにⒹの(②　　　)を入れておきます。

ふっとう石	はげしい

水の３つのすがた ②
水をあたためる

1 次の(　　)にあてはまる言葉を□から選んでかきましょう。

(1) 水を熱すると、わき立ちます。これを(①　　　　)といいます。

水がふっとうするときの温度は、ほぼ(②　　　)℃で、ふっとうしている間の温度は(③　　　　)。

水を熱したときの温度の変化のようす

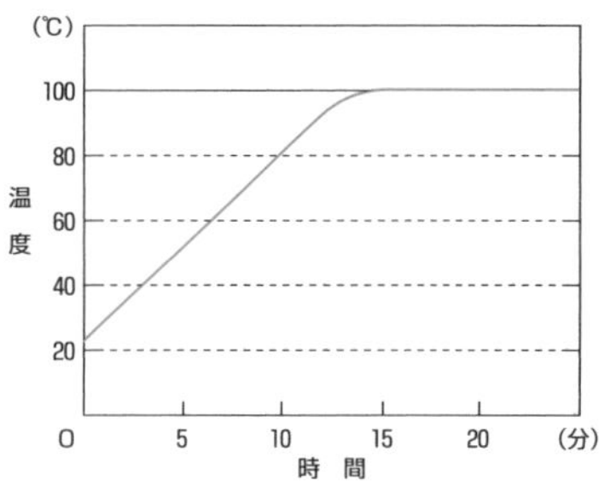

100	変わりません	ふっとう

(2) ビーカーの中の㋐は、(①　　)です。水はふっとうすると、㋑の(②　　)がたくさん出ます。㋑は、水がすがたを変えた(③　　　　)です。

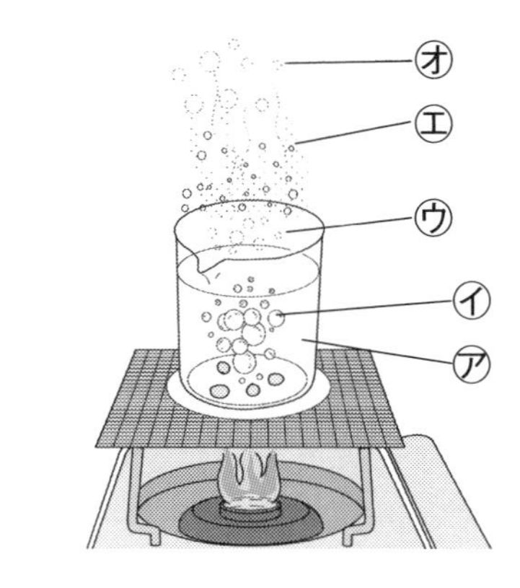

あわ	水	水じょう気

(3) ㋒は、水じょう気で目に(①　　　　　)。これが空気中で冷やされて㋓の(②　　　)になります。㋓は水の(③　　　)なので目に見えます。㋓はふたたび目に見えない㋔のすがたになります。この㋔は(④　　　　)です。水がすがたを変えて㋔になることを(⑤　　　　)といいます。

湯気	つぶ	水じょう気	見えません	じょう発

月　日　名前

ポイント 水は熱すると、約100℃で水じょう気に変化します。

2 図のようなそうちを使って、あわの正体を調べました。(　　)にあてはまる言葉を□から選んでかきましょう。

水をふっとうさせるときには、前もって水中に㋐(①　　　　)を入れておきます。これを入れると(②　　　　)ふっとうをおさえることができます。

図２のように水を熱してできたあわを集めると、ふくろが(③　　　)ます。しかし、熱するのをやめると、ふくろは(④　　　)、その中に(⑤　　　)がたまります。

この実験から、あわの正体は（⑤）がすがたを変えた(⑥　　　　)だということがわかります。

この実験をしばらく続けました。すると、図３の㋑の水の量は、(⑦　　　)ました。熱し続けることによって、水は（⑥）にすがたを変えたからです。

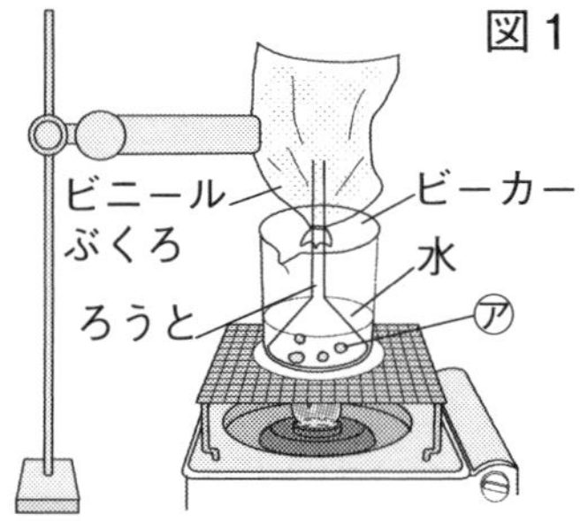

図１（ビニールぶくろ、ビーカー、水、ろうと、㋐）

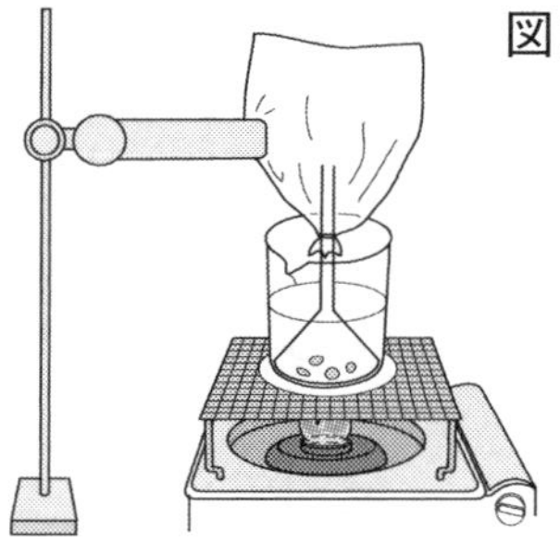

図２

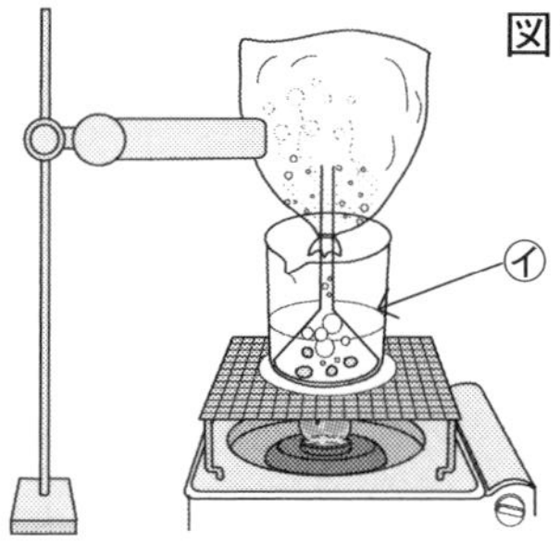

図３（㋑）

しぼみ	ふくらみ	水	水じょう気
ふっとう石	へり	はげしい	

水の３つのすがた ③
水を冷やす

1 次の(　)にあてはまる言葉を□から選んでかきましょう。

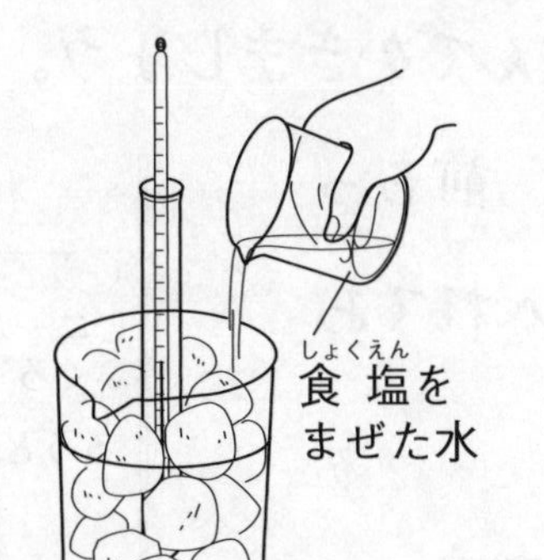

水がこおるときの温度の変化のようす

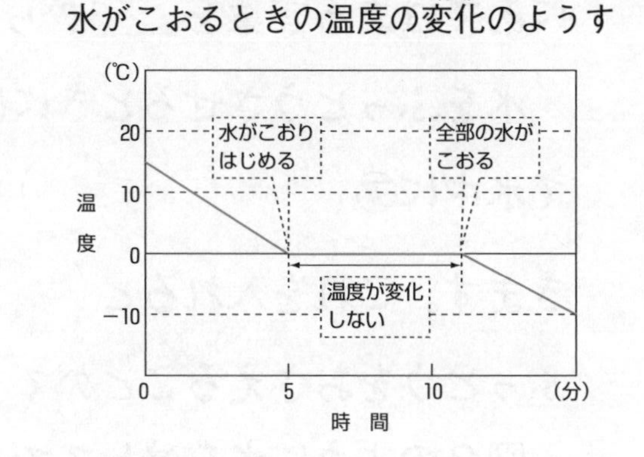

(1) 水を冷やす実験をするときには氷に(①　　)をかけます。水を冷やすと温度は(②　　)ます。温度が(③　　)℃になると、水は(④　　)はじめます。こおりはじめてから全部がこおるまで温度は(⑤　　)、0℃です。

下がり　変わらず　0　食塩水　こおり

(2) 氷をあたためていくと温度は(①　　)ます。温度が(②　　)℃になると、氷は(③　　)はじめます。氷がとけはじめてから全部がとけるまでの温度は(④　　)。

氷がとけるときの温度の変化のようす

(℃) 20 10 0 −10 温度　氷がとけはじめる　全部の氷がとける　温度が変化しない　0 5 10 15 (分) 時間

上がり　変わりません　とけ　0

ポイント 水を冷やし、こおりはじめるときとすべてがこおるまでの間の温度は同じです。

月　　日　名前

2 次の(　)にあてはまる言葉を□から選んでかきましょう。

(1) 水が(①　　)はじめてから、全部が(②　　)になるまでの温度は、(③　　)℃です。その間の温度は(④　　)。

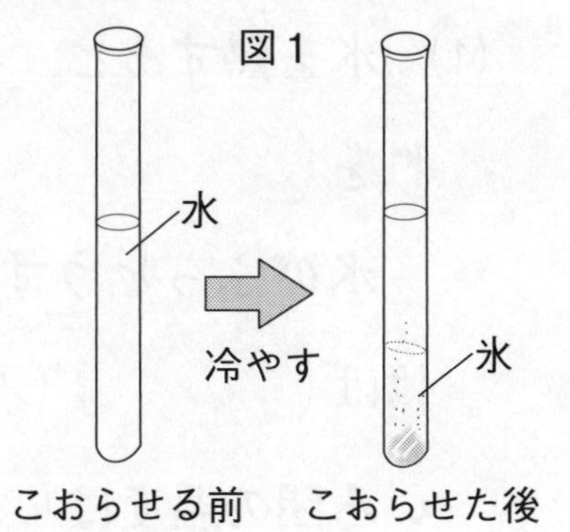

氷　0　変わりません　こおり

(2) 図１のように(①　　)が(②　　)になると、体積は(③　　)なります。水がすべて氷になったあとは温度が(④　　)ます。図２の温度は(⑤　　)3℃と読み、(⑥　　)とかきます。

図2
0　0
10

下がり　大きく　れい下　−3℃　水　氷

3 氷をよく冷やしておいてから、とけるときの温度の変化をグラフに表しました。次の㋐～㋓のうち、正しいグラフはどれですか。

(　　)

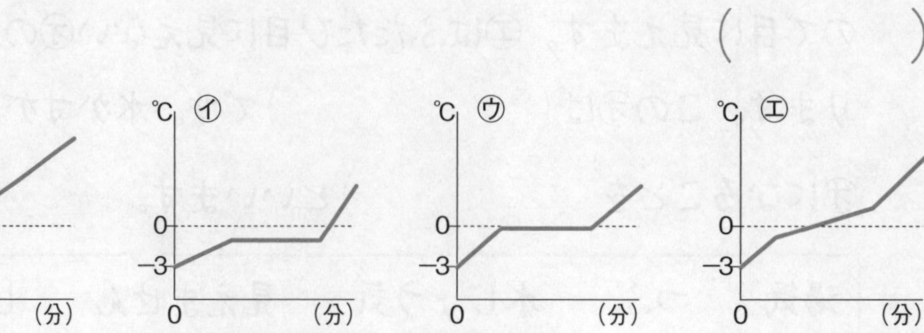

水の３つのすがた ④

水を冷やす

1 図のようにして、水が氷になるときの変化を調べます。（　　）にあてはまる言葉を□から選んでかきましょう。

(1) 試験管に水を入れ、水面に（①　　　）をつけます。水が入った試験管をビーカーの中に入れ、そのまわりに（②　　　）を入れます。次に温度計を試験管の底に（②　　　）ように入れます。

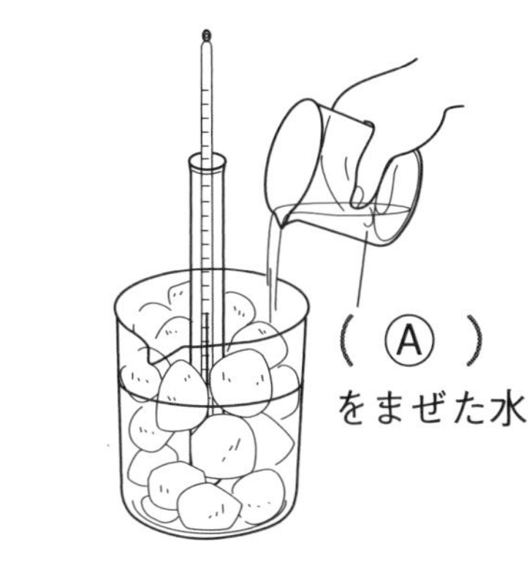

ビーカーの氷にⒶ（④　　　）をまぜた水をかけ、試験管の水温の変化を観察します。

ふれない	氷	食塩	印

(2) 水温が下がり（①　　　）になると氷ができはじめます。

水と氷がまじっている間の温度は、（②　　　）で、全部が（③　　　）になると、温度はまた下がりはじめます。

試験管にはじめにつけた水面の印とくらべて、氷の表面の位置が（④　　　）なります。水は氷になると体積が（⑤　　　）ことがわかります。

ふえる	高く	氷	0℃	0℃

月　　日　名前

水を冷やし続け、0℃の氷をさらに冷やして、そのようすを調べます。

2 グラフを見て、あとの問いに答えましょう。

水がこおるときの温度の変化のようす

(1) 水がこおりはじめるのは㋐～㋒のどの地点ですか。

（　　）

(2) 全部の水が氷になったのは㋐～㋒のどの地点ですか。

（　　）

(3) ㋑のはんいのとき、温度の変化はしますか。それともしませんか。

（　　　　）

3 次の（　　）にあてはまる言葉を□から選んでかきましょう。

(1) 水を入れたよう器を冷やしてこおらせると、よう器は（①　　　）ます。これより水は（②　　　）になると、体積が（③　　　）ます。

氷	ふえ	もり上がり

(2) 温度計が右のような場合（①　　　）5℃、または（②　　　）5℃と読み、（③　　　）とかきます。

−5℃	氷点下	れい下

まとめテスト

水の３つのすがた

月　　日　名前　　　　／100点

1 図のようなそうちを使って、あわの正体を調べました。あとの問いの答えを□から選んでかきましょう。（各８点）

(1) 水を熱するときは、水の中に㋐を入れます。㋐の名前をかきましょう。

（　　　　）

図１

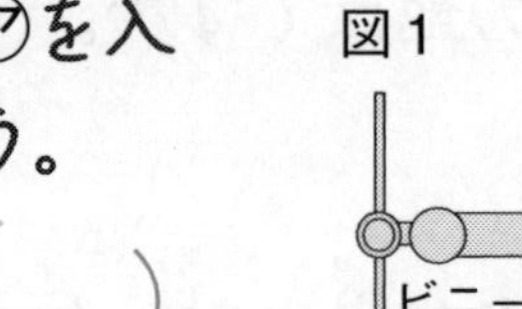

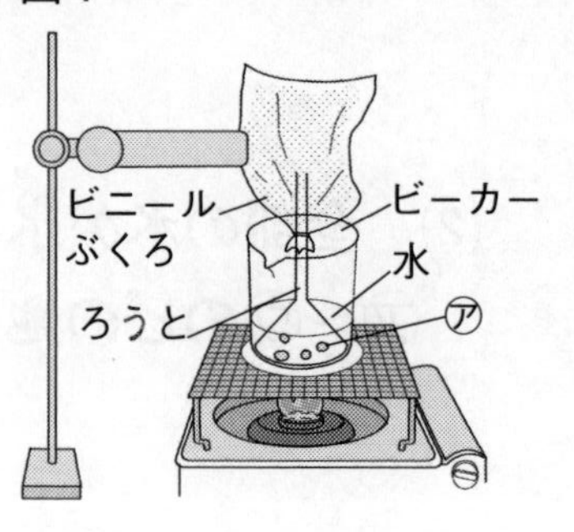

(2) 図２のように出てきたあわをビニールふくろに集めてみました。ふくろはどうなりますか。

（　　　　）

図２

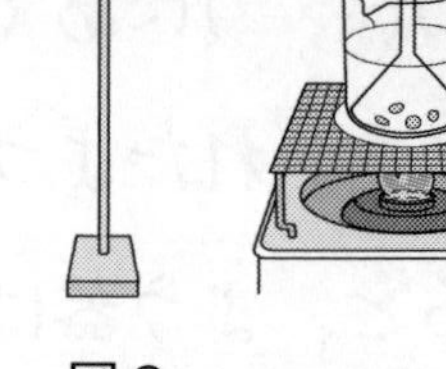

(3) 次に熱するのをやめました。ふくろの中には、何がたまりますか。

（　　　　）

(4) このことから出てくるあわは、何だとわかりますか。

（　　　　）

図３

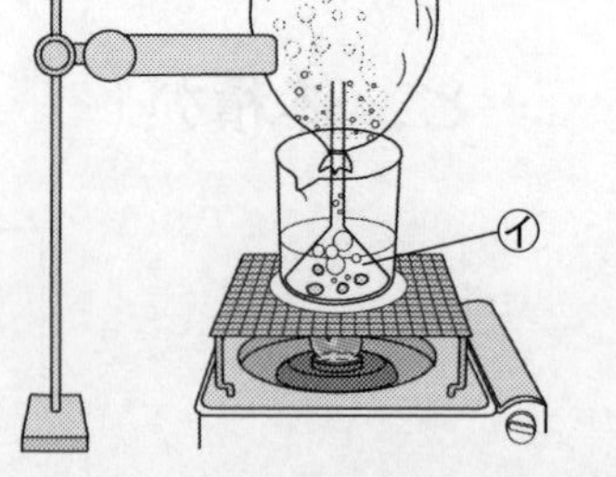

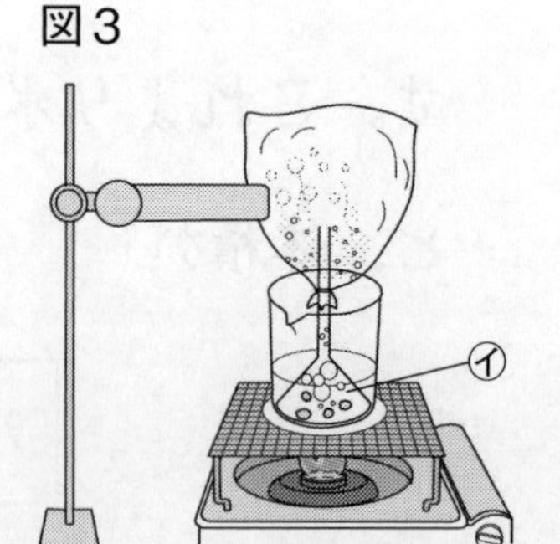

(5) この実験をしばらく続けました。図３の㋑の水の量はどうなりますか。

（　　　　）

水　水じょう気　ふっとう石　ふくらむ　へる

2 次の（　）にあてはまる言葉を□から選んでかきましょう。（各６点）

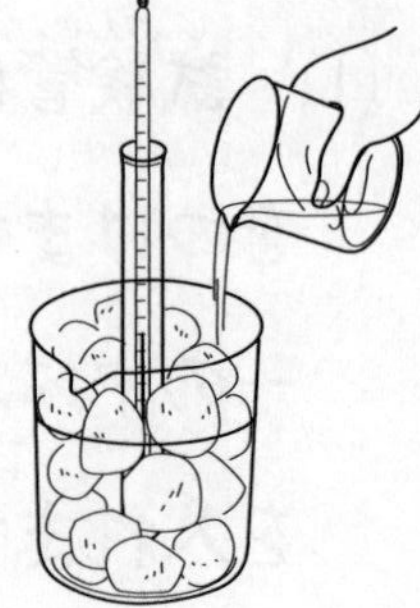

(1) 水を冷やすと温度が（①　　）、水が（②　　）はじめます。このときの温度は（③　　）です。この温度になると水は（④　　）から（⑤　　）へ変わります。

固体　えき体　下がり　0℃　こおり

(2) 水は温度によって３つのすがたに変わります。0℃以下では（①　　）になり、0℃以上では（②　　）になります。そして、100℃になると水は（③　　）になり、空気中へ出ていきます。だから、水を熱していると（④　　）して、量が（⑤　　）ます。

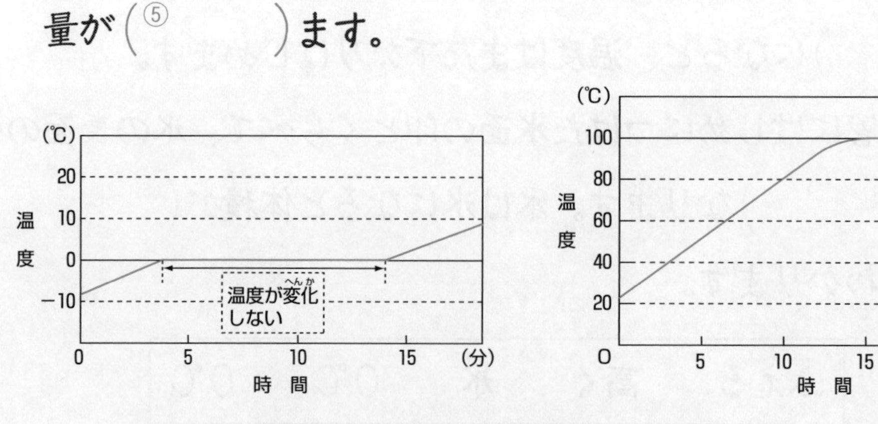

水　氷　水じょう気　へり　じょう発

まとめテスト

水の３つのすがた

月　　日　名前

/100点

1 ㋐～㋗にあてはまる言葉をかきましょう。㋐と㋔は「あたためる」か「冷(ひ)やす」か、㋑と㋖は「じょう発する」か「こおる」を入れます。（各５点）

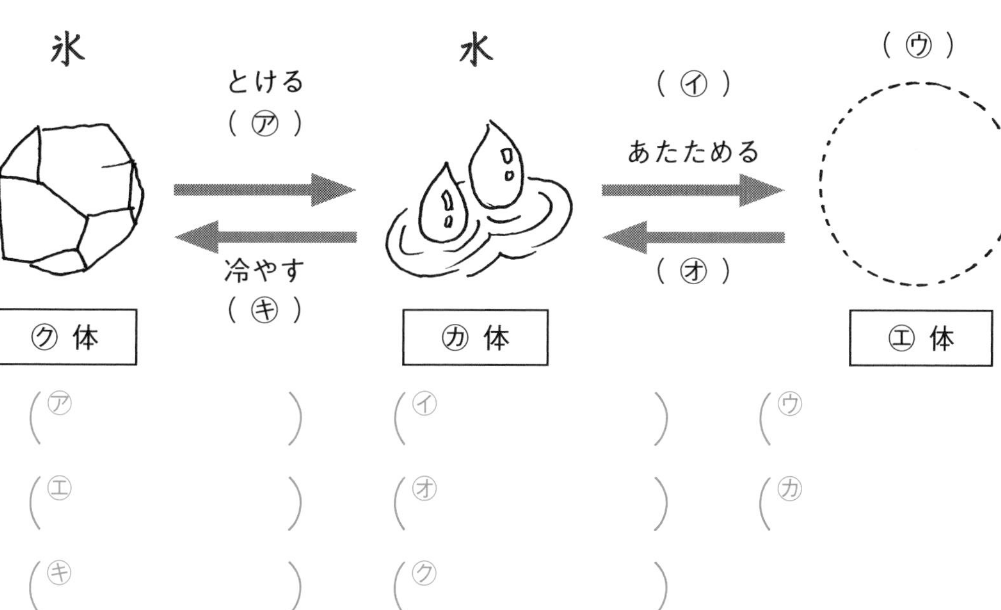

（㋐　　　）（㋑　　　）（㋒　　　）
（㋓　　　）（㋔　　　）（㋕　　　）
（㋖　　　）（㋗　　　）

2 フラスコに水を入れてふっとうさせています。（各５点）

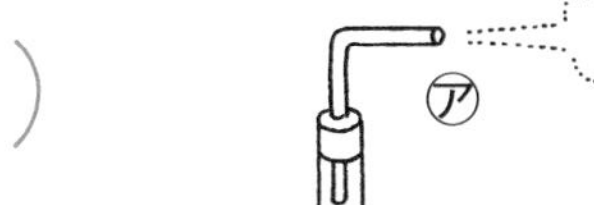

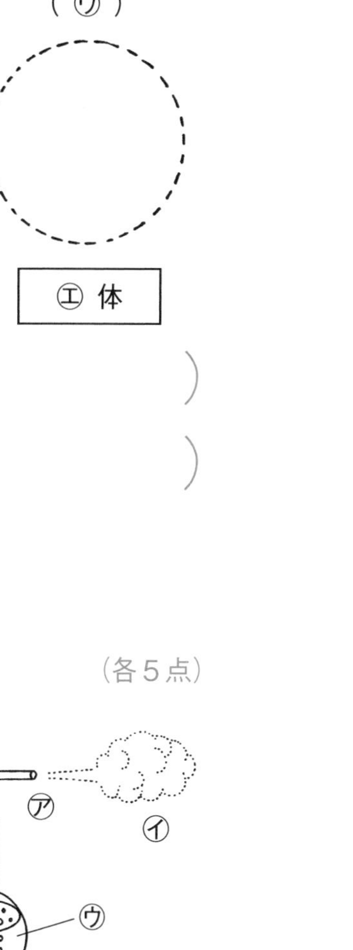

① ㋒のあわは、何ですか。（　　　）

② ㋐、㋑どちらの温度が高いですか。（　　　）

③ ㋑の白く見えるけむりのようなものは何ですか。（　　　）

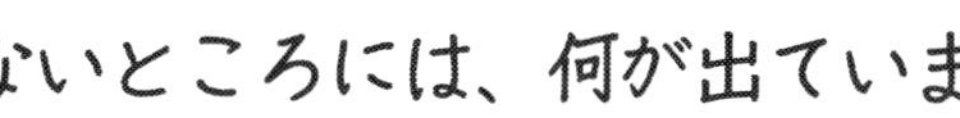

④ ㋐の何も見えないところには、何が出ていますか。（　　　）

3 ★ 図は目に見える湯気をかきあらわしていますが、そのあと、目に見えなくなります。なぜですか。説明(せつめい)しましょう。（10点）

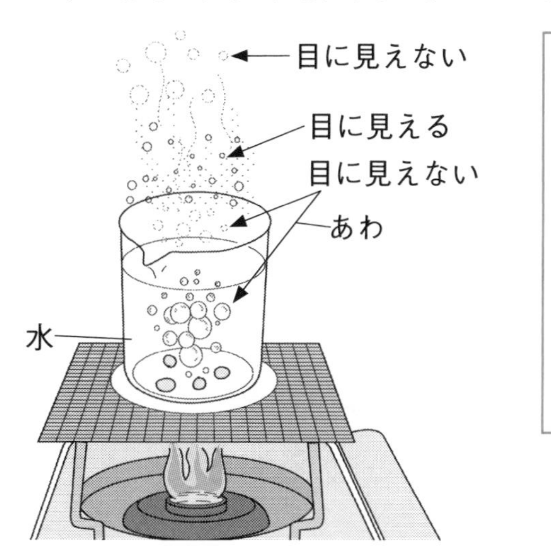

［　　　　　　　　］

4 次の文で正しいものには○、まちがっているものには×をかきましょう。（各５点）

①（　）水は、熱(ねっ)すると気体になります。

②（　）氷は、あたためてもえき体になりません。

③（　）固体(こたい)の氷を冷やせば－10℃にもできます。

④（　）えき体の水は、冷やせば固体(こたい)の氷にもなり、あたためれば、気体の水じょう気にもなります。

⑤（　）水は、こおらせてもその体積(たいせき)は同じです。

⑥（　）水は、温度が０℃のとき、こおりはじめます。

自然の中の水

空気中に出ていく水

じょう発する水

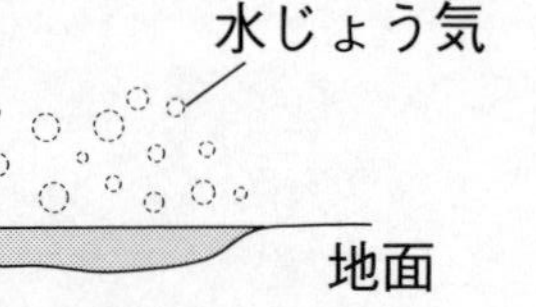

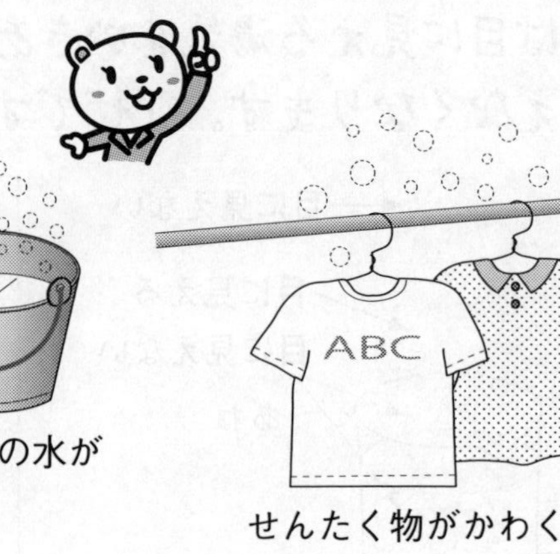

日なたの水
よくじょう発する

日かげの水
じょう発する

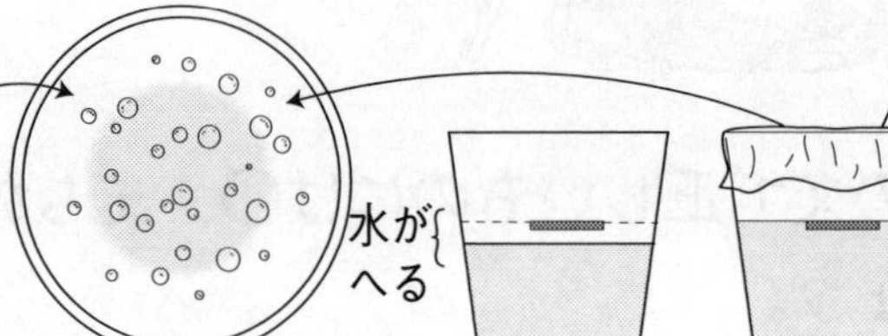

空気中から出てくる水

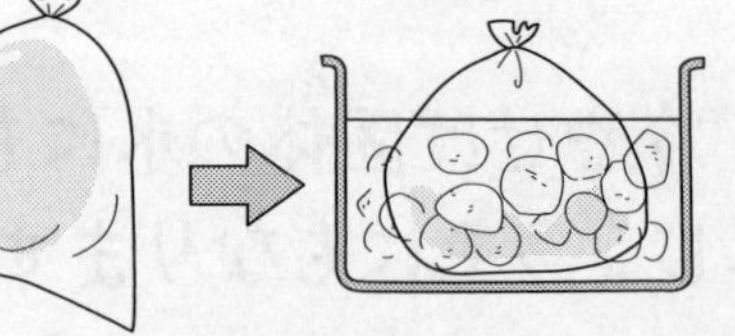

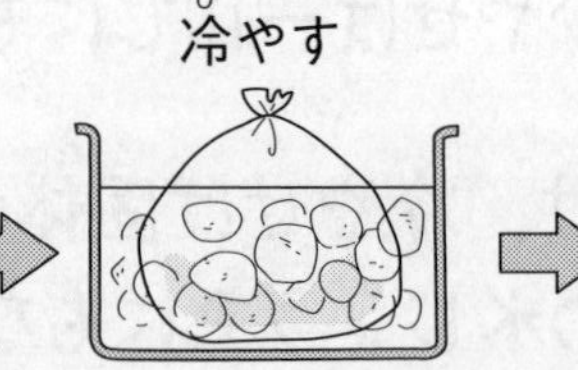

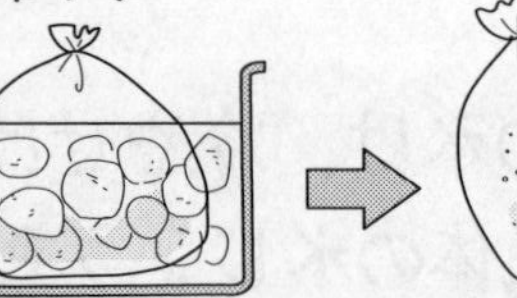

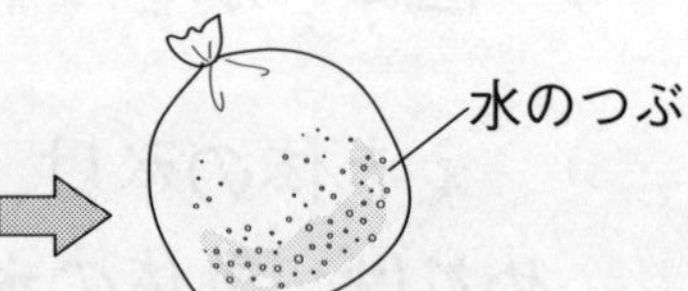

目に見えない空気中の水じょう気

ふくろの内側に目に見える水のつぶが出てくる

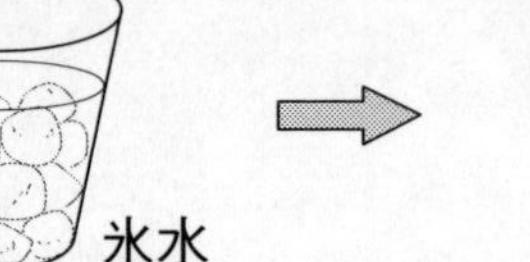

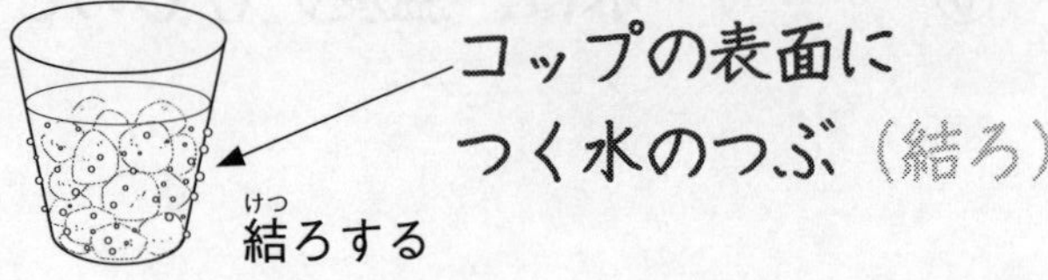

コップの表面につく水のつぶ（結ろ）

月　日　名前

自然界の水

水はすがたを変えていろいろなところにある

自然の中の水

月　　日　名前

雨水のゆくえ

高い場所から低い場所へ

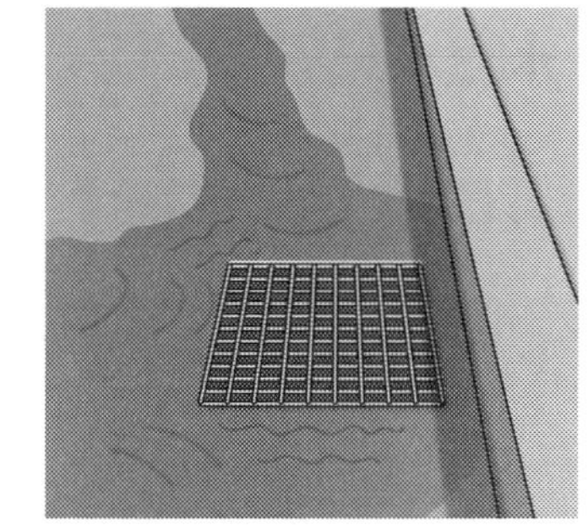

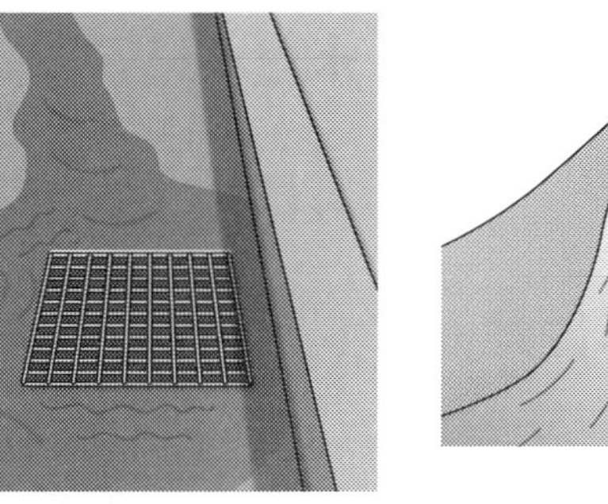

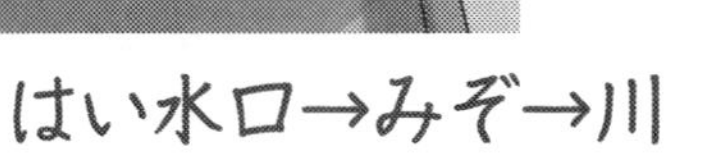

はい水口→みぞ→川

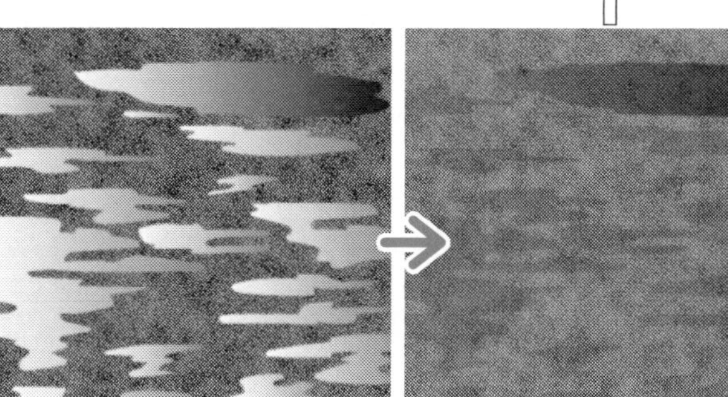

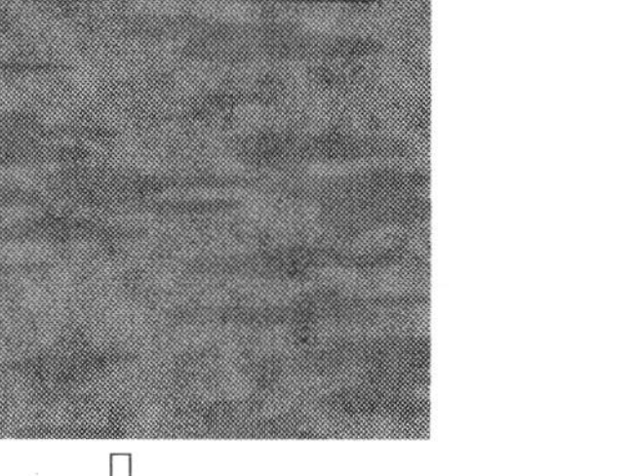

空気中にじょう発する

地下にしみこむ

地面のかたむきを調べる
（ビー玉をころがせる）

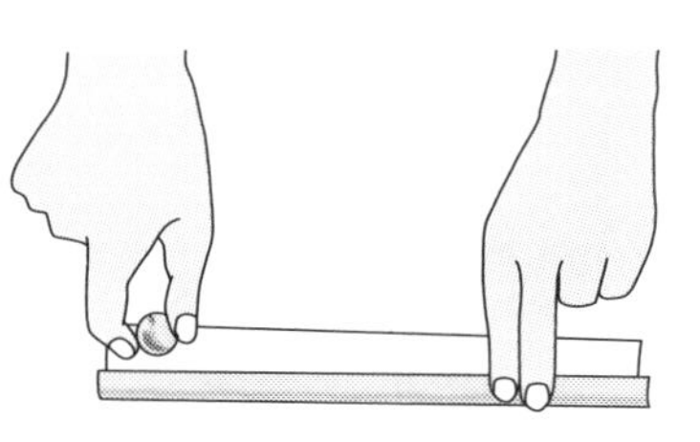

かたむき　大	流れが　速い
かたむき　小	流れが　おそい

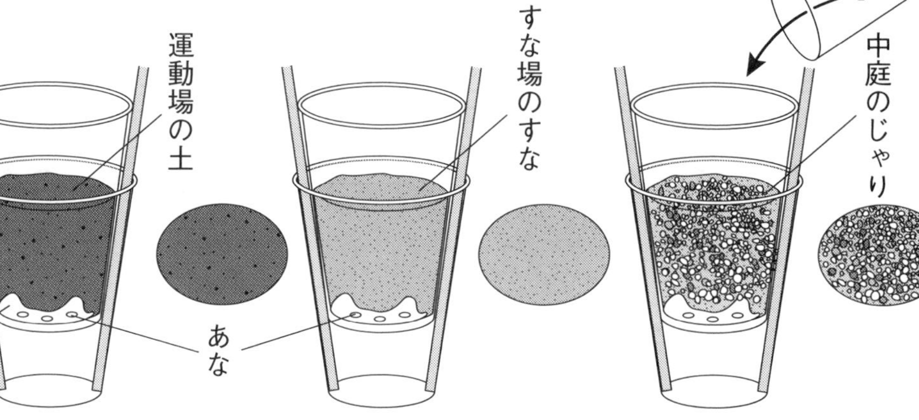

	運動場の土	すな	じゃり
つぶの大きさ	小さい	中くらい	大きい
手ざわり	さらさら	ざらざら	ごつごつ
水のしみこみ	しむこみにくい	しみこみやすい	とてもしみこみやすい

月　　日　名前

自然の中の水 ①
水のゆくえ

ポイント　水は地面のかたむきにより、低いところへ流れていきます。地面のつぶのあらい方がしみこみやすいです。

1　図のように土で山をつくって、地面のかたむきと水の流れる速さを調べました。(　　)にあてはまる言葉を□から選んでかきましょう。

図1

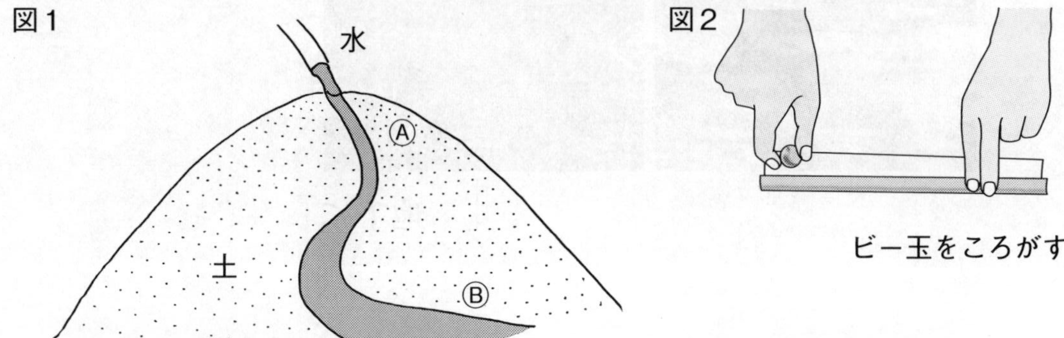

図2

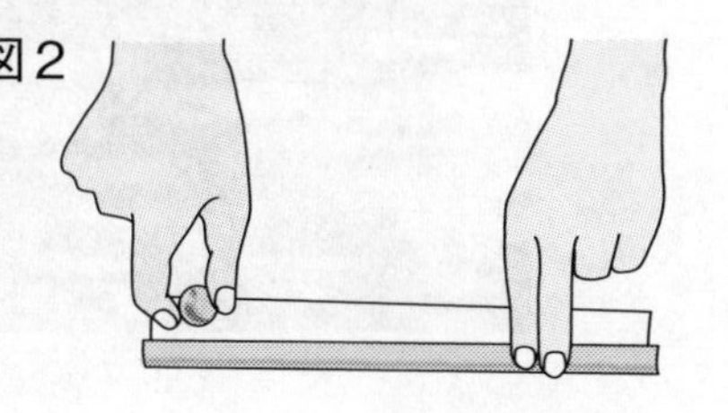

ビー玉をころがす

図1のⒶ、Ⓑの水の流れを調べる前に、それぞれの場所の地面の(①　　　)を図2のビー玉を使って調べました。

すると、Ⓐの方が(②　　　)は速く、Ⓑの方がゆっくりでした。

それぞれのかたむきは、(③　　　)の方が(④　　　)よりも大きいとわかりました。

その結果、水の(⑤　　　)は、かたむきが(⑥　　　)ほど速いので、Ⓐの方が速く流れることがわかりました。

ビー玉のころがり　Ⓐ　Ⓑ　かたむき　大きい　流れ

2　図のような水たまりの水のゆくえを考えました。次の(　　)にあてはまる言葉を□から選んでかきましょう。

空気中にじょう発する

地下にしみこむ

天気のよい日は、水は(①　　　)となって(②　　　)に出ていきます。

また、水は地面に(③　　　)ます。

しみこみ　空気中　水じょう気

3　コップに、あ土、いすな、うじゃりを入れて水を流しました。(　　)にあてはまる言葉を□から選んでかきましょう。

一番はやく水が流れ出たのは(①　　　)で、次にはやく水が流れ出たのは(②　　　)で、一番おそかったのは(③　　　)でした。

これより、水のしみこみやすいのは、つぶが(④　　　)方だとわかりました。

あ　い　う　大きい

自然の中の水 ②

水のゆくえ

1 次の(　　)にあてはまる言葉を□から選んでかきましょう。

(1) コップに(①　　)を入れ、2～3日、(②　　　)に置きます。すると㋐の水がへっています。㋑のラップシートには水の(③　　)がついて、水が少し(④　　)います。

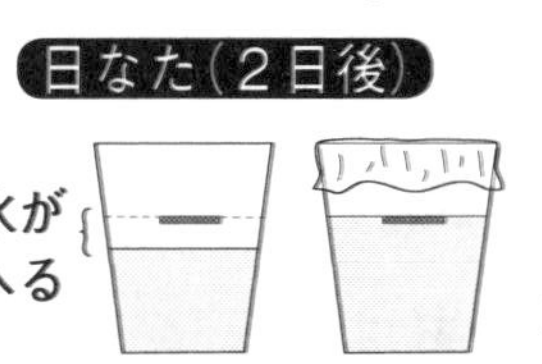
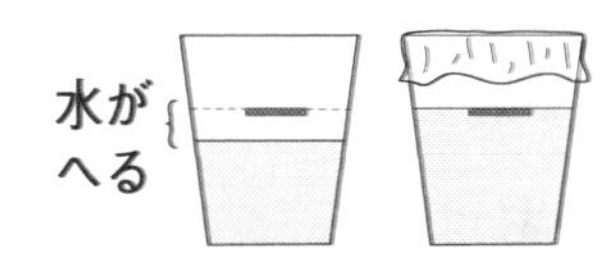
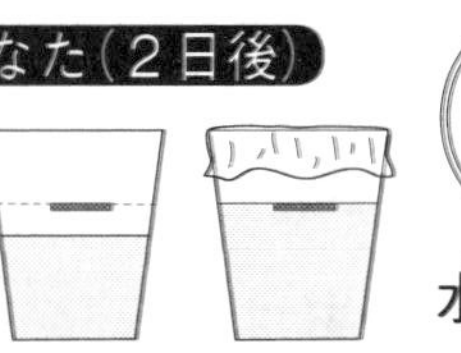
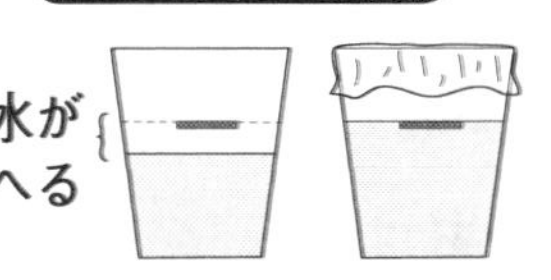

日なた	へって	水	つぶ

(2) コップに(①　　)を入れ、2～3日、(②　　　)に置きます。すると㋒の水がへっています。㋓のラップシートには水の(③　　)がついて、水が少し(④　　)います。

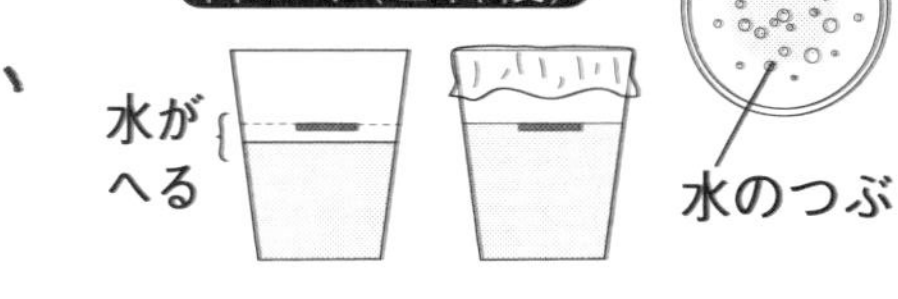

日かげ	へって	水	つぶ

(3) 実験から、水はふっとうしなくても(①　　　)することがわかります。また、(②　　)の方が(③　　)より速くじょう発することがわかります。

日なた	日かげ	じょう発

月　　日 名前

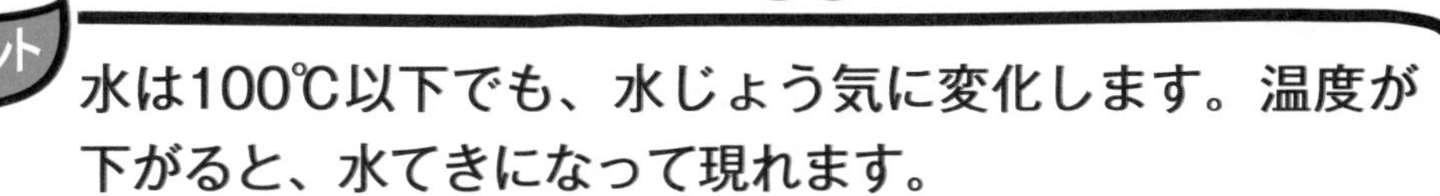

ポイント 水は100℃以下でも、水じょう気に変化します。温度が下がると、水てきになって現れます。

2 次の(　　)にあてはまる言葉を□から選んでかきましょう。

(1) 冷やしておいた飲み物のびんを冷ぞう庫から出しておくと、びんの外側に水てきがつきました。びんについた水てきは(①　　　)にあった(②　　　)がびんに(③　　　)、(④　　　)にすがたを変えたものです。

冷やされて	空気中	水てき	水じょう気

(2) 夏の暑い日、冷ぼうのきいた部屋から屋外に出たとき、メガネのレンズがくもることがあります。これは、部屋の中で冷やされた(①　　　)に、屋外の空気中にある(②　　　)が冷やされて、(③　　　)にすがたを変えたのです。

水じょう気	レンズ	水てき

(3) せんたく物がかわくのは、服などにふくまれた水が(①　　　)して、空気中に水じょう気となって出ていくからです。じょう発は(②　　　)でも起きますが、日かげよりも(③　　　)の方が多く起きます。

日なた	日かげ	じょう発

自然の中の水 ③
水のゆくえ

ポイント　じょう発して、空気中にふくまれた水は、雨や雪をはじめ、いろいろな形で目に見えることがあります。

月　　日　名前

1 次の(　)にあてはまる言葉を□から選んでかきましょう。

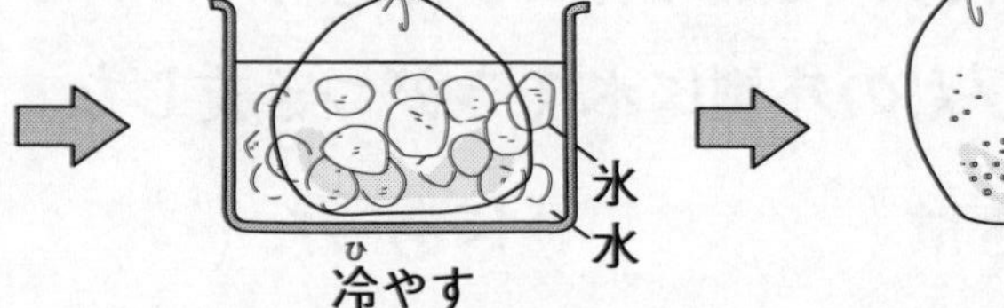
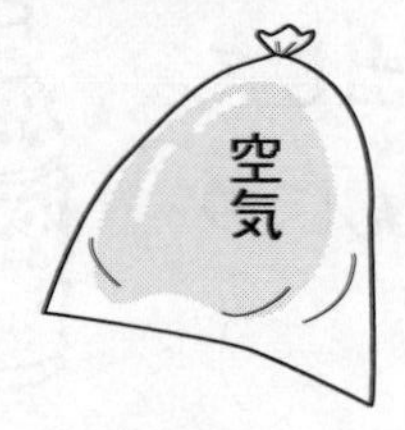
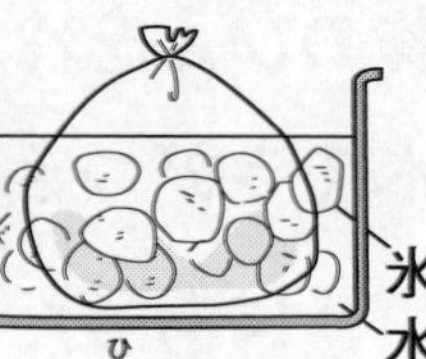
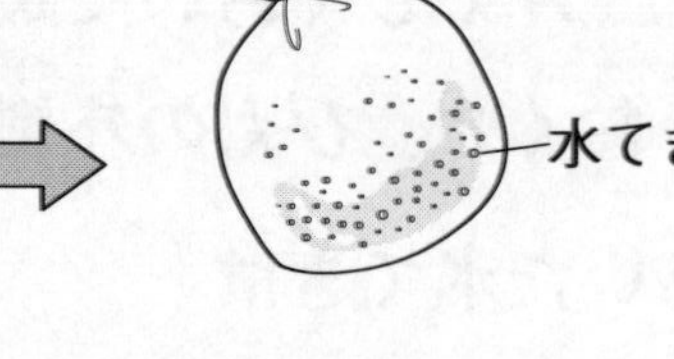
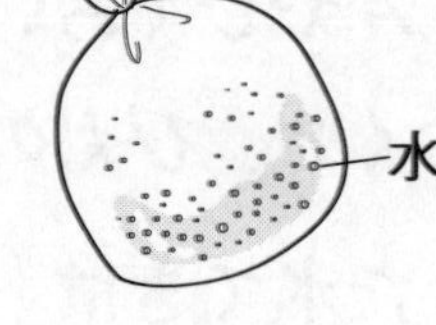

(1) (①　　)をビニールぶくろに入れ、十分(②　　)ます。すると、ふくろの内側に(③　　)がつきます。空気中の(④　　)が冷やされて水てきに変わることを(⑤　　)といいます。

空気	水てき	水じょう気	結ろ	冷やし

(2) 水は熱しなくても、地面や川、(①　　)などからじょう発して(②　　)となって空気中へ出ていきます。水じょう気は空の高いところで(③　　)、㋐のような(④　　)になります。水のつぶが地上に落ちてくる㋑を(⑤　　)といいます。

雨	雲	冷やされて	水じょう気	海

2 次の(　)にあてはまる言葉を□から選んでかきましょう。

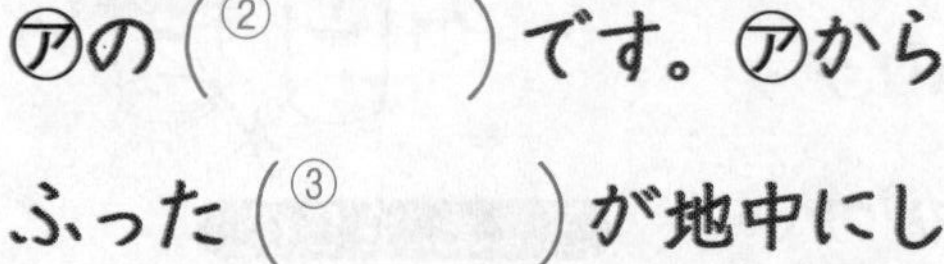

(1) 空気中の(①　　)が水てきになってできたのが㋐の(②　　)です。㋐からふった(③　　)が地中にしみこみ、川を通り、海へ流れこみます。

(①)が地面近くで冷やされて、水の小さなつぶになったのが㋑の(④　　)です。

雨	雲	きり	水じょう気

(2) 土の中の水が、冷やされて固体の(①　　)になり、土をおし上げるのがしも柱です。また、空気中の(②　　)が植物などにふれて冷やされ、えき体の水の(③　　)になったものがつゆで、地面に冷やされて(④　　)の氷のつぶになり、はりついたものがしもです。自然界では、水は氷や雪などの固体、水のえき体、水じょう気の気体のすがたをしています。

固体	つぶ	氷	水じょう気

まとめテスト

自然の中の水

月　　日　名前

1　下の観察(かんさつ)カードを見て、あとの問いに答えましょう。（１つ５点）

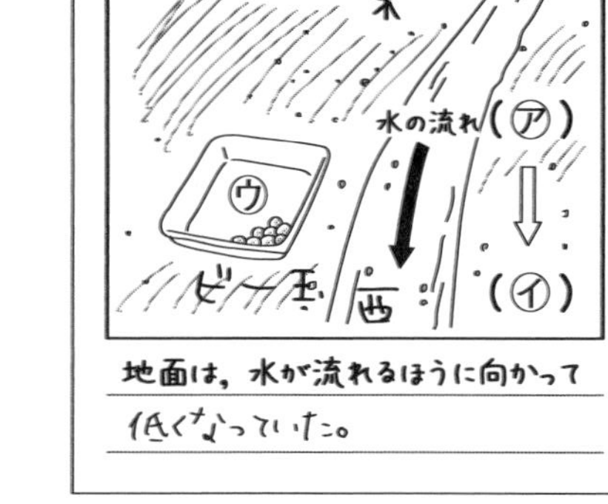

(1)　㋐、㋑に地面が高い、低(ひく)いをかきましょう。

㋐（　　　　）　㋑（　　　　）

(2)　㋒のビー玉を見てわかったことを次の中から選(えら)びましょう。

①（　　　）ビー玉は、集まるせいしつがある。

②（　　　）ビー玉は、地面の低い方へ集まる。

2　次の水たまりの図Ⓐと、水たまりができていない図Ⓑについて、あとの問いに答えましょう。（１つ５点）

図Ⓐ

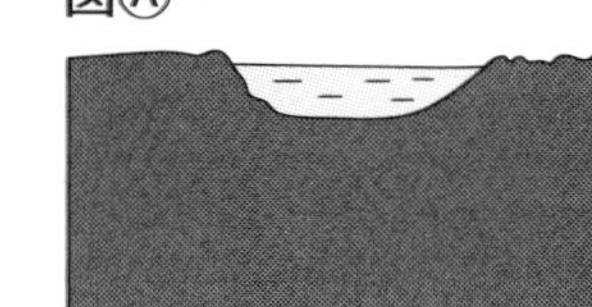

図Ⓑ

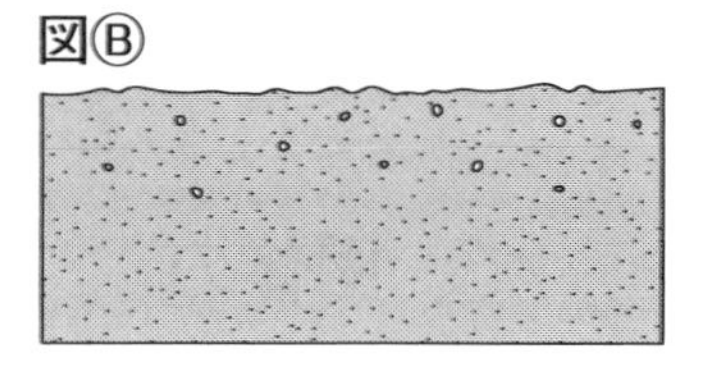

(1)　すな場のようすはどちらですか。

（　　　　）

(2)　それぞれの土のつぶは、次のⒶ、Ⓑのどちらですか。

（　　　）

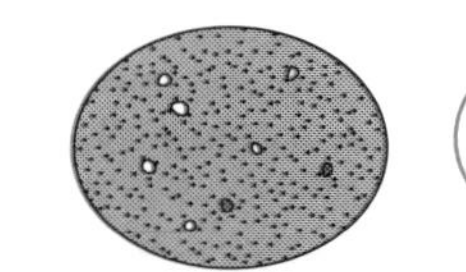

（　　　）

3　次の図は、土のつぶの大きさと水のしみこみやすさを調べたものです。あとの問いに答えましょう。（１つ10点）

場　所	運動場の土	すな場のすな	中庭のじゃり
つぶの大きさ	①	②	③
水のしみこみ	④	⑤	⑥

(1)　つぶの大きさを①～③に小、中、大でかきましょう。

(2)　④～⑥に水のしみこみやすい順(じゅん)に番号をかきましょう。

4　**3**の３つの場所で水たまりができやすいのはどこですか。（10点）

（　　　　　　）

まとめテスト

自然の中の水

月　　日　名前　　　　/100点

1 次の(　)にあてはまる言葉を□から選んでかきましょう。(各5点)

図のようにして、3日間水の入ったコップを日なたに置いておくと、㋑のラップシートには(①　　　)がついていて、水の量が(②　　　)いました。

また、㋐の水の量も（②）いました。

水は(③　　　)しなくても(④　　　)して、空気中へ(⑤　　　)となって出ていきます。また、(⑥　　　)より(⑦　　　)の方が速くじょう発します。

へって	水のつぶ	日なた	日かげ
水じょう気	じょう発	ふっとう	

2★ 冷ぞう庫からよく冷えたジュースのびんをとり出して、テーブルにおきました。すると、図のようにびんにたくさんの水てきがつきました。なぜですか。説明しましょう。(10点)

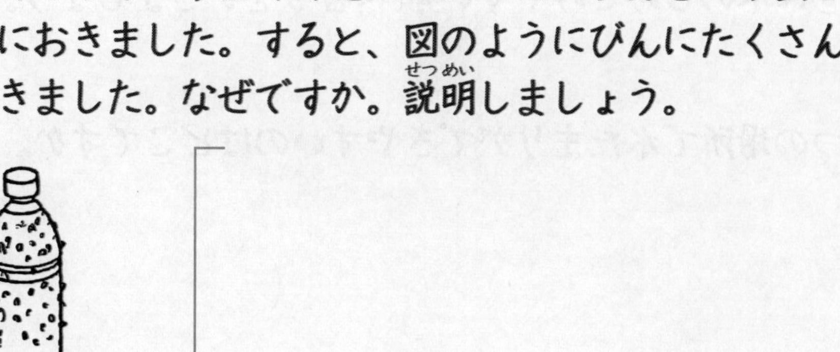

3 次の(　)にあてはまる言葉を□から選んでかきましょう。(各5点)

(1) 空気中の(①　　　)が水てきになってできたのが㋐の(②　　　)です。㋐からふった(③　　　)が地中にしみこみ、川を通り(④　　　)へ流れこみます。空気中の（①）が地面近くで冷やされて、水の小さなつぶになったのが㋑の(⑤　　　)です。

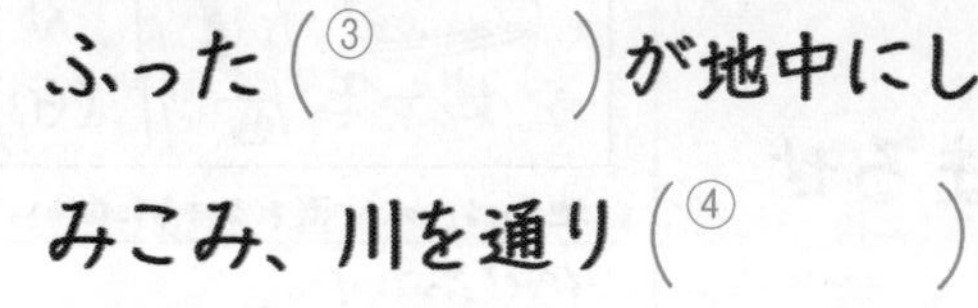

雨	雲	きり	水じょう気	海

(2) 土の中の水が、冷やされて固体の(①　　　)になり、土をおし上げるのがしも柱です。空気中の(②　　　)が植物などにふれて冷やされ、えき体の水のつぶになったものがつゆで、固体の(③　　　)のつぶになったのがしもです。自然の中では水は、氷や雪などの(④　　　)、水の(⑤　　　)、水じょう気の(⑥　　　)のすがたをしています。

氷	氷	水じょう気	えき体	気体	固体

理科ゲーム

クロスワードクイズ

月　　日　名前

クロスワードにちょうせんしましょう。サとザは同じと考えます。

①❶		③	❷			⑥
	■		■	■	⑤	
❸	②	■	④	■		
❹						■
		■		■		■
■		■		■	❺	
❻						■

タテのかぎ

① 秋にたくさん見られる赤色のトンボです。

② 動物の体には、ほねと〇〇〇〇があります。

③ 太陽がまぶしいです。今日の天気は〇〇です。

④ 鉄やどう、アルミニウムのことを〇〇〇〇といいます。

⑤ 北の空にある、Wの形をした星ざは〇〇〇〇〇〇〇です。

⑥ 南の国からやってくるわたり鳥です。〇〇〇は、家ののき下に巣(す)をつくり、子どもを育てます。

❶ サンショウの木の葉にたまごをうむチョウです。

❷ かん電池をこのつなぎ方にすると１本のときの２倍長持ちします。

❸ 春、夏、〇〇、冬です。

❹ 豆電球に明かりをつけるときには、ぜったい必要です。

❺ 今日は、朝から〇〇ふりの天気になりました。

❻ 野草で、ネコじゃらしともよばれています。子犬のしっぽのような「ほ」をつけます。

答えは、どっち？

月　　日　名前

正しいものをえらんでね。

1　ツバメもハクチョウもわたり鳥です。冬を日本ですごし、北の国に帰るのはどっち？

（　　　　　　　　）

2　右のような回路があります。かん電池２こを、直列かへい列につなぎます。明るい方は、どっち？

（　　　　　　　　）

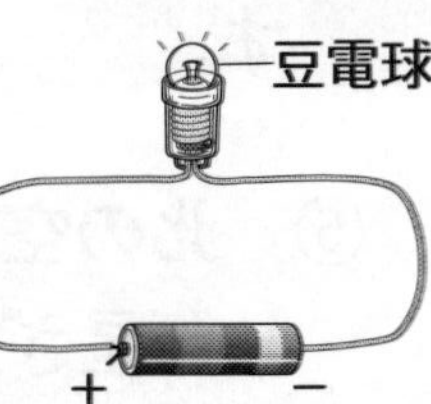

3　晴れの日の気温と雨の日の気温があります。変化が大きいのはどっち？

（　　　　　　　　）

4　夏の大三角と冬の大三角があります。オリオンざが入る大三角は、夏・冬どっち？

（　　　　　　　　）

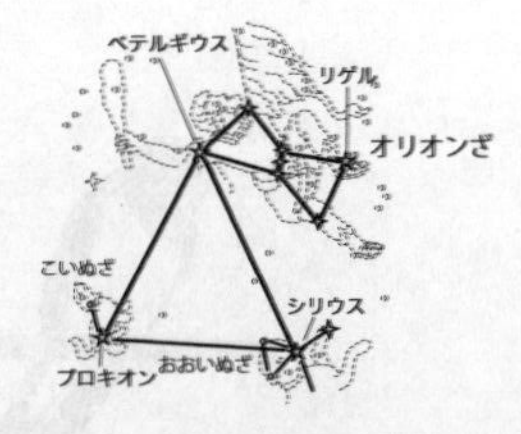

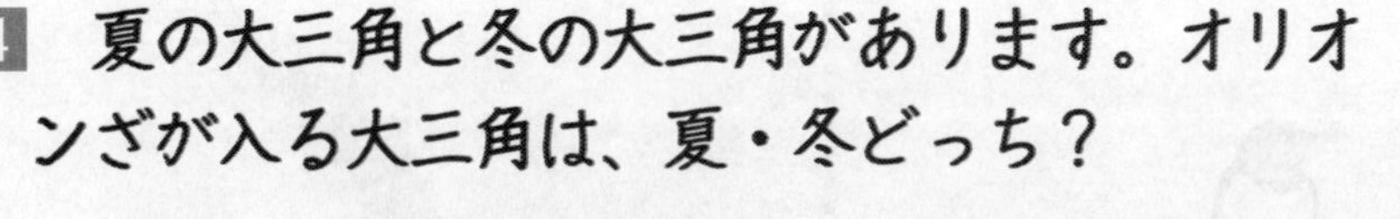

5　水と空気を注しゃ器に入れます。おしちぢめることができるのは、どっち？

（　　　　　　　　）

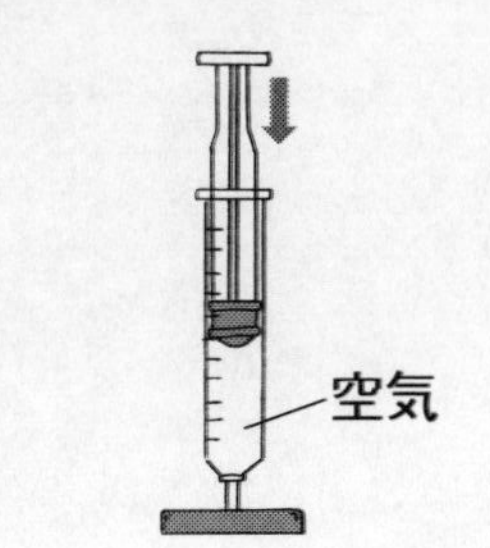

6　頭のほねと、むねのほねがあります。少し動くのは、どっち？

（　　　　　　　　）

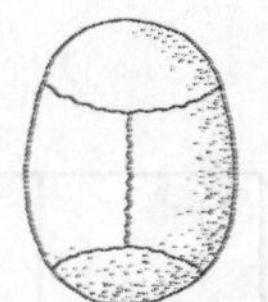

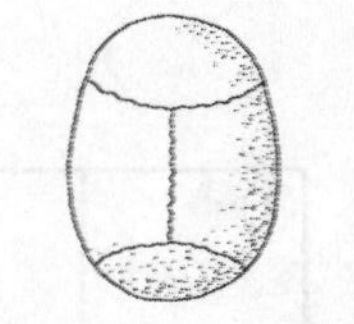

7　試験管に水と空気を入れて、あたためます。体積の変化が小さいのは、どっち？

（　　　　　　　　）

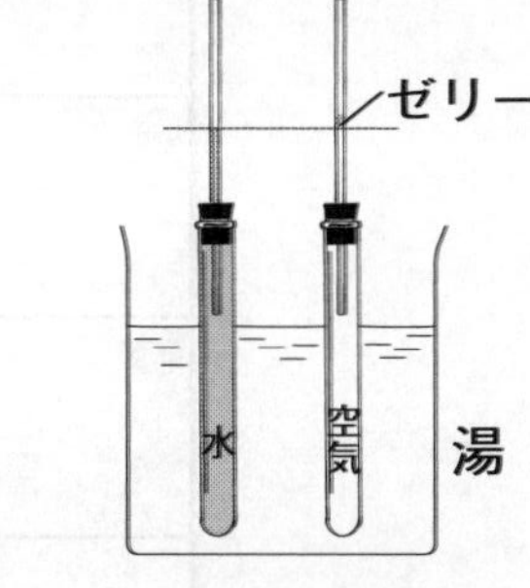

8　試験管に水を入れ、試験管の上と下を熱しました。全体があたたまるのが速いのは、どっち？

（　　　　　　　　）

9　金ぞくのぼうにろうをぬって熱しました。速くろうがとけるのは、アとイどっち？

（　　　　　　　　）

10　日なたと日かげにせんたく物をほします。速くかわくのは、どっち？

（　　　　　　　　）

理科めいろ

◆ あとの5つの分かれ道の問題に正しく答えて、ゴールに向かいましょう。

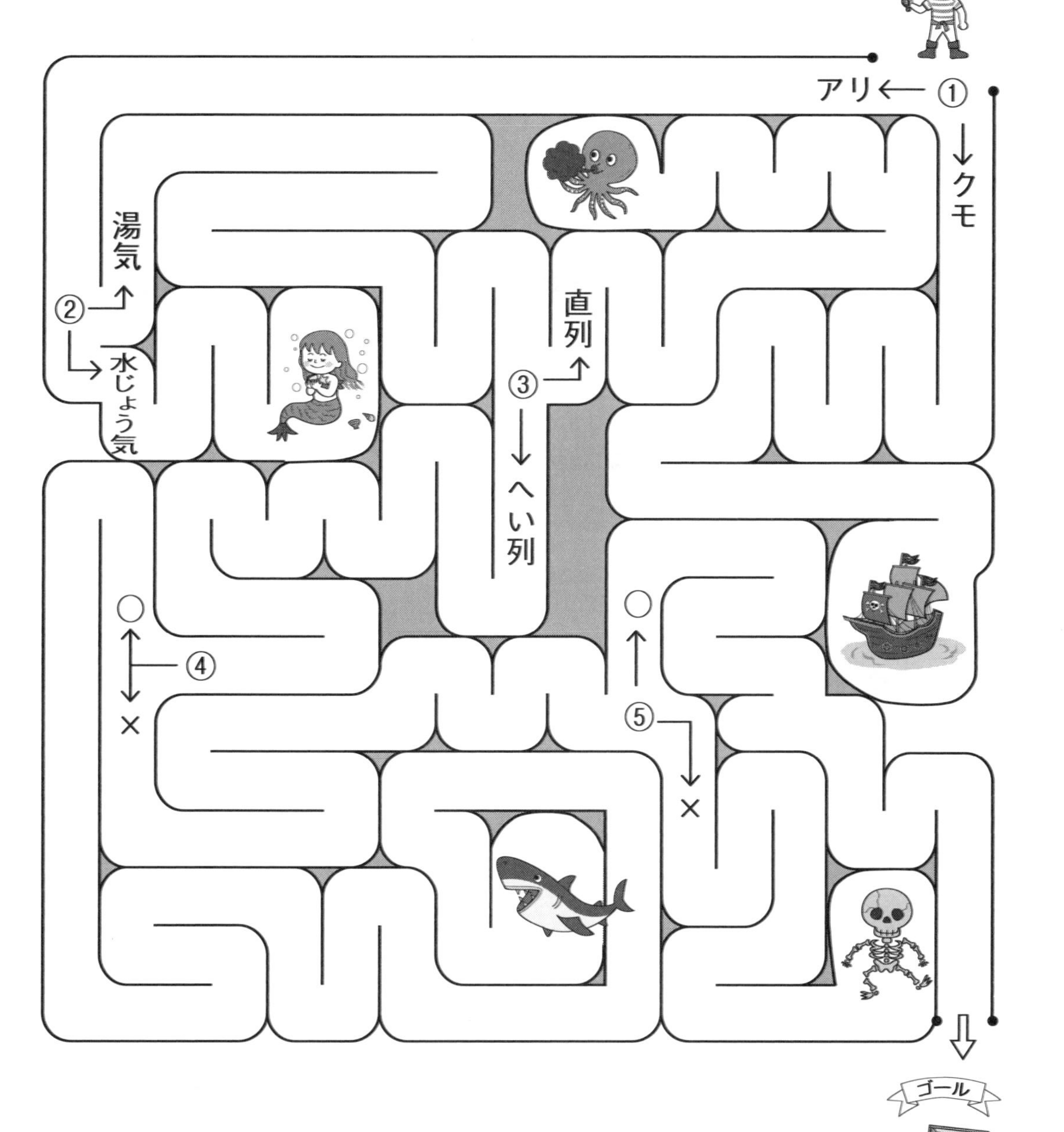

月　　日　名前

問題

① クモとアリ、こん虫はどちら？

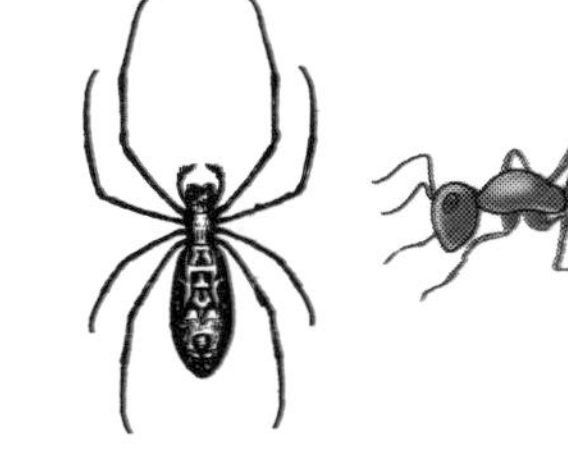

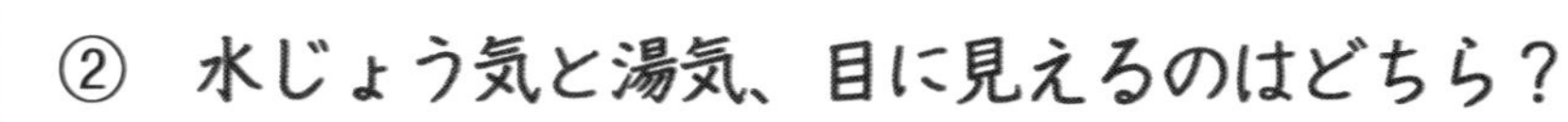
② 水じょう気と湯気、目に見えるのはどちら？

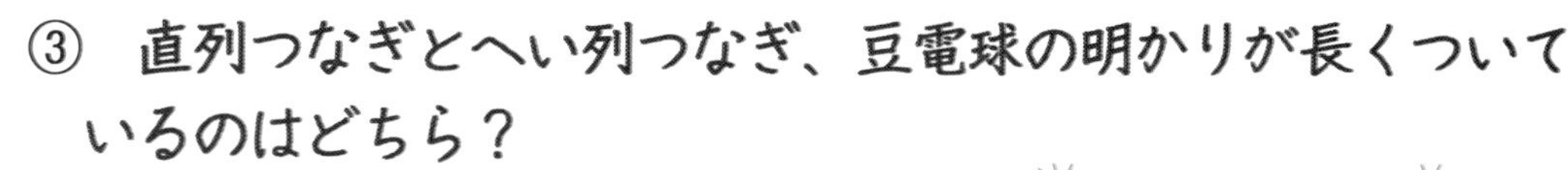
③ 直列つなぎとへい列つなぎ、豆電球の明かりが長くついているのはどちら？

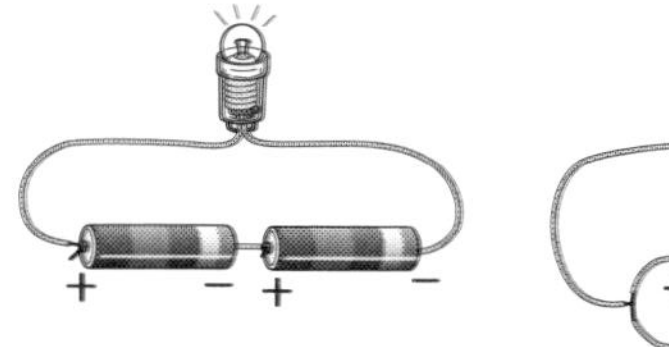

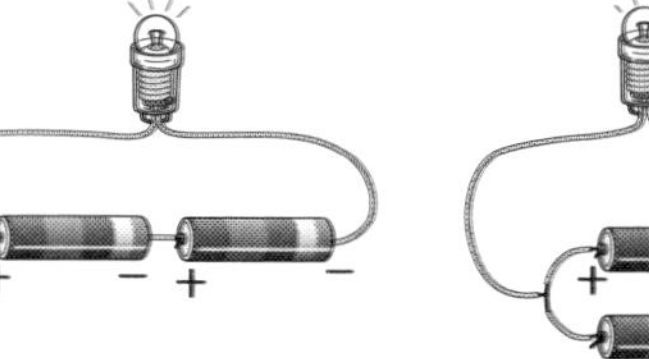

④ 太陽は、地球の周りを東から西へと動いている。○か、×か。

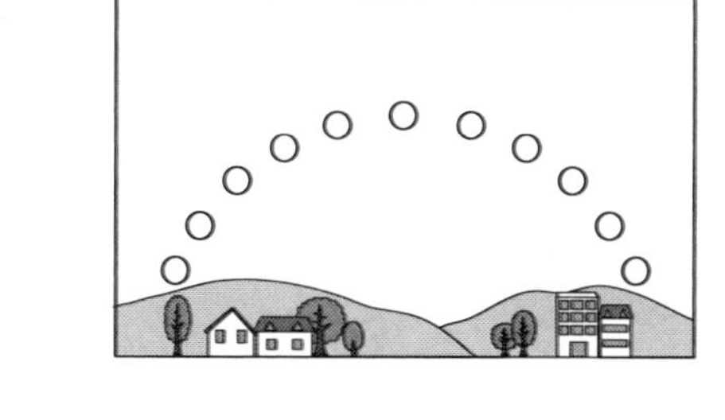

⑤ 熱気球（ねっききゅう）のしくみは、空気をあたためると体積（たいせき）がふえて軽くなり上へ上がる。○か、×か。

おいしいものクイズ

月　　日　名前

わたしたちは、これらの野菜のどの部分を食べているのでしょうか。(　　)に答えましょう。

① 種(たね)を食べているものは、どれ？　(　　　　　)

カキ

トウモロコシ

キュウリ

② 花を食べているものは、どれ？　(　　　　　)

キャベツ

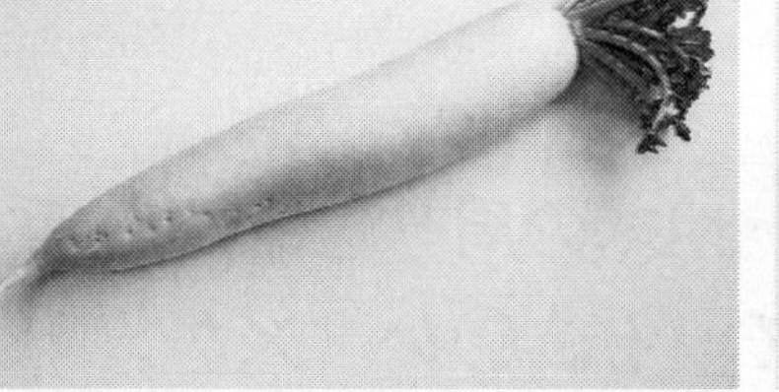
ダイコン

ブロッコリー

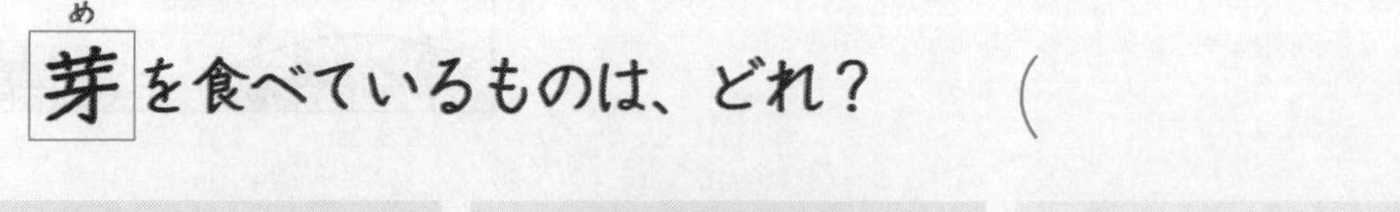

③ 芽(め)を食べているものは、どれ？　(　　　　　)

ナス

モヤシ

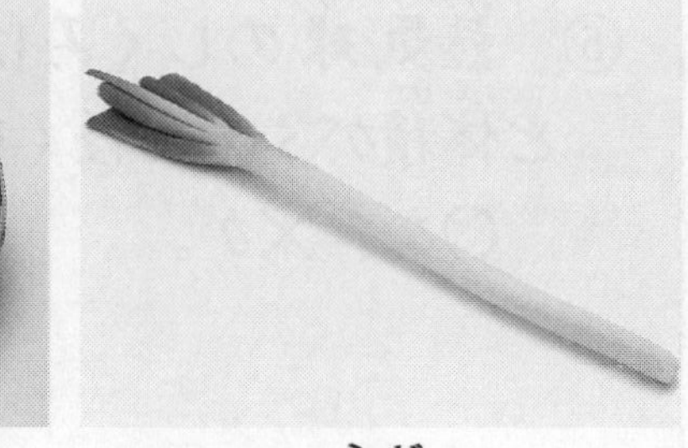
ネギ

④ 葉を食べているものは、どれ？　(　　　　　)

カイワレダイコン

ピーマン

ハクサイ

⑤ くきを食べているものは、どれ？　(　　　　　)

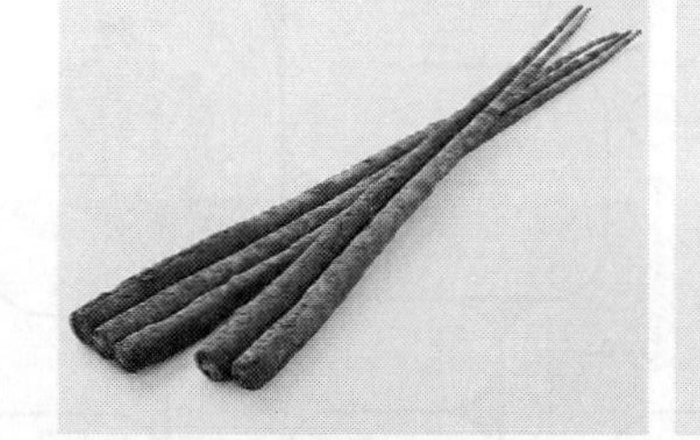
ゴボウ

サツマイモ

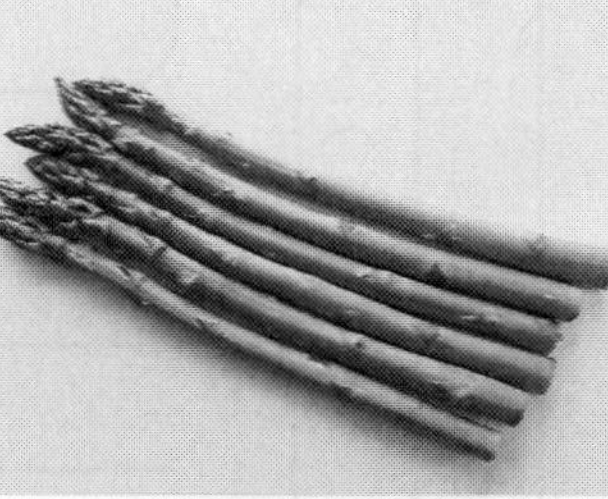
アスパラガス

⑥ 根を食べているものは、どれ？　(　　　　　)

カボチャ

レンコン

トマト

答えの中にある※について
※③④⑤は、③、④、⑤に入る言葉は、そのじゅん番は自由です。

れい

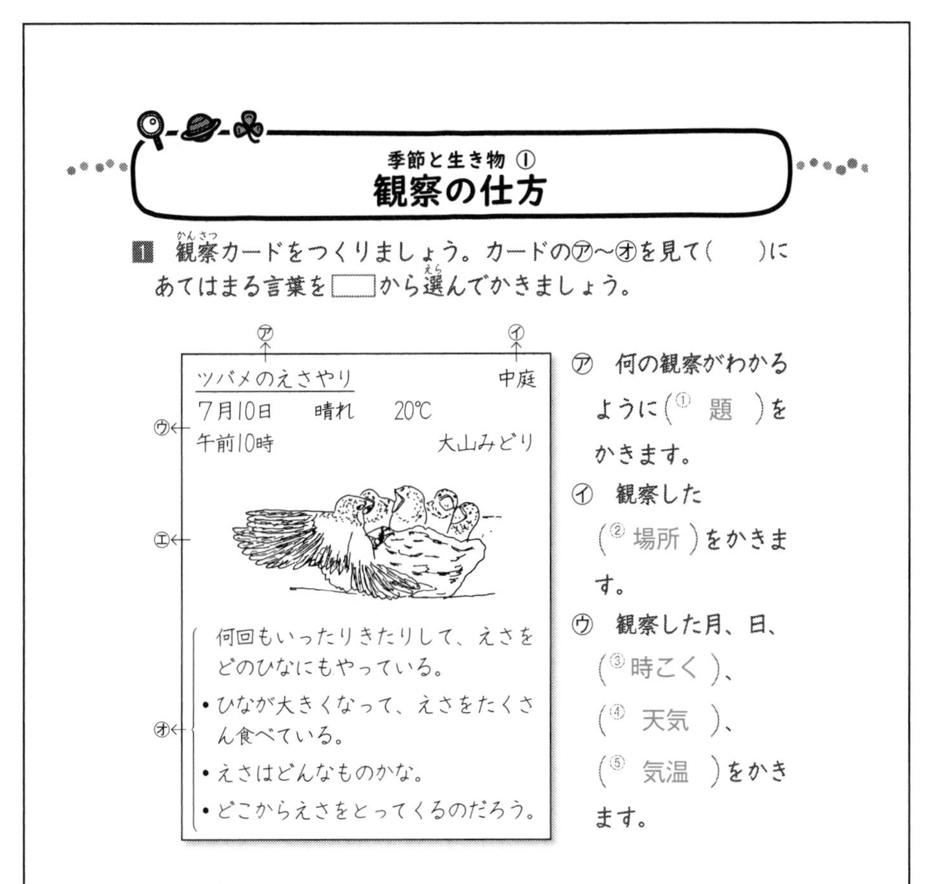

季節と生き物 ①
観察の仕方

1 観察カードをつくりましょう。カードの㋐～㋔を見て（　）にあてはまる言葉を□から選んでかきましょう。

ツバメのえさやり　中庭
7月10日　晴れ　20℃
午前10時　大山みどり

何回もいったりきたりして、えさをどのひなにもやっている。
- ひなが大きくなって、えさをたくさん食べている。
- えさはどんなものかな。
- どこからえさをとってくるのだろう。

㋐ 何の観察がわかるように（① 題 ）をかきます。
㋑ 観察した（② 場所 ）をかきます。
㋒ 観察した月、日、（③ 時こく ）、（④ 天気 ）、（⑤ 気温 ）をかきます。
㋓ （⑥ 絵 ）や写真で、ようすがわかるようにしておきます。
㋔ （⑦ 気づいたこと ）や予想や（⑧ ぎ問 ）、本で調べたことなどをかいておきます。
※③④⑤、⑦⑧

天気	気温	場所	時こく
題	絵	ぎ問	気づいたこと

季節と生き物 ①
観察の仕方

1 観察カードをつくりましょう。カードの㋐～㋔を見て（　）にあてはまる言葉を□から選んでかきましょう。

ツバメのえさやり　中庭
7月10日　晴れ　20℃
午前10時　大山みどり

何回もいったりきたりして、えさをどのひなにもやっている。
- ひなが大きくなって、えさをたくさん食べている。
- えさはどんなものかな。
- どこからえさをとってくるのだろう。

㋐ 何の観察がわかるように（① 題 ）をかきます。
㋑ 観察した（② 場所 ）をかきます。
㋒ 観察した月、日、（③ 時こく ）、（④ 天気 ）、（⑤ 気温 ）をかきます。
㋓ （⑥ 絵 ）や写真で、ようすがわかるようにしておきます。
㋔ （⑦ 気づいたこと ）や予想や（⑧ ぎ問 ）、本で調べたことなどをかいておきます。
※③④⑤、⑦⑧

天気	気温	場所	時こく
題	絵	ぎ問	気づいたこと

月　日　名前

ポイント　観察カードにかくことがらを知り、気温のはかり方などを覚えます。

2 気温のはかり方について、（　）にあてはまる言葉を□から選んでかきましょう。

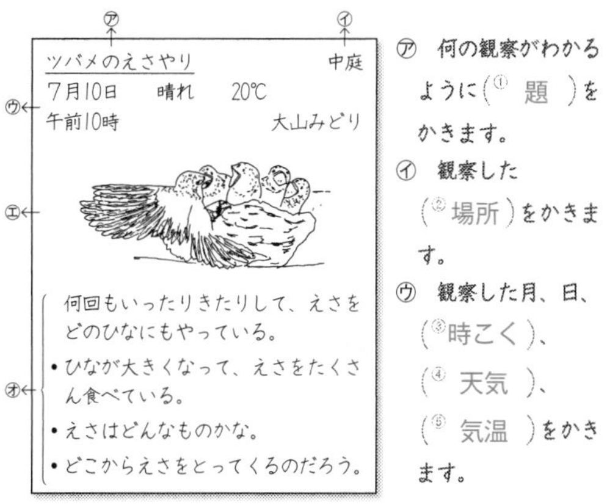

地面のようすや（① 地面 ）からの高さによって、（② 空気 ）の温度は、ちがいます。そのために（③ 気温 ）のはかり方は決まっています。

温度計に直せつ（④ 日光 ）があたらないようにします。

まわりがよく開けた（⑤ 風通し ）のよいところではかります。

地上から（⑥ 1.2～1.5m ）の高さではかります。

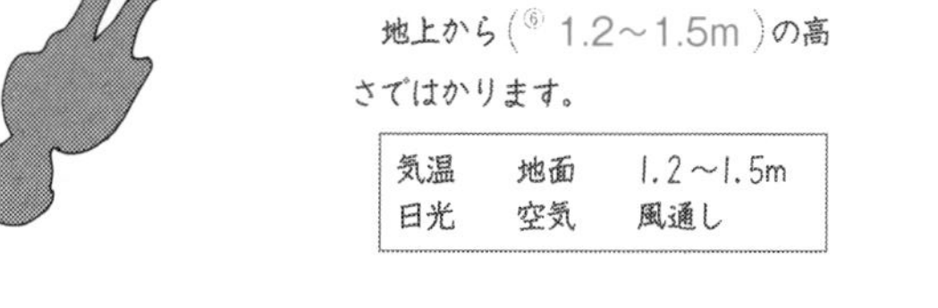

気温	地面	1.2～1.5m
日光	空気	風通し

3 温度計の目もりの読む位置で正しいものは、㋐～㋒のどれですか。また、目もりは何度ですか。

記号（ ㋑ ）　温度（ 15 ）℃

季節と生き物 ②
春の生き物

1 春の植物のようすについて、（　）にあてはまる言葉を□から選んでかきましょう。

子葉

ヘチマなど春に（① 種 ）をまく植物は、あたたかくなるにつれて（② 芽 ）を出して大きく（③ 生長 ）します。

冬の間、葉を地面にはりつけていた（④ タンポポ ）などの草花も（⑤ くき ）をのばし、葉をおこして（⑥ 花 ）をさかせるようになります。

サクラは（⑥）がさいたあとに（⑦ 葉 ）が出てきます。やがて、（⑧ 実 ）をつけるようになります。

芽	種	生長	くき	タンポポ
葉	実	花		

月　日　名前

ポイント　春になり、あたたかくなると、多くの生き物の活動が見られます。身近な生き物の活動を学びます。

2 春の動物のようすについて、（　）にあてはまる言葉を□から選んでかきましょう。

(1) 春になるとオオカマキリの巣の中では（① たまご ）がかえります。たまごからかえった（② よう虫 ）が次つぎと出てきます。

（③ 気温 ）が上がっていろいろな花がさきはじめると、アゲハは花の（④ みつ ）をすいに飛びまわります。そして、（⑤ ミカン ）などの木の葉のうらにたまごをうみます。

よう虫	たまご	気温	ミカン	みつ

(2) 水温が上がってくると、カエルはたくさんのたまごをうみます。やがて、それらは、（① オタマジャクシ ）にかえります。

冬を南国ですごした（② ツバメ ）は、日本にやってくると巣をつくります。その巣にたまごをうんで（③ ひな ）を育てます。

オタマジャクシ	ひな	ツバメ

季節と生き物 ③
春～夏の生き物

1 次の(　)にあてはまる言葉を□から選んでかきましょう。

(1) 春になると(① 気温)が上がりあたたかくなります。

植物は生長し、種が(② 芽)を出したり、(③ 花)がさいたりします。また、冬の間、見られなかった(④ 動物)が見られるようになります。

花　芽　動物　気温

(2) 夏には、植物が大きく(① 生長)します。(② 葉)の数が多くなったり、緑色がこくなったりします。動物は気温が(③ 上がる)につれて、より(④ 活発)に活動します。

活発　生長　葉　上がる

(3) 右の図はヘチマの本葉が大きくなってきたところです。

図の㋐は(① 本葉)で、㋑は(② 子葉)です。葉の数が(③ 3～4)まいになれば、花だんなどに植えかえます。草たけが(④ 10～15)cmになったら、ささえるためのぼうをさします。

子葉　本葉　10～15　3～4

月　日　名前

ポイント　春から夏にかけて気温が上がり、動物は活発に動き、植物は生長します。

2 次の(　)にあてはまる言葉を□から選んでかきましょう。

(1) ヘチマは夏に、(① くき)が大きく生長し、(② 実)ができる(③ めばな)と、できない(④ おばな)がさきます。

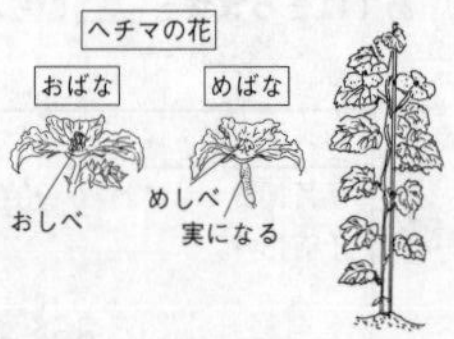
ヘチマの花
おばな
めばな
おしべ
めしべ
実になる

実　くき　めばな　おばな

(2)

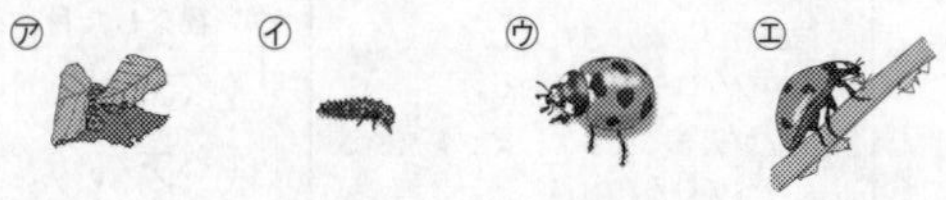
㋐
㋑
㋒
㋓

図㋐、冬の間、(① 落ち葉)などにかくれて(② 寒さ)をしのいでいたナナホシテントウは、春になってあたたかくなってくると、図㋓のように(③ アブラムシ)を食べて、たまごをうむなどの活動をはじめます。図㋑はナナホシテントウの(④ よう虫)です。図㋒は(⑤ 成虫)になったところです。

このようにナナホシテントウは1年間に2回くらいたまごから(⑤)へとくり返します。

寒さ　アブラムシ　成虫　よう虫　落ち葉

季節と生き物 ④
夏の生き物

1 次の(　)にあてはまる言葉を□から選んでかきましょう。

(1) あたたかくなるにつれて(① 植物)はよく生長します。野山は(② こい緑色)になり、たくさんの動物が活動するようになります。植物を(③ 食べ)たり、しげみを(④ すみか)にしたりもします。

(⑤ 夏)は生き物がさかんに活動する季節です。

こい緑色　すみか　夏　食べ　植物

(2) サクラの木は、初夏には小さな(① 実)ができます。また葉はこい緑色になり、(② 葉の数)もふえます。

初夏のサクラ

(③ 夏)には、葉のつけ根に小さな(④ 芽)もできるようになります。

芽　葉の数　夏　実

月　日　名前

ポイント　夏は気温・水温とも大きく上がり、植物はこい緑色の葉をいっぱいにしげらせ、動物には成虫が多く見られます。

2 次の(　)にあてはまる言葉を□から選んでかきましょう。

(1) 水温が25℃近くなってくるとオタマジャクシの前足も出て(① 陸)に上がれるようになります。

(② カエル)のエサは、ハエなど(③ 小さい虫)でさかんに食べるようになります。

カエル　小さい虫　陸

(2) アゲハは、気温が上がると、(① さなぎ)からかえった成虫が(② たまご)をうみ、(③ よう虫)がまた成虫になり、さかんに活動します。そして、1年の間に(④ 3～4)回、たまご～よう虫～(①)～成虫をくり返します。

よう虫　たまご　さなぎ　3～4

(3) (① 親鳥)からエサをもらっていた(② ツバメのひな)も夏には、自分で飛びながら(③ 小さい虫)などを取ります。ちゅうがえりも、上手になります。

ツバメのひな　小さい虫　親鳥

季節と生き物 ⑤
秋の生き物

1 秋の植物のようすについて、(　)にあてはまる言葉を□から選んでかきましょう。

(1) 秋になると気温が下がり、(① すずしく)なります。

植物によっては、葉の色が(② 赤色)や(③ 黄色)にこう葉します。しだいに、葉やくきが(④ かれ)たりします。

赤色　黄色　すずしく　かれ　※②③

(2) ヘチマは、10月も終わりごろになると、実はかれて(① 茶)色になります。

㋐

図の㋐の部分をとると、中から(② 種)がたくさん出てきます。

種　茶

(3) サクラの木は、夏から秋にかけて葉は(① 虫)に食われたり、黄色くなったりします。また、どんどん温度が(② 下がって)くると、(③ こう葉)するようになります。

こう葉　虫　下がって

月　日　名前

ポイント　秋の植物は葉の色が変わり、実や種をつくったりします。動物は、冬にそなえてたまごをうむものもいます。

2 次の(　)にあてはまる言葉を□から選んでかきましょう。

(1) 秋になると多くの動物は、活動が(① にぶく)になり、見られる(② 数)もへってきます。多くのこん虫は(③ たまご)をうみます。そして、たまごで寒い冬をすごします。

たまご　にぶく　数

(2) 秋になるとアゲハも(① 成虫)の数がへり、(② たまご)をうみます。そして、よう虫は(③ さなぎ)で冬をこします。

たまご　さなぎ　成虫

3 次の文は㋐～㋓のどの動物についてかいたものですか。(　)に記号をかきましょう。

① トノサマガエルが小さな虫を食べています。(㋒)

② オオカマキリが草のくきにたまごをうんでいます。(㋓)

③ メスの上にオスのオンブバッタがのっています。(㋑)

④ エノコログサにナナホシテントウがとまっています。(㋐)

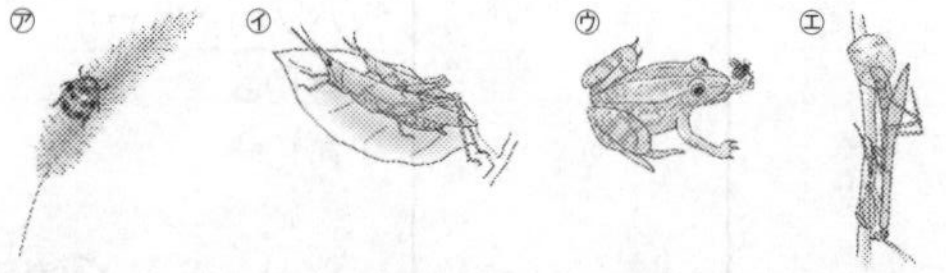
㋐
㋑
㋒
㋓

季節と生き物 ⑥
秋～冬の生き物

1 サクラの冬芽について、(　)にあてはまる言葉を□から選んでかきましょう。

秋になって、気温が(① 下がり)、日光も(② 弱く)なってくると、サクラの葉が黄色から(③ 赤色)へとこう葉し、やがて葉が落ちてしまう木があります。

そのときにはもう(④ 冬芽)ができ上がっています。冬の(⑤ 寒さ)にたえられるようになっています。

この冬芽は、秋になって急につくられるのではありません。葉が(⑥ 緑色)の元気な間に、じゅんびされているのです。

冬芽　下がり　寒さ　赤色　緑色　弱く

2 ナナホシテントウについて、(　)にあてはまる言葉を□から選んでかきましょう。

ナナホシテントウは気温がだんだん(① 下がる)につれて(② 成虫)の数がへり、見られなくなります。それは(③ 冬)が近づくと(④ 落ち葉)の下にかくれて寒さをしのいでいるためです。

成虫　落ち葉　下がる　冬

月　日　名前

ポイント　気温が下がり、日光も弱くなってくると、生き物の冬じたくがたくさん見られるようになります。

3 わたり鳥のようすについて、(　)にあてはまる言葉を□から選んでかきましょう。

(1) わたり鳥とは、よりすみやすい(① 気候)や(② エサ)を求めて(③ 何千km)もはなれた場所へ(④ うつる)鳥のことをいいます。

うつる　エサ　気候　何千km

(2) 秋になるとツバメは(① 群れ)となって電線などに止まるようになります。

(② ひな)から成鳥に育ったツバメも、10月の終わりごろから、(③ 南国)に飛んでいきます。

ひな　南国　群れ

(3) 秋から冬にかけて(① 北)の国からやってくる鳥もいます。カモや(② ハクチョウ)です。冬を日本ですごして(③ 春)になると北国へ帰っていきます。

春　北　ハクチョウ

季節と生き物 ⑦

冬の生き物

1 冬の植物のようすについて、（　　）にあてはまる言葉を□から選んでかきましょう。

(1) 気温が（①下がる）と、草などの植物は（②かれて）しまいます。

かれない（③タンポポ）などは、葉を地面に（④はりつけて）せを低くして寒さをふせぎます。

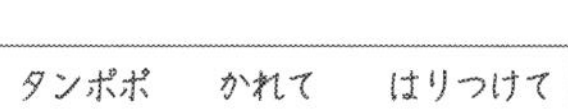

下がる	タンポポ	かれて	はりつけて

(2) サクラの木は、（①葉）が落ちます。えだの先をよく見ると（②冬芽）ができています。あたたかくなると、これらが新しい（③葉や花）に生長していきます。

冬芽	葉	葉や花

(3) 寒くなると（①ヘチマ）の（②葉やくき）はかれてしまいます。残った（③種）が春になると（④芽）を出します。

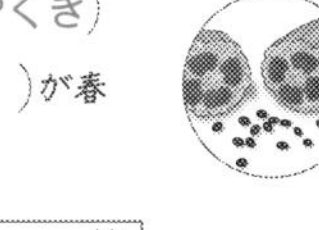

芽	ヘチマ	葉やくき	種

月　日　名前

ポイント　冬になって寒くなった野山のようす、すがたが見えなくなった動物のゆくえを調べます。

2 動物の冬のすごし方はさまざまです。（　　）にあてはまる言葉を□から選んでかきましょう。

フナや（①メダカ）は（②冷たい）水の中では（③活動）できません。池の底の方でじっとしています。

カエルのように（④土の中）にもぐって（⑤冬みん）する生き物もいます。

活動	冬みん	冷たい	メダカ	土の中

3 下の①～④は、近くの野原や池にいる動物の冬のようすについて、かいたものです。㋐～㋓のどの動物についてかいていますか。あっているものを線で結びましょう。

① テントウムシは、落ち葉の下で寒さをしのぎます。

② アゲハは、さなぎで冬をすごします。

③ オオカマキリは、たまごで冬をすごします。

④ カブトムシは、土の中でよう虫ですごします。

㋐　㋑　㋒　㋓

まとめテスト

季節と生き物

1 観察カードをつくりました。㋐～㋔を見て、（　　）にあてはまる言葉を□から選んでかきましょう。（各5点）

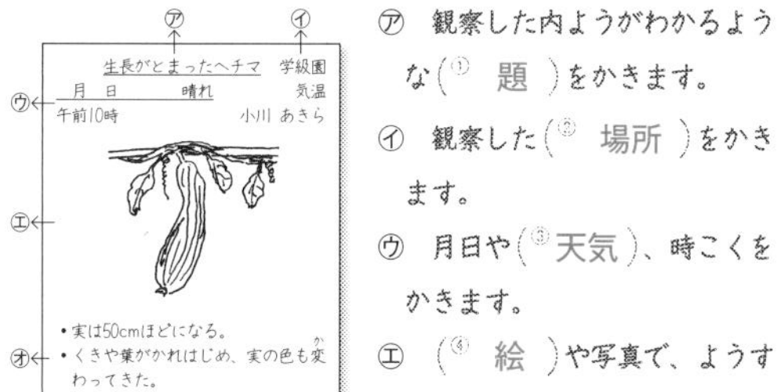

㋐ 観察した内ようがわかるような（①題）をかきます。

㋑ 観察した（②場所）をかきます。

㋒ 月日や（③天気）、時こくをかきます。

㋓ （④絵）や写真で、ようすがよくわかるようにします。

㋔ わかったことをかきます。

絵	題	天気	場所

2 次の（　　）にあてはまる言葉を□から選んでかきましょう。（各5点）

ナナホシテントウは（①気温）が高くなる春から夏にかけ、さかんに活動し、（②たまご）、よう虫、成虫がよく見られます。

しかし、秋には（③成虫）しか見られなくなり、冬になると（④落ち葉）の下にかくれてしまいます。

気温	落ち葉	たまご	成虫

月　日　名前　／100点

3 春の生き物のようすについて、正しいものには○、まちがっているものには×をかきましょう。（各4点）

①（○）池にオタマジャクシが見られます。

②（○）ツバメがやってきて、家ののき先などに巣をつくります。

③（×）セミがいっせいに鳴き出します。

④（×）テントウムシが落ち葉の下にひそんでいます。

⑤（○）カマキリが、たまごからかえります。

4 ヘチマとサクラについて、季節ごとのようすがかいてあります。（　　）に春、夏、秋、冬をかきましょう。（1つ5点）

(1) ヘチマ

①（夏）くきがよくのび、葉もしげってきます。

②（春）芽が出て子葉が開き、本葉も出てきます。

③（冬）種を残して全体がかれます。

④（秋）くきや葉、実もしだいにかれ、実の中に種ができます。

(2) サクラ

①（秋）葉の色が黄や赤になり、しだいに落ちていきます。

②（春）花がさきます。

③（冬）葉がすべて落ち、えだの先に冬芽があります。

④（夏）こい緑色になった葉がしげります。

まとめテスト

季節と生き物

1 カマキリのよう虫の観察カードです。（1つ10点）

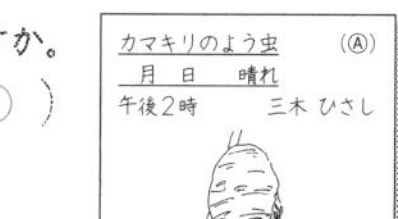

(1) カードの月日は①～④のどれですか。番号をかきましょう。（①）

① 3月30日　② 7月10日
③ 9月20日　④ 12月1日

(2) カードの（Ⓐ）に何をかけばよいですか。正しい方に○をかきましょう。

（場所・季節）

(3) Ⓑには何をかけばよいですか。下の中から2つ選んで○をかきましょう。

①（　）友だちの名前　②（○）思ったこと

③（○）調べたこと　④（　）カマキリ以外のこと

2 ヘチマの葉が3～4まいになればビニールポットから花だんなどに植えかえます。となりのヘチマとは0.5～1mくらいはなして植えかえるのはなぜでしょう。（15点）

0.5～1m

ヘチマは大きく育つために、となりのヘチマとの間かくを広くして植えかえます。

月　日　名前　／100点

3 アゲハについて、あとの問いに答えましょう。（1つ5点）

(1) アゲハのたまごは、どの植物で見つかりますか。1つ選んで○をかきましょう。

① キャベツの葉（　）　② タンポポの葉（　）

③ ミカンの葉（○）　④ ダイコンの葉（　）

(2) アゲハが成長する順に番号をかきましょう。

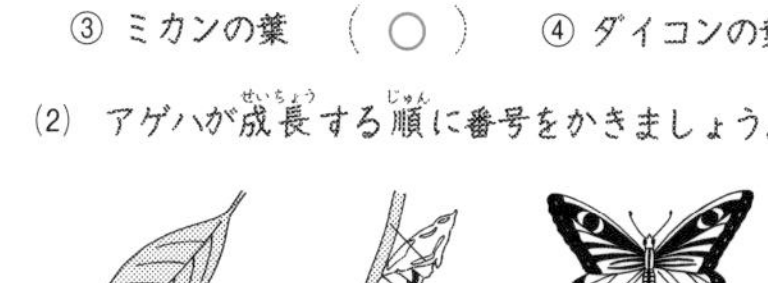

㋐（1）　㋑（3）　㋒（4）　㋓（2）

(3) アゲハは、上の㋐～㋓のどのすがたで冬をこしますか。記号で答えましょう。（㋑）

(4) アゲハが、何も食べないのは㋑、㋒、㋓のどのときですか。記号と名前を答えましょう。

記号（㋑）　名前（さなぎ）

(5) アゲハについて、次の中で正しいもの1つに○をかきましょう。

①（　）アゲハの成虫は、水だけをのんでいます。

②（○）アゲハの成虫は、花のみつをすいます。

③（　）アゲハの成虫は、何も食べません。

まとめテスト

季節と生き物

1 次の季節はいつですか。春・夏・秋・冬をかきましょう。（1つ5点）

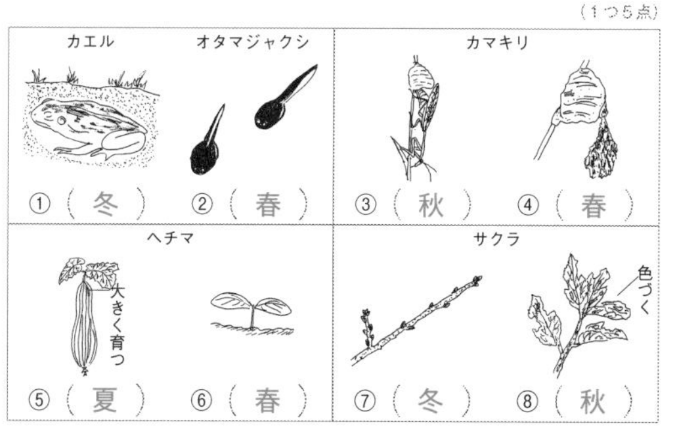

カエル	オタマジャクシ	カマキリ	
①（冬）	②（春）	③（秋）	④（春）
ヘチマ		サクラ	
⑤（夏）	⑥（春）	⑦（冬）	⑧（秋）

2 次の文は、どの生き物についてかいたものですか。□から選んで記号でかきましょう。（各5点）

①（㋓）たまごで冬をこし、夏から秋に成虫になります。

②（㋒）冬はさなぎですごし、春に成虫になります。

③（㋑）冬は種ですごし、春に芽を出します。

④（㋐）冬には、葉を地面にはりつけるように広げています。

㋐ タンポポ	㋑ ヘチマ	㋒ アゲハ	㋓ カマキリ

月　日　名前　／100点

3 下の①～④は、近くの野原や池にいる動物のようすについて、かいたものです。㋐～㋓のどの動物についてかいたものですか。線で結びましょう。（各5点）

① トノサマガエルが小さな虫を食べています。

② オオカマキリが草のくきにたまごをうんでいます。

③ メスの上にオスのオンブバッタがのっています。

④ エノコログサにナナホシテントウがとまっています。

㋐　㋑　㋒　㋓

4 春、あたたかくなると、モンシロチョウはキャベツの葉のうら側にたまごをうみつけます。

なぜキャベツなのか、また、なぜ葉のうら側なのか、その理由をかきましょう。（20点）

モンシロチョウのよう虫は、キャベツの葉を食べて成長するためです。
また、うら側にうむのは、鳥などにおそわれないためです。

まとめテスト

季節と生き物

月　日　名前　　／100点

1 1年間の草や木のようすを調べます。次の文で正しいものには○、まちがっているものには×をかきましょう。（各4点）

①（ ○ ）同じ場所の草や木を調べます。

②（ ○ ）草や木を観察したときは、気温も記録します。

③（ × ）気温は、温度計のえきだめに日光があたるようにしてはかります。

④（ × ）アリやアブは、よく見かけるから記録しません。

⑤（ × ）花がさいたり実がなったときだけ記録します。

2 次の（　）にあてはまる言葉を□から選んでかきましょう。（各5点）

(1) 冬になると、草などは（①かれて）しまいます。サクラの葉は落ちますが、えだの先には（②冬芽）があります。タンポポは、葉を地面に（③はりつけて）冬をすごします。

はりつけて　冬芽　かれて

(2) 冬になると、生き物は（①あな）にもぐったり、（②さなぎ）やたまごで冬をすごすので、あまり（③見られません）。フナやメダカは、冷たい水の中では、（④動き）ません。

見られません　あな　動き　さなぎ

3 動物の冬のすごし方はさまざまです。（　）にあてはまる言葉を□から選んでかきましょう。（各5点）

(1) わたり鳥には、（①ツバメ）のように南の（②あたたかい）地方へわたるものや、（③カモ）のように寒い北からわたってくるものがいます。

ツバメ　カモ　あたたかい

(2) こん虫では（①カマキリ）のようにたまごですごすものや、アゲハのように（②さなぎ）ですごすもの、（③テントウムシ）のように成虫ですごすものなどがいます。

カブトムシは、（④よう虫）で冬をすごします。

さなぎ　よう虫　カマキリ　テントウムシ

4 秋になるとカマキリは、冬をこすたまごを図のような固い、茶色いあわのかたまり（から）の中にうみます。その理由を考えてかきましょう。（10点）

ヒント ① 固いから ② 茶色いから ③ 寒い冬をこすため

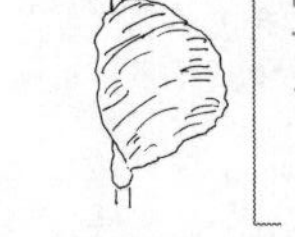

固いからになっていて、たまごを守ります。かれ葉などと同じ茶色なので目立ちません。この中で寒い冬をこします。

15

電気のはたらき ②

回路と電流

1 図を見て、（　）にあてはまる言葉を□から選んでかきましょう。

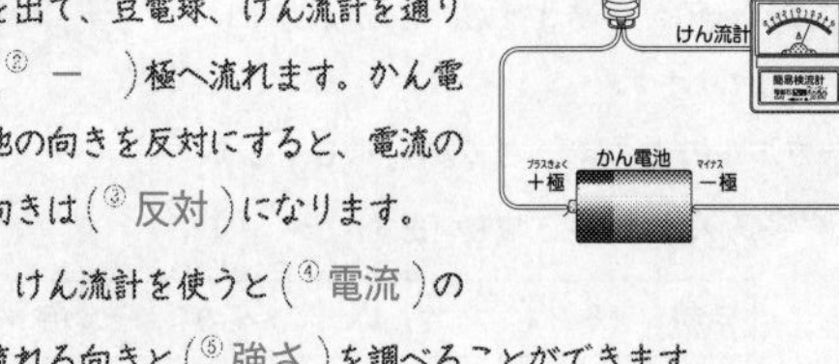

(1) 電流はかん電池の（①＋）極を出て、豆電球、けん流計を通り（②－）極へ流れます。かん電池の向きを反対にすると、電流の向きは（③反対）になります。

けん流計を使うと（④電流）の流れる向きと（⑤強さ）を調べることができます。

－　＋　電流　反対　強さ

(2) けん流計は（①水平なところ）に置いて使います。回路にけん流計をつなぎ、電流を流したら、はりのふれる（②向き）と（③ふれはば）を見ます。下の図では、電流は（④左）から（⑤右）へ流れ、目もりは（⑥3）になっています。

3　向き　左　右　ふれはば　水平なところ

月　日　名前

ポイント 回路に流れる電流を知り、けん流計ではかれるようにします。

2 かん電池とモーター、けん流計をつないで図のような回路をつくりました。（　）の中の正しいものに○をかきましょう。

(1) この回路では、電流の向きは（あ・**い**）になります。

(2) けん流計のはりは（**う**・え）にふれ、目もりは（**2**・3）をさします。このときモーターは右回りでした。

(3) 次にかん電池の向きを反対にすると、けん流計のはりは（う・**え**）にふれ、モーターは（右回り・**左回り**）になります。

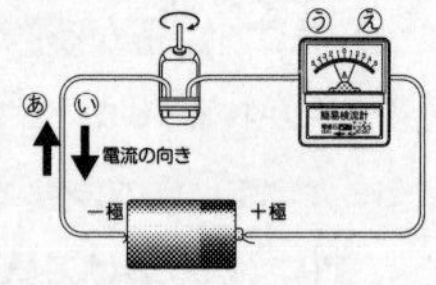

3 あの回路を電気記号を使って、いをかんせいさせましょう。

	豆電球	かん電池	スイッチ
記号	⊗	─┤├─	─╱─

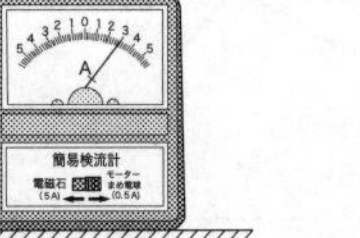

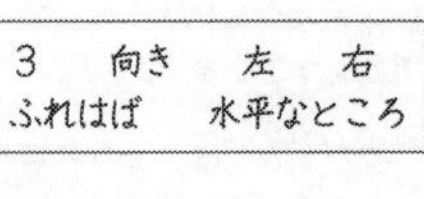

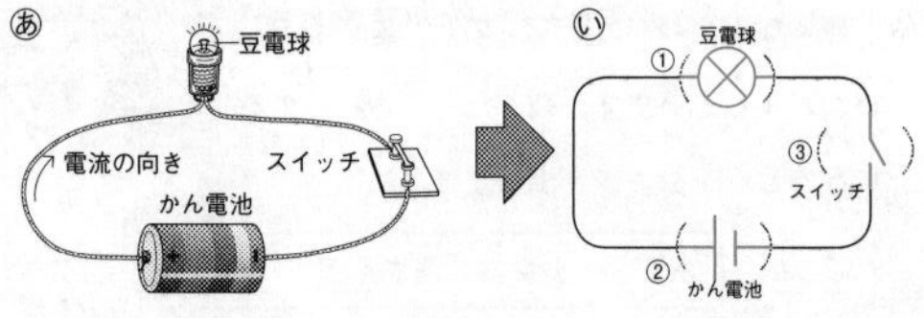

18

電気のはたらき ①

回路と電流

1 次の（　）にあてはまる言葉を□から選んでかきましょう。

右の図のように、かん電池の（①＋）極と豆電球、（②－）極を、どう線でつなぐと、電気の通り道が（③1つの輪）になり電気が（④流れて）豆電球がつきます。

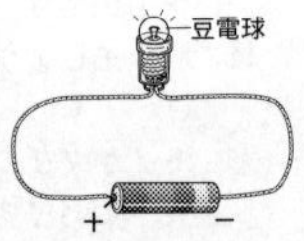

このように一続きにつながった電気の通り道のことを（⑤回路）といいます。また、この電気の流れのことを（⑥電流）といいます。

1つの輪　＋　－　流れて　電流　回路

2 次の（　）にあてはまる言葉を□から選んでかきましょう。

あの図では、豆電球の明かりは（①つきます）。＋極から出た電気は、いの図のⒷに入り、（②フィラメント）を通って、Ⓐに出てきます。そのあと（③どう線）を通って（④－）極へともどってきます。

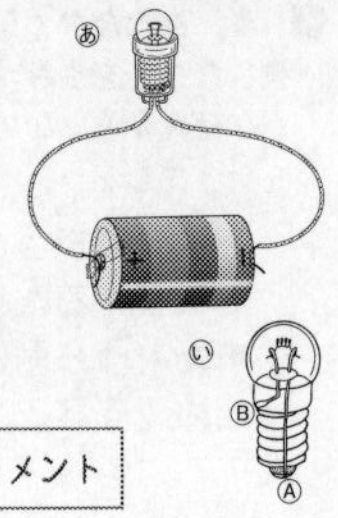

つきます　－　どう線　フィラメント

月　日　名前

ポイント 電気の通り道・回路のしくみを調べます。

3 豆電球の明かりはつきますか。つけば○、つかなければ×を（　）にかきましょう。

あ（ × ）

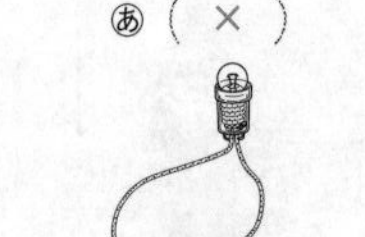

い（ × ）

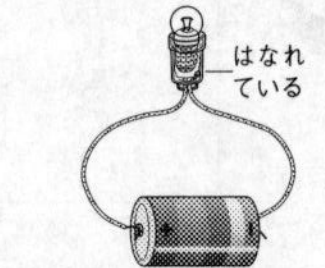

う（ × ）

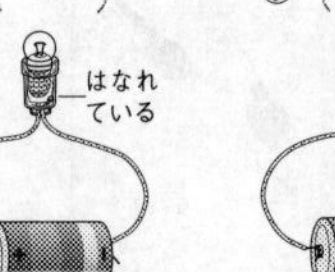

4 3のあ～うの説明をしています。（　）にあてはまる言葉を□から選んでかきましょう。

あは（①＋）極から出た電気は（②ソケット）の中を通ってかん電池にもどっていますが、（③－）極についていません。

いは＋極から出た電気は（④どう線）を通って（②）の中へ入りますが、豆電球が（⑤はなれて）いるため、つきません。

うは電気の（⑥通り道）がつながっているように見えますが、よく見るとどう線のはしの（⑦ビニール）をはがしていないので、電気が流れません。

ビニール　はなれて　どう線　ソケット　＋　－　通り道

17

電気のはたらき ③

直列つなぎ・へい列つなぎ

1 次の（　）にあてはまる言葉を□から選んでかきましょう。

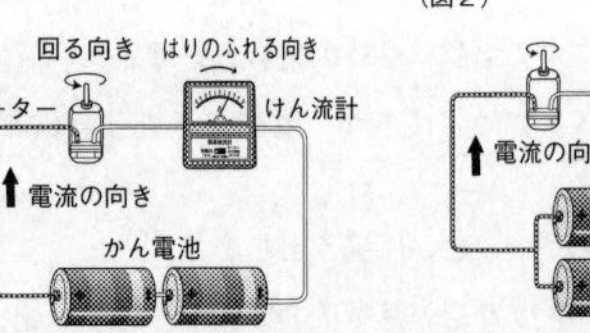

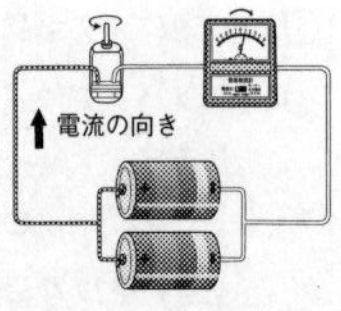

(1) 図1のようなかん電池のつなぎ方を（①直列）つなぎといいます。このつなぎ方にするとかん電池1このときとくらべてモーターの回る速さは（②速く）なります。

直列つなぎにすると、かん電池1このときとくらべて豆電球の明るさは（③明るく）なります。

明るく　速く　直列

(2) 図2のようなかん電池のつなぎ方を（①へい列）つなぎといいます。このつなぎ方にするとモーターの回る速さは、かん電池1このときと（②同じぐらい）になります。

へい列つなぎにすると、豆電球の光る時間の長さは、かん電池1このときとくらべて（③2倍ぐらい）になります。

同じぐらい　2倍ぐらい　へい列

月　日　名前

ポイント 電流が流れる回路には、かん電池の直列つなぎとへい列つなぎがあることを知ります。

2 次のような回路で、豆電球の明るさが電池1つ分のものに○、電池2こ分のものに◎、明かりがつかないものに×をかきましょう。

①（ ◎ ）　②（ × ）　③（ ○ ）

④（ ○ ）　⑤（ ○ ）　⑥（ × ）

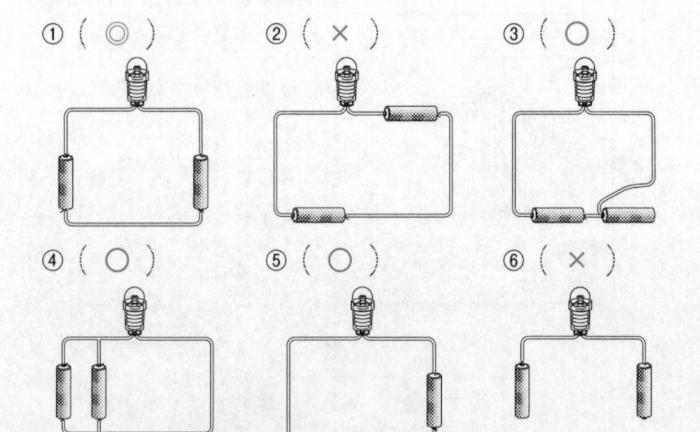

3 次の（　）に直列かへい列かをかきましょう。

（①直列）つなぎ　（②へい列）つなぎ

モーターが速く回転するのは（③直列）つなぎです。

モーターが長時間回転するのは（④へい列）つなぎです。

19

電気のはたらき ④
直列つなぎ・へい列つなぎ

■1 次の(　)にあてはまる言葉を□から選んでかきましょう。

(図1)　(図2)　(図3)

(1) 図2のように、かん電池の＋極と－極を次つぎにつなぐつなぎ方を(①直列)つなぎといいます。このつなぎ方は図1のかん電池1このときとくらべて、電流の強さは(②2倍)になり、(③けん流計)のはりのさす目もりも大きくなります。
　モーターは図1より(④速く)回ります。

2倍	けん流計	直列	速く

(2) 図3のように、かん電池の同じ極どうしが1つにまとまるようなつなぎ方を(①へい列)つなぎといいます。このつなぎ方では、けん流計を見てもわかるように、かん電池1このときと(②同じくらい)の電流が流れます。図1のモーターよりも(③長時間)回り続けます。

長時間	へい列	同じくらい

月　日　名前

ポイント　モーターやけん流計を使って、かん電池の直列つなぎやへい列つなぎのちがいを知ります。

■2 かん電池とモーターをつないで右のような回路をつくりました。

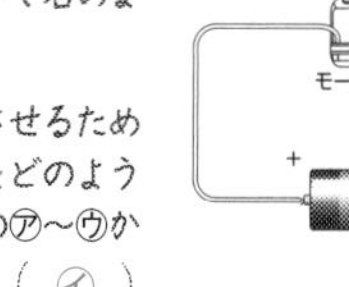

(1) モーターをより速く回転させるためには、もう1このかん電池をどのようにつなげばいいですか。次の㋐～㋒から選びましょう。　(㋑)

㋐　㋑　㋒

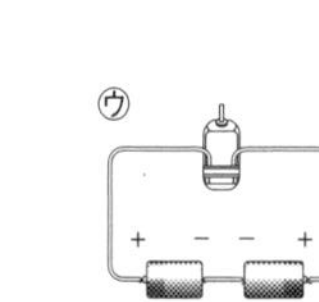

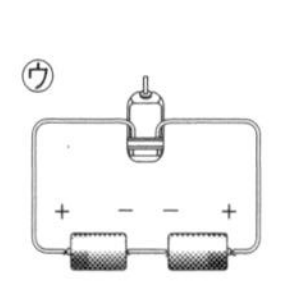

(2) (1)で選んだかん電池のつなぎ方を何といいますか。　(直列)つなぎ

(3) ㋐と㋑ではどちらのモーターが長時間回転し続けますか。　(㋐)

■3 電流が強くなったときのようすについて、正しい言葉に○をかきましょう。

① モーターの回る速さは(速く・おそく)なります。（「速く」に○）

② 豆電球の明るさは(明るく・暗く)なります。（「明るく」に○）

③ けん流計のはりのふれはばは(大きく・小さく)なります。（「大きく」に○）

20

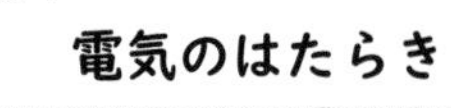

まとめテスト
電気のはたらき

■1 モーターをかん電池につないで回しました。

(1) 一続きになった電気の通り道を何といいますか。(10点)
(回路)

(2) モーターの回転の向きを変えるには、どうしますか。(10点)
(かん電池の向きを反対にします)

(3) モーターの代わりに、豆電球をつなぐと明かりがつきます。このとき、かん電池の＋極と－極を反対にすると、豆電球はどうなりますか。㋐～㋒から正しいものを1つ選んで○をかきましょう。(5点)

㋐(　)豆電球の明かりが消えます。
㋑(　)豆電球の明かりは明るくなります。
㋒(○)豆電球の明かりは前と変わりません。

(4) モーターの回転を速めようとして、かん電池を2こにしました。速くなるものには○、速さが変わらないものには△、動かないものには×をかきましょう。(1つ5点)

㋐(×)　㋑(△)　㋒(○)

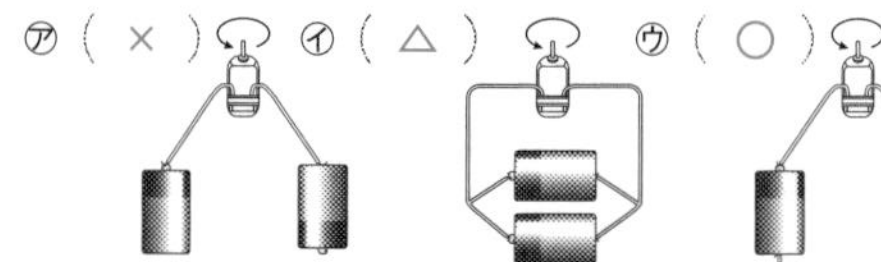

月　日　名前　／100点

■2 図のような回路を回路図にします。(10点)
豆電球(⊗)、かん電池(―|├―)、スイッチ(―⁄―)を使います。

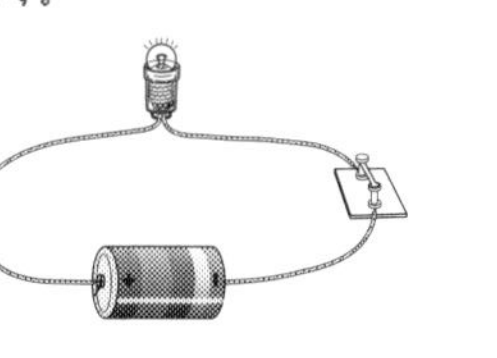

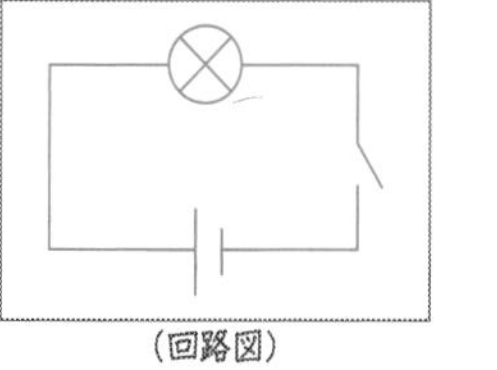

(回路図)

■3 右のような回路をつくり、電気を通すとモーターが回るようにしました。(各10点)

(1) ㋐の器具の名前をかきましょう。　(けん流計)

(2) ㋐は何を調べるものですか。2つかきましょう。　(電流の向き)(電流の強さ)

(3) ㋑、㋒の電池は何つなぎですか。　(へい列 つなぎ)

(4) ㋒の電池をはずします。モーターは回りますか。　(回ります)

(5) ㋑、㋒のかん電池を何つなぎにすれば、モーターはより速く回りますか。　(直列 つなぎ)

21

まとめテスト
電気のはたらき

■1 3種類の回路をつくって、豆電球の明るさを調べます。(各10点)

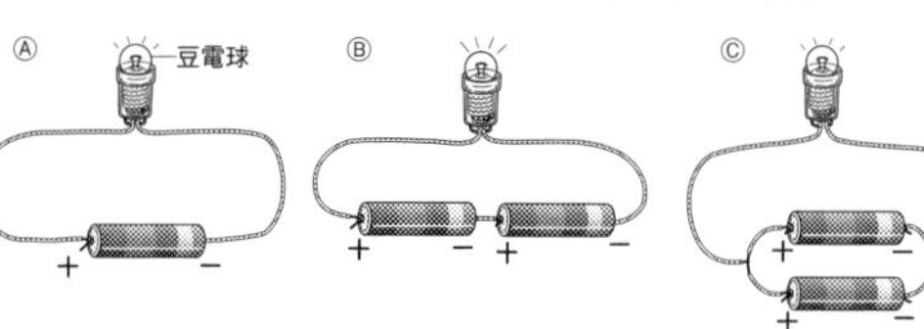

① Ⓐの豆電球は、かん電池1こ分の明るさです。かん電池1こ分の明るさより明るく光るのはⒷ、Ⓒのどちらですか。　(Ⓑ)

② 長時間光り続けるのは、Ⓑ、Ⓒのどちらですか。　(Ⓒ)

③ Ⓑのようにかん電池をつなぐと、Ⓐとくらべて電流の強さはどうなりますか。　(強くなります)

④ Ⓒのようにかん電池をつなぐと、Ⓐとくらべて電流の強さはどうなりますか。　(同じくらいです)

⑤ Ⓑのように2このかん電池が、一続きにまっすぐつながっている回路を何つなぎといいますか。　(直列つなぎ)

⑥ Ⓒのように、かん電池が2列にならんでいる回路を何つなぎといいますか。　(へい列つなぎ)

月　日　名前　／100点

■2 図を見て、(　)にあてはまる言葉を□から選んでかきましょう。(各6点)

　電流は、かん電池の(①＋)極を出て、モーター、けん流計を通り(②－)極へ流れます。
　かん電池の向きが反対になると、電流の向きは(③反対)になります。このとき、モーターの回る方向も(③)になります。けん流計を使うと(④電流)の流れる向きと(⑤強さ)を調べることができます。

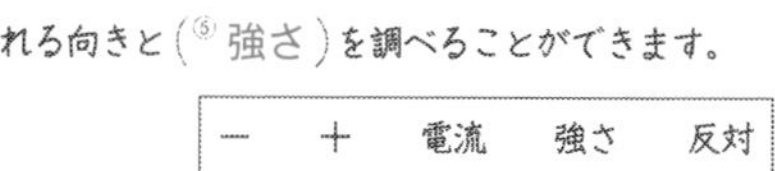

－	＋	電流	強さ	反対

■3 かん電池と豆電球をビニールどう線でつなぎ、電気が流れる回路をつくりました。ところが、豆電球の明かりがつきません。どこに原いんがあると考えられますか。3つ答えましょう。(10点)

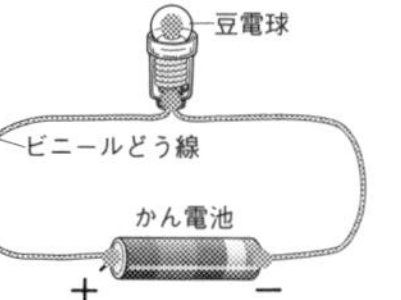

1. 豆電球がこわれていないか。
2. 豆電球がソケットにきちんと入っているか。
3. どう線のはしのビニールがはいであるか。

22

まとめテスト
電気のはたらき

■1 次の(　)の中の言葉で正しいものに○をつけましょう。(各8点)

(1) かん電池を(直列・へい列)につなぐと、回路に流れる(電流・電池)が強くなり、電気のはたらきが(大きく・小さく)なります。（「直列」「電流」「大きく」に○）

(2) 2このかん電池を(直列・へい列)につなぐと、電流の強さや電気のはたらきは、かん電池1このときと(同じです・ちがいます)。（「へい列」「同じです」に○）

■2 次の(　)にあてはまる言葉を□から選んでかきましょう。(各5点)

　かん電池をへい列につなぐと(①豆電球)をつけたり、モーターを回したりできる時間は、(②長く)なります。
　かん電池を(③へい列)につなぐと、かん電池1このときや(④直列)につないだときよりも、はたらき続けることのできる時間は(②)なります。

直列	豆電球	長く	へい列

月　日　名前　／100点

■3 図のモーターを反対に回そうと思います。どうすればよいでしょう。(10点)

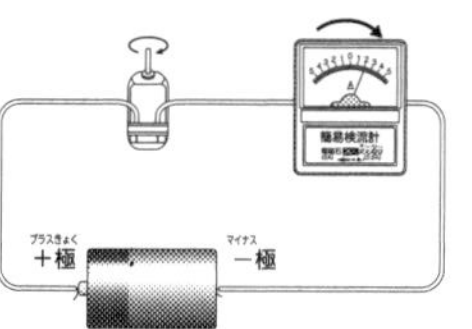

かん電池の向きを反対にします。電流の流れる向きが反対になります。

■4 次の回路の中で豆電球の明かりがつくものには○、つかないものには×をかきましょう。(各6点)

①(○)　②(○)　③(×)
④(○)　⑤(×)

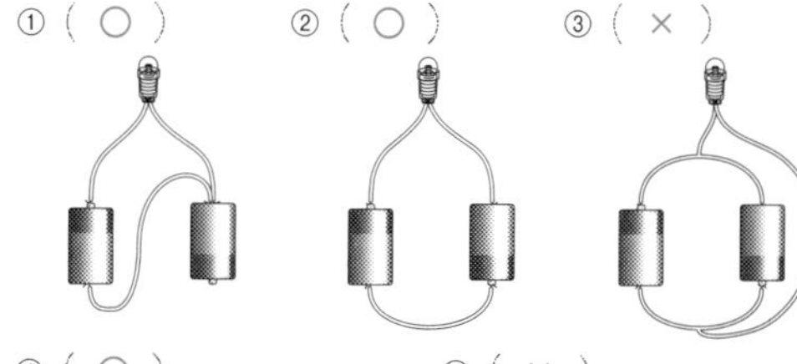

23

天気と気温 ①
気温のはかり方

1 次の(　)にあてはまる言葉を□から選んでかきましょう。

(1) 温度計を使って気温をはかります。気温は、風通しの(①よい)場所ではかります。温度計に直せつ(②日光)があたらないように、下じきなどでおおいます。温度計は(③地面)から(④1.2〜1.5)mくらいの高さではかります。

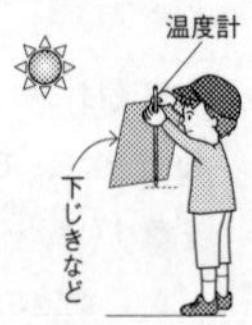

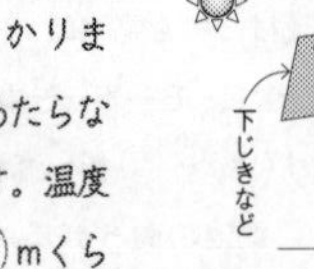

日光	よい	1.2〜1.5	地面

(2) 温度計の目もりを読むときには、見る方向と温度計とが(①真横)になるようにして読みます。

温度計のえきの先が、ちょうど目もりの上にあるときは、その(②目もり)を読みます。

目もりの上にないときには、えきの先が(③近い)方の目もりを読みます。

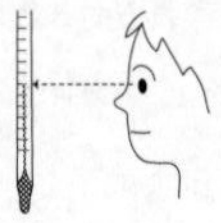

目もり	近い	真横

月　日　名前

ポイント　気温のはかり方や、百葉箱のしくみを学びます。

2 次の(　)にあてはまる言葉を□から選んでかきましょう。

(1) 図のようなものを(①百葉箱)といいます。

百葉箱は、(②気温)などをはかるためのもので(③白)い色をしています。

白	百葉箱	気温

(2) 百葉箱は(①風通し)がよく、直せつ日光が(②あたらない)ようにつくられています。中に入っている温度計は、地面からおよそ(③1.2〜1.5)mの高さになっています。

1.2〜1.5	風通し	あたらない

(3) 天気の「晴れ」は、雲がないときや(①雲)があっても(②青空)が見えているときのことをいいます。

天気の「くもり」は、(③雲)が多く青空がほとんど見えないときのことです。

雲	雲	青空

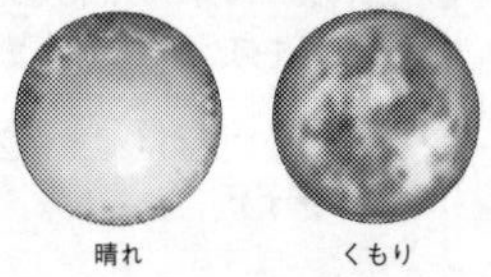

天気と気温 ②
太陽の高さと気温

1 次の(　)にあてはまる言葉を□から選んでかきましょう。

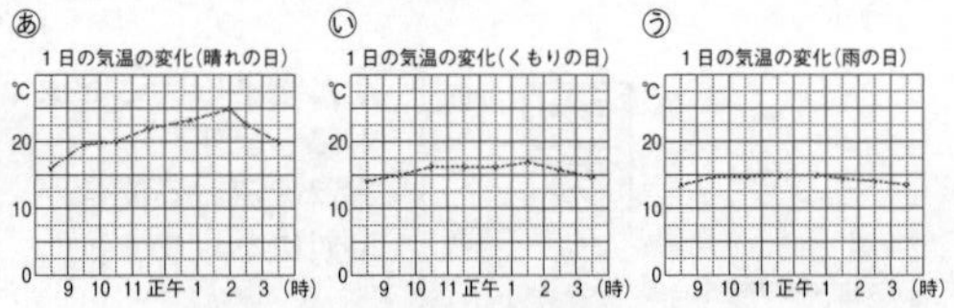

(1) 1日の気温の変化は、天気によってちがいます。

あのグラフは、(①晴れ)の日の気温の変化を表したものです。晴れの日の1日の気温の変化は(②大きい)です。

また、朝のうちの気温が(③低く)、午後2時ごろの気温が一番(④高く)なります。

晴れ	低く	高く	大きい

(2) いのグラフは(①くもり)の日の気温の変化を、うのグラフは(②雨)の日の気温の変化を表しています。どちらのグラフも、1日の気温の変化は(③小さい)です。これは、(④日光)が雲でさえぎられるためです。

日光	小さい	くもり	雨

月　日　名前

ポイント　天気の種類と気温の変化を調べます。

2 次の(　)にあてはまる言葉を□から選んでかきましょう。

(1) 図のように、1日のうちで太陽が一番高くなるのは、(①正午)ごろです。グラフからわかるように、1日のうちで(②気温)が一番高くなるのは、(③午後2時)ごろです。

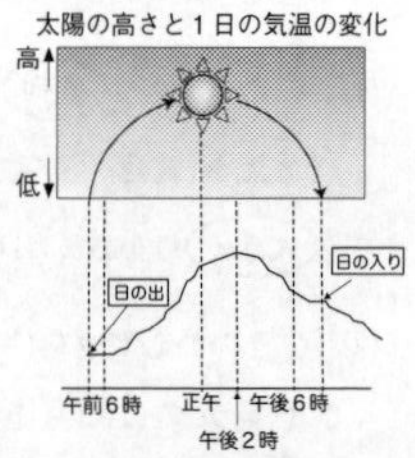

気温	正午	午後2時

(2) 太陽が一番高くなるときと最高気温になるときは(①ずれ)ます。これは日光が(②地面)をあたためたあと、あたためられた地面が(③空気)をあたためるからです。

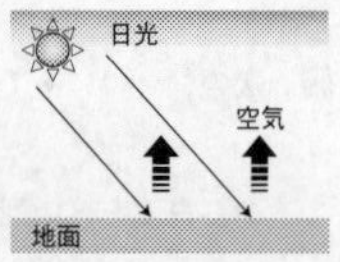

空気	地面	ずれ

(3) 夕方になって日がしずむと、(①地面)も(②空気)もあたためられなくなり、温度が下がります。1日のうちで一番気温が下がるのが(③日の出)前になります。　※①②

地面	空気	日の出

まとめテスト
天気と気温

1 次のグラフを見て、あとの問いに答えましょう。

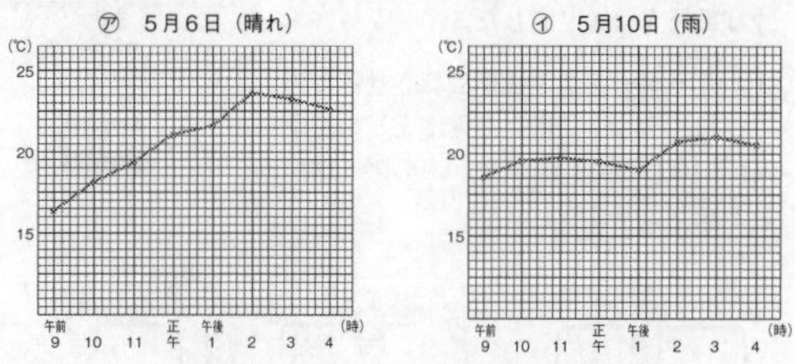

(1) アとイの記録は、天気と何の関係を調べていますか。(10点)

(天気と　気温　の関係)

(2) アとイで、最高気温と最低気温の時こくは何時ですか。(1つ5点)

ア　最高(午後2時)　　最低(午前9時)

イ　最高(午後3時)　　最低(午前9時)

(3) 正しい方に○をつけましょう。(各5点)

日光によってあたためられた(地面・空気)は、それにふれている(地面・空気)をあたためます。1日のうち、太陽が一番高くなるのは(正午・夕方)ですが、実さいの気温が上がるのはそれより(2時間・6時間)くらいおそくなります。

月　日　名前　／100点

2 次の文で、正しいものには○、まちがっているものには×をかきましょう。(各5点)

① (×) 百葉箱の戸は、風が入らないようにしています。

② (○) 百葉箱のとびらは、直しゃ日光が入らないように北側にあります。

③ (○) 温度計は、地面から1.2〜1.5mの高さにつるしておきます。

④ (○) 百葉箱は、風通しがよいようによろい戸になっています。

⑤ (×) 教室の空気の温度を気温といいます。

⑥ (○) 百葉箱がとりつけられている地面は、しばふになっています。

⑦ (○) 晴れの日の気温は、朝から午後2時ぐらいまで上がり、そのあとは日の出前まで下がります。

⑧ (×) 日光は、直せつ空気をあたためます。

⑨ (×) くもりの日の気温は、晴れの日の気温より変化が大きいです。

⑩ (○) 晴れの日の気温は、くもりの日の気温より変化が大きいです。

まとめテスト
天気と気温

1 気温のはかり方で、正しいもの4つを選びましょう。(1つ5点)

① (　) コンクリートの上ではかります。

② (○) しばふや地面の上ではかります。

③ (　) 風通しのよい屋上ではかります。

④ (○) まわりがよく開けた風通しのよい場所ではかります。

⑤ (○) 温度計に直しゃ日光をあてません。

⑥ (○) 温度計は真横から読みます。

2 次の(　)にあてはまる言葉を□から選んでかきましょう。(各5点)

(1) 百葉箱には、気あつ計やしつ度計、(①記録温度計)などが入っています。(①)は、気温の変化を連続して記録します。

グラフの形から、その日の(②天気)が考えられます。

天気	記録温度計

(2) 天気は、(①雲の量)で決められます。

(②雲)が多く、青空が見えないときの天気は(③くもり)で、雲があっても青空が見えていれば(④晴れ)です。

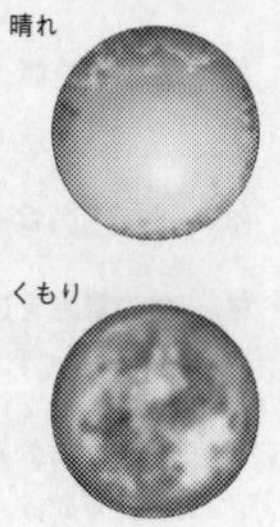

晴れ	くもり	雲	雲の量

月　日　名前　／100点

3 次の(　)にあてはまる言葉を□から選んでかきましょう。(各6点)

図は(①くもり)の日の1日の気温の変化のようすです。(②晴れ)の日とちがって日光を(③雲)がさえぎり、(④地面)の温度が上がりにくくなります。

(⑤気温)の変化も小さいです。

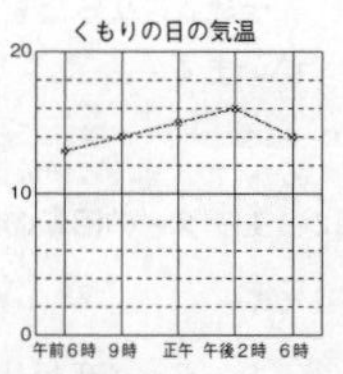

気温	くもり	晴れ	地面	雲

4 次の1日の気温の変化のグラフを見ると、朝方の6時くらいが最低気温になっています。なぜでしょうか。(20点)

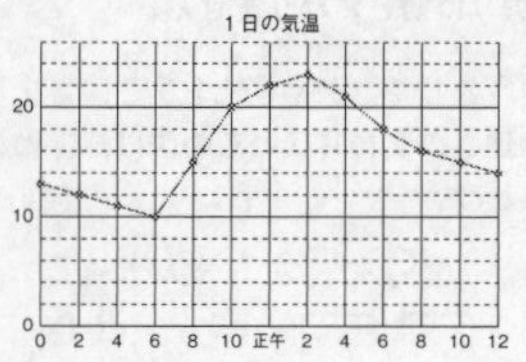

太陽がしずむと、地面も空気も温度が下がります。日の出前まで下がります。

月や星 ①
月の動き

1 月はいろいろな形に見えます。あとの問いに答えましょう。

(1) (　)に月の名前を□から選んでかきましょう。

(①新月)　(②三日月)　(③半月)　(④満月)

満月　新月　半月　三日月

(2) (　)にあてはまる言葉を□から選んでかきましょう。

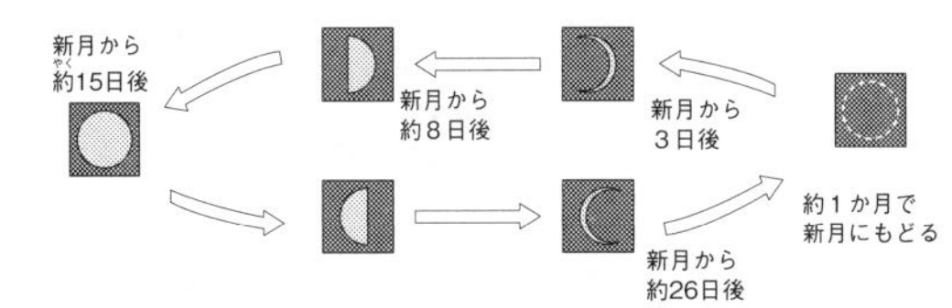

月の形は毎日少しずつ(①変わります)。新月から数えて3日目の月を(②三日月)といい、半円の形の月を(③半月)といいます。そして、新月から数えて約15日後に(④満月)になります。(⑤新月)は、見ることができません。新月から次の新月にもどるまで約(⑥1か月)かかります。

満月　新月　三日月　半月　1か月　変わります

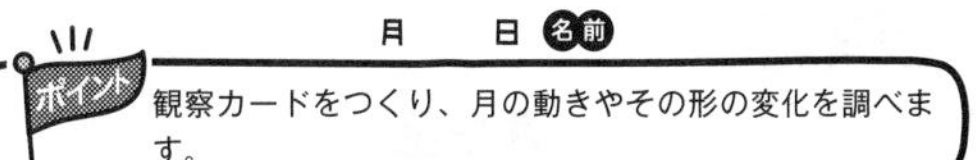

月　日　名前

ポイント　観察カードをつくり、月の動きやその形の変化を調べます。

2 次の(　)にあてはまる言葉を□から選んでかきましょう。

(1) 月の動きを調べるために観察カードを用意します。同じところで観察するため、観察する場所に(①印)をつけます。

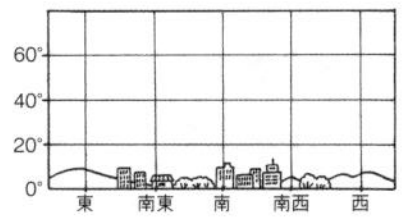

右の図のように(②方位じしん)を持ち、北の方角にあわせます。そして、(③指先)を月のある方に向けて方位を読みとります。

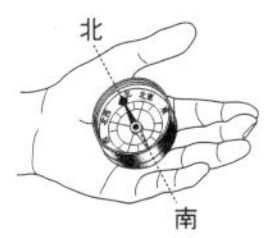

月の高さは、うでをのばしてにぎりこぶし1こ分を(④10度)として見上げる(⑤角度)をはかります。

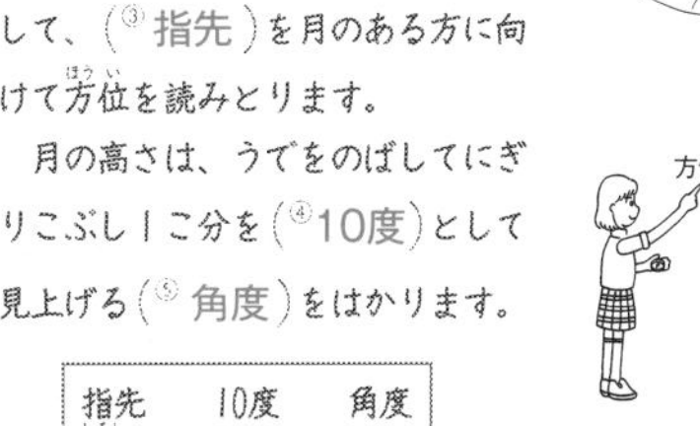

指先　10度　角度
印　方位じしん

(2) 8月中ごろ、夕方から夜中まで1時間ごとに月の位置を調べました。午後7時に(①東)の空に満月が見え、夜中になると(②南)の空までのぼりました。そのあとの月は(③西)の空にしずみました。

東　西　南

月や星 ②
月の動き

1 月の形の変わり方について、あとの問いに答えましょう。

(1) 月の形が変わっていく順に㋐～㋕の記号をならべましょう。

㋐　㋑　㋒　㋓　㋔　㋕

㋐→(㋔)→(㋑)→(㋓)→(㋒)→(㋕)

(2) 次の月の名前を□から選んで(　)にかきましょう。

㋐(新月)　㋒(半月)

㋓(満月)　㋔(三日月)

満月　三日月　新月　半月

(3) (　)にあてはまる言葉を□から選んでかきましょう。

月の形は(①毎日)少しずつ(②変わり)ます。図の㋐の形からふたたび㋐にもどるのに、約(③1か月)かかります。

月は見える形が変わりますが、動き方は(④太陽)と同じです。(⑤東)の空からのぼり(⑥南)の空を通って(⑦西)の空にしずみます。

1か月　西　東　南　毎日　太陽　変わり

月　日　名前

ポイント　月の形の変化を調べ、それぞれの名前を覚えます。

2 次の(　)にあてはまる言葉を□から選んでかきましょう。

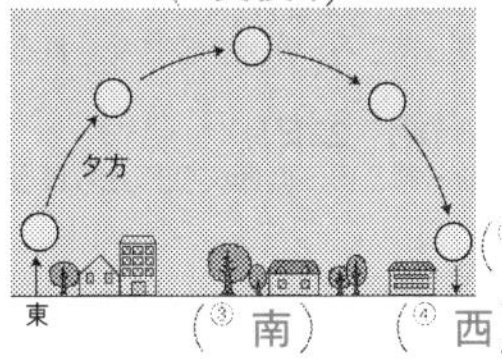

(①真夜中)　夕方　(②夜明け)　東　(③南)　(④西)

左の図の①、②には時間帯を、③、④には方角をかきましょう。

夜明け　真夜中
西　南

3 次の(　)にあてはまる言葉を□から選んでかきましょう。

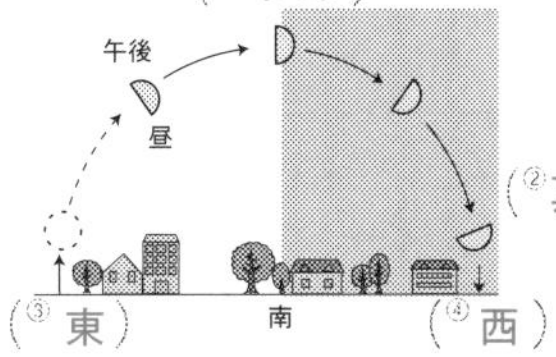

(①夕方)　午後　昼　(②真夜中)　(③東)　南　(④西)

(1) 左の図の①、②には時間帯を、③、④には方角をかきましょう。

西　東
夕方　真夜中

(2) 月の動きは(①太陽)と(②同じように)、(③東)の空からのぼり、南の空を通って、(④西)の空にしずみます。

西　東　同じように　太陽

月や星 ③
星の動き

1 次の(　)にあてはまる言葉を□から選んでかきましょう。

星には、青、黄などさまざまな(①色)があります。星は、(②明るさ)によって1等星、2等星……と分けられています。

星の集まりを動物の形やいろいろなものに見立てたのが(③星ざ)です。星ざは、時間がたって動いてもそのならび方は(④変わりません)。さそりざの1等星は(⑤アンタレス)です。

変わりません　アンタレス　明るさ　星ざ　色

2 次の文は、星ざ早見の使い方についてかいています。(　)にあてはまる言葉を□から選んでかきましょう。

方位じしんを使って、(①北)の方位をあわせ、調べるものがどの(②方角)にあるかたしかめます。

見ようとする星ざの方位の文字を(③下)にして、(④星ざ早見)を上方にかざします。そして、月、日と(⑤時こく)の目もりをあわせます。

右の図は、9月9日20時です。

方角　星ざ早見　時こく　下　北

月　日　名前

ポイント　星の種類と星ざ早見の使い方を覚え、南の空の星ざを調べます。

3 次の(　)にあてはまる言葉を□から選んでかきましょう。

(1) オリオンざの(①ベテルギウス)、こいぬざの(②プロキオン)、おおいぬざの(③シリウス)を結んでできる三角形を(④冬の大三角)といいます。

これらの星はすべて(⑤1等星)です。

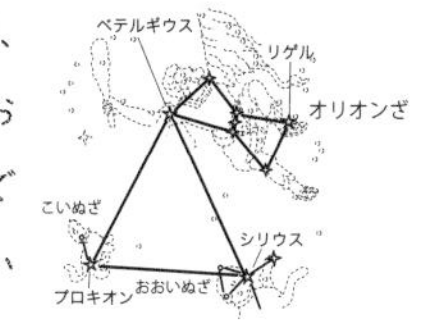

冬の大三角　シリウス　ベテルギウス
プロキオン　1等星

(2) ことざの(①ベガ)、わしざの(②アルタイル)、はくちょうざの(③デネブ)を結んでできる三角形を(④夏の大三角)といいます。これらの星はすべて(⑤1等星)です。

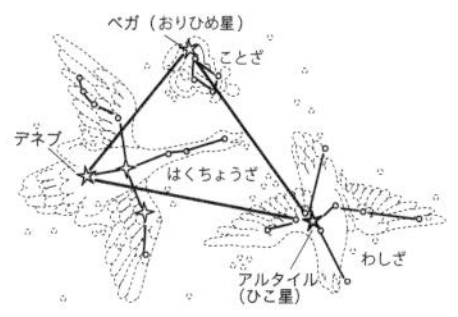

アルタイル　デネブ　ベガ　1等星　夏の大三角

月や星 ④
星の動き

1 次の(　)にあてはまる言葉を□から選んでかきましょう。

(1) 星には、白や赤などさまざまな(①色)があります。また、星には(②明るさ)があり、明るさによって(③1等星)、(④2等星)、3等星などに分けられています。

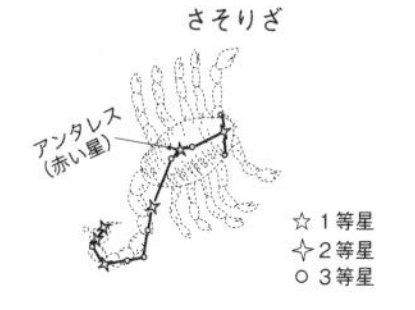

色　明るさ　1等星　2等星

(2) 星の集まりをいろいろな形に見立てて名前をつけたものを(①星ざ)といいます。図はさそりのような形をしているので(②さそりざ)といいます。さそりざには(③アンタレス)という名前の(④赤い)色の星があります。

さそりざ　赤い　星ざ　アンタレス

2 図は、ある日の午後6時の東の空で見た星ざです。

(1) 星ざの名前は何ですか。次の中から選びましょう。　(②)

① カシオペアざ　② オリオンざ

(2) このあと星ざはⒶ、Ⓑ、Ⓒのどの方角へ動きますか。　(Ⓐ)

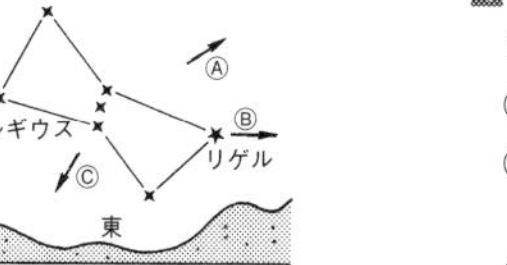

月　日　名前

ポイント　こう星の集まりである星ざを覚え、南天の星ざと北天の星ざの動きのちがいを調べます。

3 図のあ、いはそれぞれ20時と22時に観察したものです。

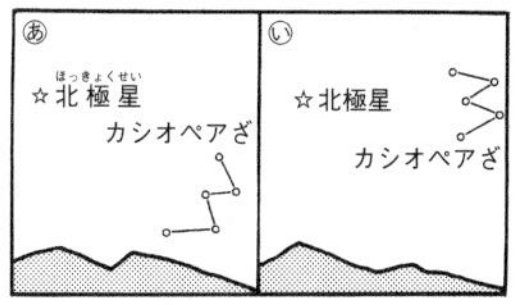

(1) この空の方位は東西南北のどれですか。　(北)

(2) あ、いはそれぞれ何時のものですか。

あ(20時)

い(22時)

(3) 北極星は、カシオペアざのⒶのきょりの約何倍のところにありますか。次の中から選びましょう。　(①)

① 5倍　② 10倍　③ 15倍

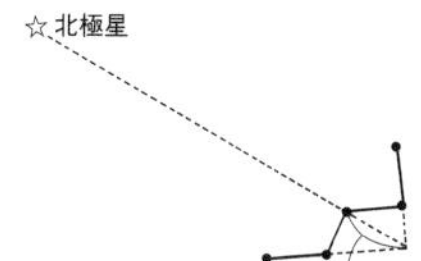

4 次の文のうち、正しいものには○、まちがっているものには×をかきましょう。

①(○) 星ざの星のならび方は、いつも同じです。

②(○) 南の空に見える星の動きは、太陽の動きと同じで東から西へ動きます。

③(×) オリオンざは、北の方の空に見られる星ざです。

月や星

月　　日　名前　　　／100点

1 次の文のうち、正しいものには○、まちがっているものには×をかきましょう。（各5点）

①（○）星には、いろいろな色があります。
②（×）1等星は、2等星より暗い星です。
③（○）星ざの星のならび方は、いつも同じです。
④（○）南の空に見える星の動きは、太陽の動きと同じで東から西へ動きます。
⑤（×）星は、すべて自分で光を出します。
⑥（○）月は、毎日、見える形を変えていきます。
⑦（×）月は、昼間はまったく見ることができません。
⑧（×）新月とは、新しくできた月のことです。
⑨（○）月は、東から西へと動いて見えます。
⑩（×）オリオンざは、北の方の空に見られる星ざです。

2 図は、いろいろな形の月を表したものです。変化の順を（　）に番号でかきましょう。（1つ5点）

1　（5）（3）　4　（2）（6）　7

3 図は、半月（7日月）が動くようすを表しています。（各6点）

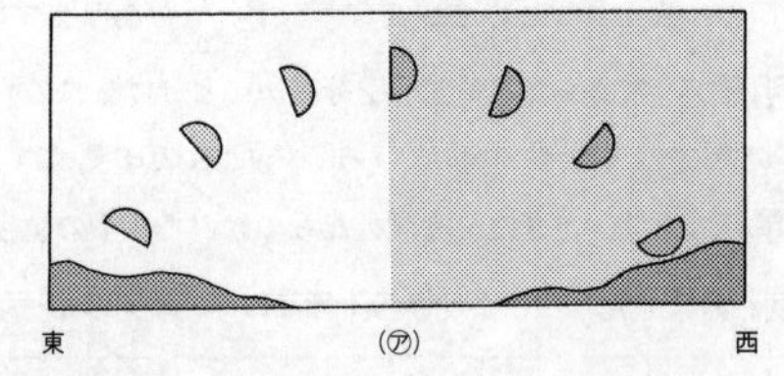

(1) 図の（㋐）の方位をかきましょう。（南）

(2) 半月が真南に見えるのは、何時ごろですか。次の中から選びましょう。
（　）午後3時　（○）午後6時　（　）午後10時

(3) この月が見えてから1週間すぎると、どんな月が見られますか。次の中から選びましょう。
（　）新月　（○）満月　（　）三日月

(4) (3)の月は、午前0時ごろにはどの方角に見えますか。次の中から選びましょう。
（　）東　（　）西　（○）南　（　）北

(5) この半月が、次に見られるのはおよそ何日後ですか。次の中から選びましょう。
（　）約10日　（　）約20日　（○）約30日

まとめテスト

月や星

月　　日　名前　　　／100点

1 星ざ早見で星をさがします。（1つ6点）

① 図1のように星ざ早見を持つとき、どの方位を向けばよいですか。（南）

② ㋐と㋑の方位をかきましょう。
㋐（東）　㋑（西）

③ 図2のようにあわせたときの月日と時こくをかきましょう。
（12月 9日）（20時）

図1　図2

2 図のような月が見えました。（各5点）

① 太陽は㋐、㋑、㋒、㋓のどの方向にありますか。（㋓）

② この月は、Ⓐ、Ⓑのどちらの方向に動きますか。（Ⓑ）

③ 7日月ですか。それとも22日月ですか。（7日月）

④ 午後6時ごろの月は、東・西・南のどの方位に見えますか。（南）

3 次の（　）にあてはまる言葉を□から選んでかきましょう。（各5点）

1日中、見えない月を（①新月）といいます。（①）から3日目の月を（②三日月）といい、満月は、（①）から（③15日）目の月のことです。満月は別のよび方で（④十五夜）の月ともいいます。

15日　三日月　十五夜　新月

4 ある日の午後7時ごろから星ざを観察しました。
右の図はそのときのようすを表したものです。（各6点）

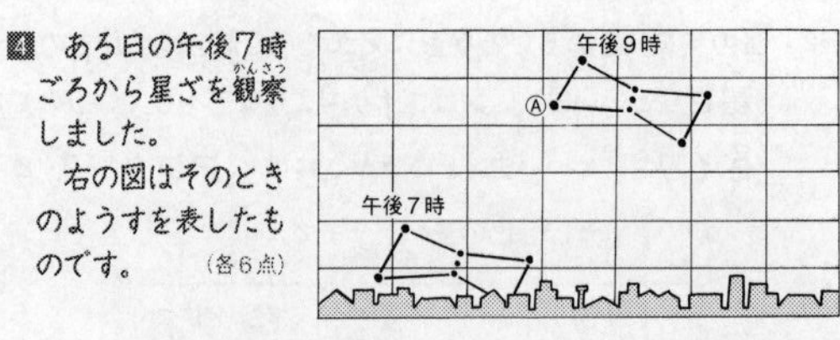

① この星ざの名前をかきましょう。（オリオンざ）
② 観察した季節はいつですか。（冬）
③ 観察したのは北の空ですか、それとも南の空ですか。（南の空）
④ 1等星Ⓐの名前をかきましょう。（ベテルギウス）
⑤ この星ざの動きは月と同じですか。（同じ）

月や星

月　　日　名前　　　／100点

1 次の（　）にあてはまる言葉を□から選んでかきましょう。（各5点）

星の集まりを（①動物）や道具などの形に見立てて、名前をつけたものを（②星ざ）といいます。1等星や2等星というのは、星の（③明るさ）を表しています。

また、星には、さまざまな（④色）があります。図の星ざは（⑤さそりざ）です。この星ざには、1等星のアンタレスという（⑥赤い）色の星があります。

明るさ　赤い　動物　色　星ざ　さそりざ

2 太陽と月は、それぞれ時こくはちがいますが、東の空から出て南の空を通り、西の空にしずみます。そのように見える理由をかきましょう。（20点）

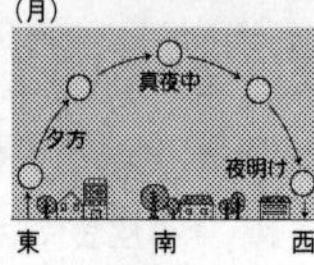

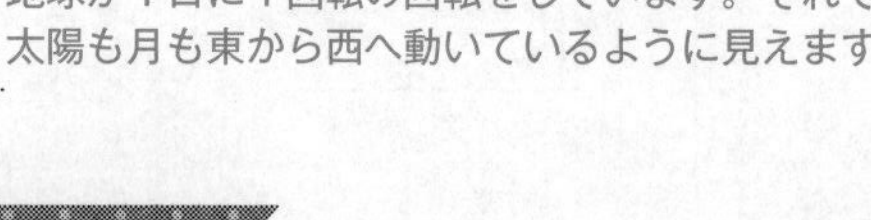
地球が1日に1回転の回転をしています。それで、太陽も月も東から西へ動いているように見えます。

3 図は夏の大三角を表しています。㋐～㋒には星ざの名前を、①～③には星の名前を□から選んでかきましょう。（各5点）

（㋐こと　ざ）
（㋑わし　ざ）
（㋒はくちょうざ）
（①ベガ）
（②アルタイル）
（③デネブ）

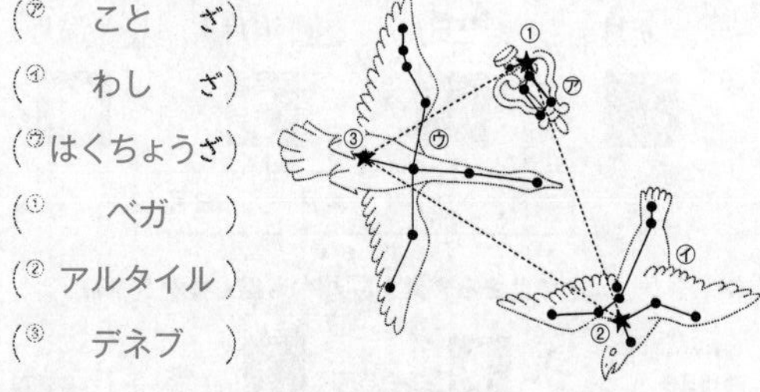

はくちょう　こと　わし　ベガ　アルタイル　デネブ

4 図は、冬の大三角を表しています。㋐には星ざの名前を、①～③には星の名前を□から選んでかきましょう。（各5点）

（㋐オリオンざ）
（①プロキオン）
（②ベテルギウス）
（③シリウス）

ベテルギウス　オリオン
プロキオン　シリウス

リゲル

まとめテスト

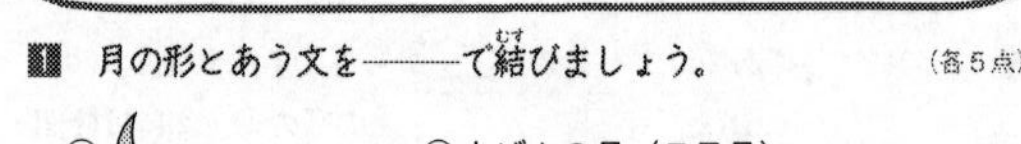

月　　日　名前　　　／100点

1 月の形とあう文を――で結びましょう。（各5点）

㋐上げんの月（7日月）
午後3時ごろ、南東の空に見られる。
㋑下げんの月（22日月）
午前9時ごろ、南西の空に見られる。
㋒三日月
日がしずむと、西の空に低く見られる。
㋓27日月
明け方、南東の空に見られる。
㋔満月、十五夜の月
日がしずむと、東の空からのぼる。

2 次の図は北の空のようすです。（各5点）

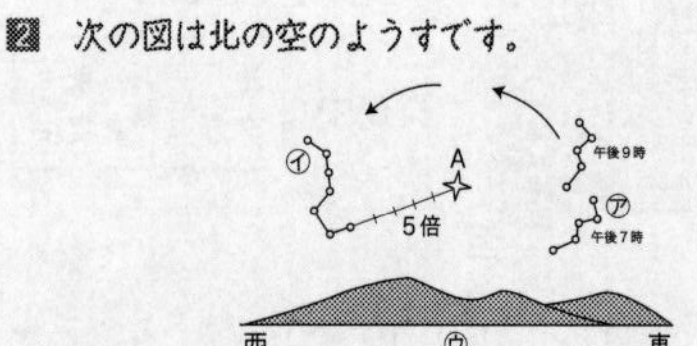

① ㋐の星ざの名前をかきましょう。（カシオペアざ）
② ㋑の星ざの名前をかきましょう。（北と七星）
③ ㋒の方位をかきましょう。（北）
④ 星Aの名前をかきましょう。（北極星）

3 次の（　）にあてはまる言葉を□から選んでかきましょう。（各5点）

(1) 図は（①カシオペアざ）です。時間がたつにつれて（②位置）は変わりますが、（③ならび方）は変わりません。

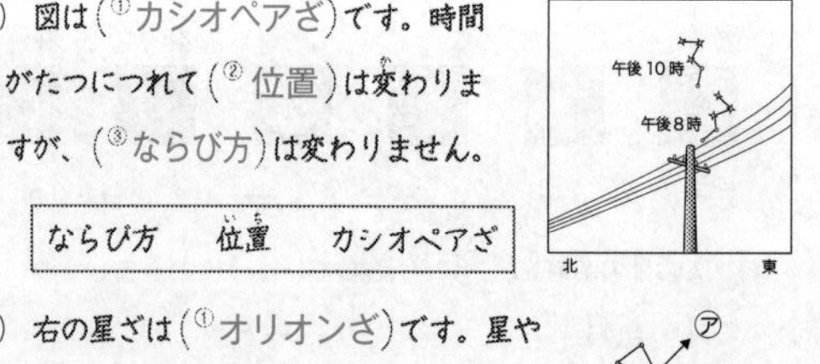

ならび方　位置　カシオペアざ

(2) 右の星ざは（①オリオンざ）です。星や星ざの動きは、（②時こく）とともに見えている（③位置）が変わります。しかし、（④ならび方）は変わりません。この後、時こくが進むと（⑤㋐）の方へ動きます。

時こく　ならび方　位置　オリオンざ　㋐

4 正しいものを3つ選んで○をかきましょう。（1つ5点）

①（○）星には、自分で光を出すものと、出さないものがあります。
②（　）光を出す星のことをわく星といいます。
③（○）光を出す星のことをこう星といいます。
④（○）こう星の周りを回る星をわく星といいます。

空気と水 ①
とじこめた空気

1 次の(　)にあてはまる言葉を□から選んでかきましょう。

空気を(①とじこめた)ビニールぶくろの口を、水そうの中で開くと(②あわ)が出てきました。

ふだん、空気は目に(③見えません)が、水中では、あわとして(④見ること)ができます。

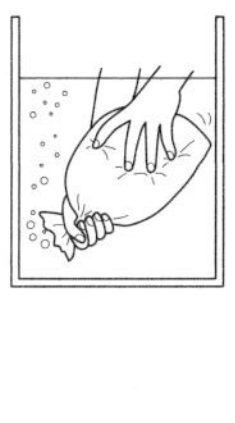

あわ　とじこめた　見えません　見ること

2 次の(　)にあてはまる言葉を□から選んでかきましょう。

ビニールぶくろを大きく広げて動かすと、まわりの(①空気)をたくさんとり入れることができます。ビニールぶくろの口をひもでとじると、空気を(②とじこめる)ことができます。

このビニールぶくろを手でおすと(③手ごたえ)があり、(④元にもどる力)がはたらき、おし返されるような感じがあります。

手ごたえ　元にもどる力　空気　とじこめる

月　日　名前

ポイント　空気には体積があり、とじこめることができます。とじこめた空気をおして体積をへらすと元にもどろうとします。

3 次の(　)にあてはまる言葉を□から選んでかきましょう。

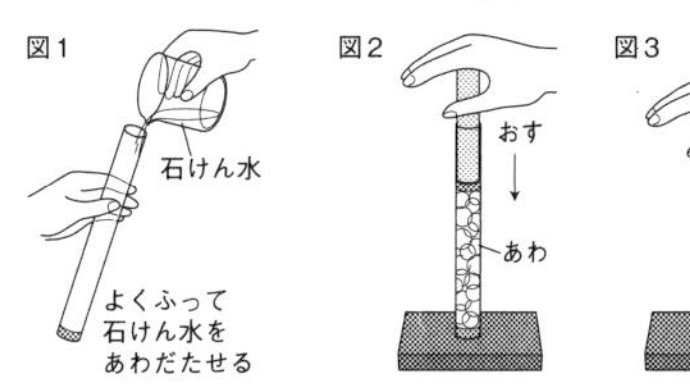

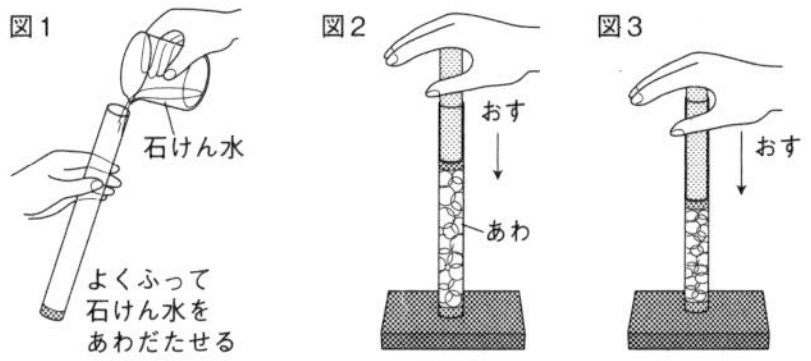

(1) 図1のように石けん水をあわだたせるのは(①空気)が目に見えるようにするためです。図2のように石けんの(②あわ)をとじこめて、ぼうをおすと(②)の体積は(③小さく)なります。このことから(①)は、おしちぢめることができ、(④体積)は小さくなることがわかります。

空気　体積　あわ　小さく

(2) 図2から図3へさらに強くおしました。すると(①あわ)の体積はさらに(②小さく)なりました。このとき、手にはたらく(③元にもどろう)とする力は、図2のときよりさらに(④大きく)なりました。このことから、(⑤体積)が小さくなるほど(③)とする力は(④)なるとわかりました。

あわ　小さく　大きく　元にもどろう　体積

40

空気と水 ②
とじこめた空気

1 次の(　)にあてはまる言葉を□から選んでかきましょう。

(1) 空気でっぽうは、前玉と後玉でつつの中に(①空気)をとじこめます。(②後玉)をおしぼうでおすと、つつの中の空気は(③おしちぢめ)られます。

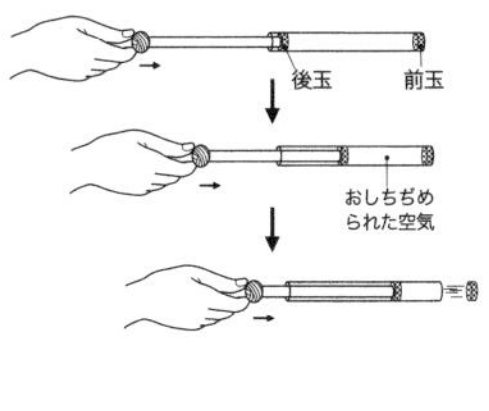

空気　おしちぢめ　後玉

(2) 空気は(①おしちぢめ)られると、体積は(②小さく)なり(③元にもどろう)とする力がはたらきます。

小さく　おしちぢめ　元にもどろう

(3) (①元にもどろう)とする力で、前玉と後玉の両方をおしますが、後玉は、おしぼうでおさえられているので、(②前玉)をおして、前玉が(③飛びます)。

飛びます　元にもどろう　前玉

月　日　名前

ポイント　空気でっぽうのしくみを知り、空気のせいしつを調べます。

2 次の(　)にあてはまる言葉を□から選んでかきましょう。

(1) 水中で空気でっぽうを打つと、前玉は(①飛び出します)。そのとき、同時に空気の(②あわ)が出ます。

つつの中に(③とじこめられた)空気が、目に(④見える)すがたで出てきたのです。

とじこめられた　あわ　飛び出します　見える

(2) 上の実験のように、空気はふだん目に(①見えません)が、水中では、(②あわ)として、見ることが(③できます)。

見えません　できます　あわ

3 長さのちがう3つのおしぼうの空気でっぽうをつくります。

(1) 一番よいおしぼうに○をかきましょう。

①(　)　②(○)　③(　)

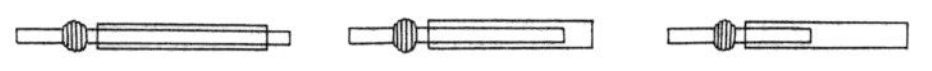

(2) 遠くに飛ばすには、おしぼうをどのようにおせばよいですか。よいものに○をかきましょう。

①(　)ゆっくりとおす　②(○)いきおいよくおす

41

空気と水 ③
とじこめた水

1 次の(　)にあてはまる言葉を□から選んでかきましょう。

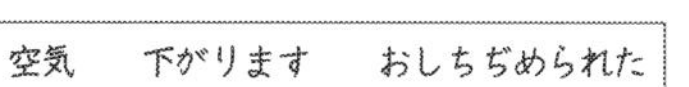

(1) 図1のように注しゃ器に(①空気)を入れて、ピストンをおしました。すると、ピストンは下に(②下がります)。これは、とじこめた(①)の体積がおされて(③おしちぢめられた)ためです。

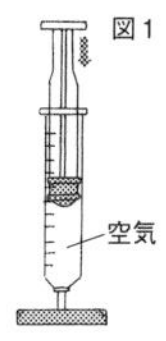

空気　下がります　おしちぢめられた

(2) 図2のように注しゃ器に(①水)を入れて、ピストンをおしました。すると、ピストンは下に(②下がりません)。

とじこめた水をピストンでおしても水の(④体積)は(⑤変わりません)。

この結果から、水は(⑥おしちぢめ)られないことがわかります。

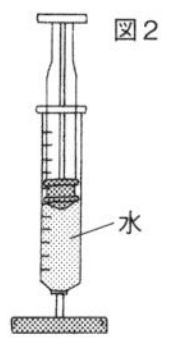

体積　水　下がりません　変わりません　おしちぢめ

月　日　名前

ポイント　注しゃ器を使い、とじこめた水のせいしつを調べます。

2 図のような水でっぽうをつくりました。(　)にあてはまる言葉を□から選んでかきましょう。

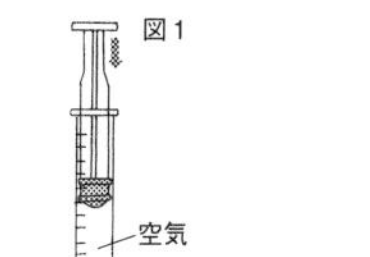

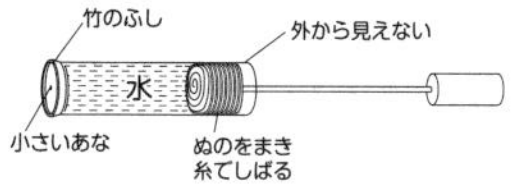

水でっぽうの先を(①水)につけて(②おしぼう)を引きます。すると竹のつつの中に水がすいこまれます。

水でっぽうのおしぼうを強くおします。(③おされた)水が(④小さい)あなから出ようとして、いきおいよく飛ぶのです。

あなが(⑤大きい)とあまり飛びません。

大きい　小さい　おされた　水　おしぼう

3 図のように空気や水をとじこめた注しゃ器のピストンを引いてみました。

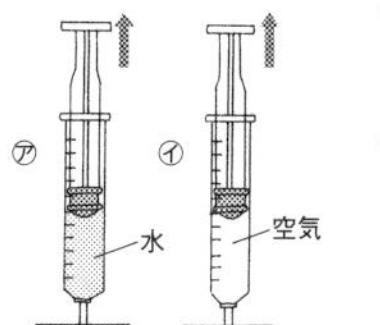

① ピストンを引くことができるのはどちらですか。(㋑)

② またそのときの手ごたえは、次のどちらですか。(Ⓐ)

Ⓐ 引きもどそうとする力がはたらく
Ⓑ 手ごたえはなく引くことができる

42

空気と水 ④
とじこめた空気と水

1 図のように注しゃ器に水と空気を入れてピストンをおしました。(　)にあてはまる言葉を□から選んでかきましょう。

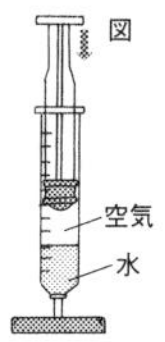

ピストンをおすと下に(①下がります)。これは、とじこめた(②空気)の体積が(③小さく)なるためです。

そして、おす力がなくなると、ピストンは元の(④位置)にもどります。

このしくみを利用したものに(⑤エアーポット)があります。

エアーポット　位置　下がります　小さく　空気

2 エアーポットのしくみの図を見て、次の問いに答えましょう。

(1) ポットの上をおすと、水が出ます。水をおし出すものは何ですか。
(空気)

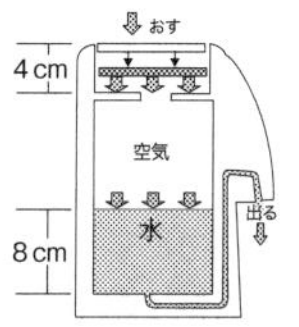

(2) 図のポットの上を1回おしたままにすると、水はどれくらい出ますか。次の中から選びましょう。(②)

① 全部出る
② 入っている水の半分くらい出る
③ 入っている水の4分の1くらい出る

月　日　名前

ポイント　とじこめた空気と水のようすを調べ、エアーポットなどのしくみを知ります。

3 次の(　)にあてはまる言葉を□から選んでかきましょう。

ペットボトルロケットを飛ばすために図のようなそうちをつくりました。㋐には、空気入れから送られた(①空気)が入ります。

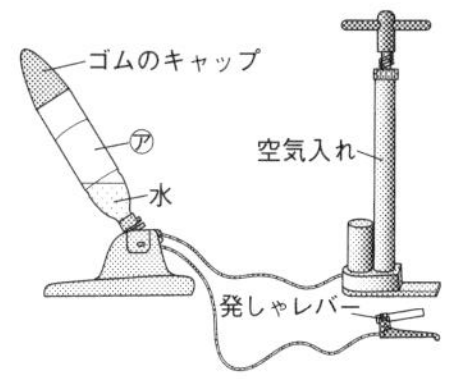

ロケットを遠くに飛ばすには、(①)を(②たくさん)入れなければなりません。すると、ペットボトル全体がいっぱいに(③ふくらんで)きます。

次に発しゃレバーを引くと、ペットボトルの口から(④水)がいきおいよく飛び出します。これは(①)の元にもどろうとする力におされて飛び出したのです。このとき、ロケットは、飛び出します。

空気　水　ふくらんで　たくさん

4 次の文のうち正しいものには○、まちがっているものには×をかきましょう。

①(×) とじこめた水をおしたとき、体積は小さくなり、元にもどろうとする力がうまれます。
②(○) とじこめた水をおしても、体積は変わりません。
③(×) 水でっぽうは、とじこめた水が元にもどろうとする力で、玉を飛ばします。

43

まとめテスト

空気と水

月　日　名前　／100点

1 次の(　)にあてはまる言葉を□から選んでかきましょう。（各5点）

(1) つつの中に(①空気)をとじこめて、おしぼうをおすと空気の(②体積)は(③小さく)なります。手をはなすとぼうは元の位置に(④もどり)ます。

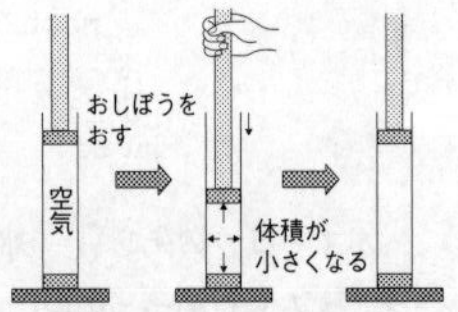

体積　空気　もどり　小さく

(2) とじこめた空気をおすと(①体積)が(②小さく)なることから、空気は(③おしちぢめられる)ことがわかります。

また、体積が小さくなった(④空気)には、元の体積に(⑤もどろう)とする力がはたらきます。

おしちぢめられる　もどろう　小さく　空気　体積

(3) とじこめた空気は、体積が(①小さく)なればなるほど、元に(②もどろう)とする力も(③大きく)なります。また、そのとき(④手ごたえ)も大きくなります。

大きく　手ごたえ　もどろう　小さく

2 次の文のうち、正しいものには○、まちがっているものには×をかきましょう。（各5点）

①(×) 水は空気と同じように、おしちぢめられます。

②(○) とじこめた空気は、体積が小さくなるほど、おし返す力が大きくなります。

③(×) 水でっぽうは、空気のおし返す力を利用しています。

④(○) ドッジボールに入れた空気はおしちぢめることができます。

⑤(○) エアーポットは、空気と水のせいしつを利用しています。

3 図のようなエアーポットの水が出るしくみを答えましょう。また、1回おすとどれくらいの量の水が出ますか。（10点）

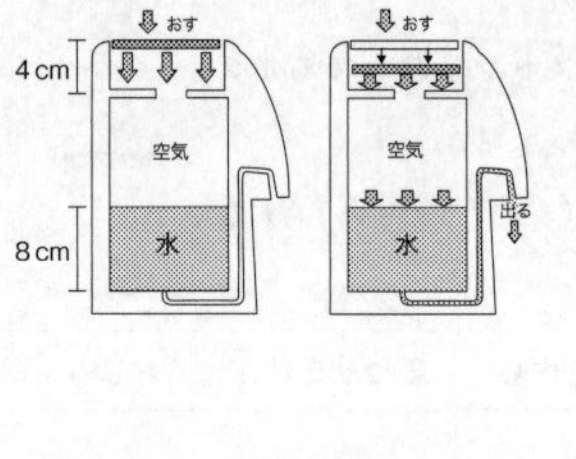

エアーポットのふたをおすと空気がおしちぢめられます。空気が元にもどろうとする力が水にはたらき、水をおし出します。半分ぐらいの量が出ます。

まとめテスト

空気と水

月　日　名前　／100点

1 あとの問いに答えましょう。（各10点）

(1) 注しゃ器をおすと、中の体積がへったのは㋐、㋑のどちらですか。　(㋑)

(2) 注しゃ器の中の体積がへったのは、空気ですか、水ですか。　(空気)

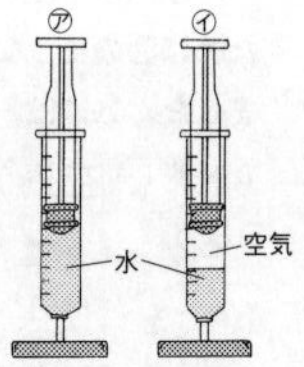

2 空気てっぽうの中に水を入れます。

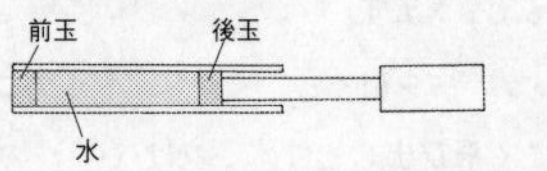

(1) 後玉をおしぼうでおすと、どうなりますか。正しい方に○をかきましょう。（10点）

①(　) いきおいよく飛ぶ　②(○) ぽとりと落ちる

(2) 次の(　)にあてはまる言葉を□から選んでかきましょう。（各6点）

水はおされても(①ちぢむ)ことがないので、元の体積に(②もどる)力もはたらきません。そのため、前玉を前へ強くおし出す(③力)がなく、玉は近くに落ちます。

力　ちぢむ　もどる

3 次の(　)にあてはまる言葉を□から選んでかきましょう。（各6点）

(1) 図は、空気てっぽうの玉が飛ぶしくみを表しています。

おしぼうをおしたとき、とじこめた(①空気)の(②体積)は(③小さく)なります。

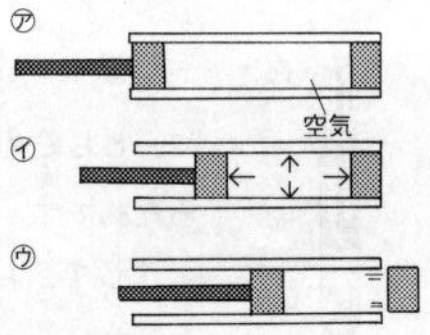

空気　体積　小さく

(2) ㋐のおしぼうをおして、㋑のように、(①おしちぢめられた)空気には、(②元にもどろう)とする力がうまれます。この力が前玉をおすことで㋒のように前玉が(③飛びます)。

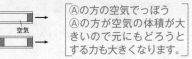

元にもどろう　おしちぢめられた　飛びます

4 図のようなⒶ、Ⓑの空気でっぽうを用意しました。つつの太さは同じで、同じ力でおしぼうをおすと、どちらの方の玉が遠くまで飛びますか。理由もかきましょう。（16点）

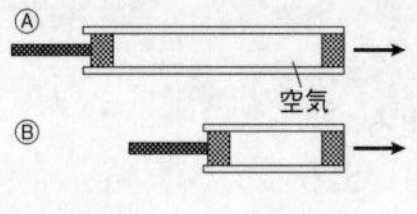

Ⓐの方の空気でっぽう
Ⓐの方が空気の体積が大きいので元にもどろうとする力も大きくなります。

動物の体 ①

体のつくりと運動

1 図はヒトの体のほねのようすを表しています。

次の(1)～(5)の文章はどの部分のほねを説明したものですか。(　)には、図の記号をかき、□には、ほねの名前を□から選んでかきましょう。

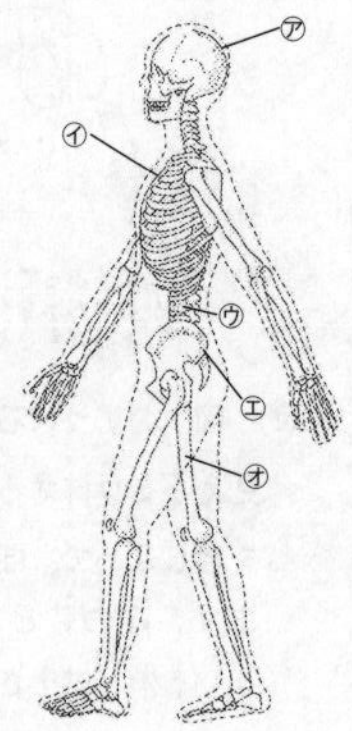

(1) むねの中のはいや心ぞうなどを守っています。
(㋑) むねのほね

(2) 体をささえる柱のような役わりをしています。
(㋒) せなかのほね

(3) ちょうなどを守っています。
(㋓) こしのほね

(4) 丸くて、かたく、のうを守っています。
(㋐) 頭のほね

(5) 立って歩くために、両方で体をささえています。
(㋔) 足のほね

足のほね　せなかのほね　こしのほね　むねのほね　頭のほね

月　日　名前

ポイント　ほねの種類と、ほねの役わりを調べます。

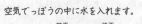

2 次の(　)にあてはまる言葉を□から選んでかきましょう。

ヒトの体の中には、いろいろな形をした、大小さまざまなほねがおよそ(①200)こぐらいあります。ほねのはたらきは、体を(②ささえ)たり、体の中のものを(③守っ)たりすることです。

(④せなか)のほねや手や足のほねは、体をささえ、体の形をつくっています。

また、大切なのうは、(⑤頭)のほねによって守られ、心ぞうやはいは、(⑥むね)のほねによって守られています。

守っ　ささえ　200　むね　頭　せなか

3 右の図は、イヌのほねのようすを表したものです。

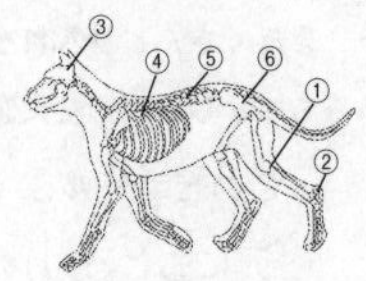

(1) ヒトのひざにあたるのは、図の①、②のどちらですか。　(①)

(2) イヌの図の③～⑥のほねは、1のヒトのほねのどの部分にあたりますか。1の記号で答えましょう。

③(㋐)　④(㋑)

⑤(㋒)　⑥(㋓)

動物の体 ②

体のつくりと運動

1 次の(　)にあてはまる言葉を□から選んでかきましょう。

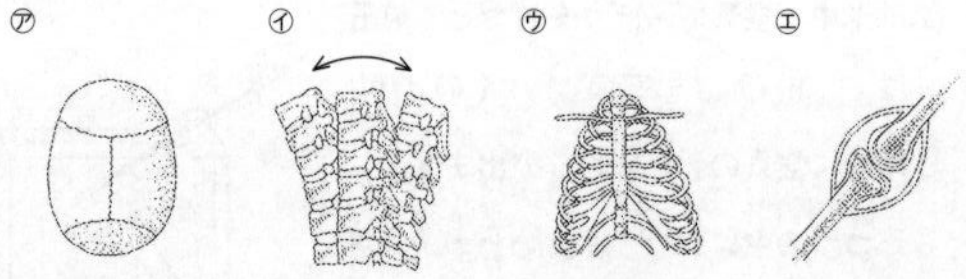

(1) ほねのつながり方には、㋐のように(①動かない)つながり方や、㋑、㋒のように(②少し動く)つながり方や、㋓のように、とてもよく動くつながり方があります。㋐は(③頭)のほね、㋑は(④せなか)のほね、㋒は(⑤むね)のほねです。

頭　むね　せなか　動かない　少し動く

(2) ヒトの体の中には、たくさんのほねと(①きん肉)があります。体には曲げられないほねの部分と曲げられる部分があります。曲げられる部分を(②関節)といいます。きん肉を(③ちぢめ)たり、ゆるめたりして体を動かします。

関節　きん肉　ちぢめ

月　日　名前

ポイント　ほねとほねのつながり方と関節について調べます。

2 右の図は、かたとうでのようすを表したものです。

(1) 図の①～④の名前を□から選んでかきましょう。

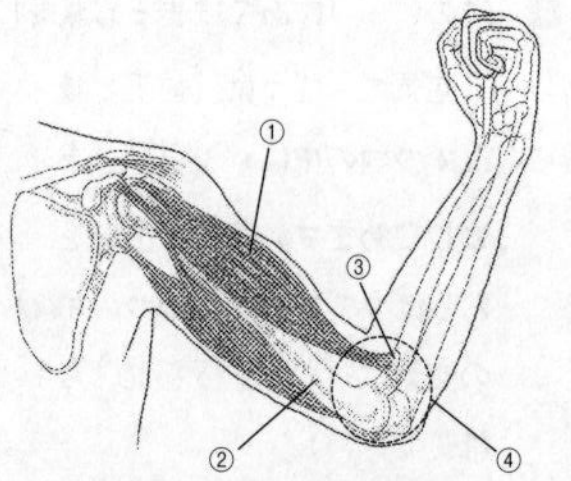

関節　ほね　きん肉　けん

(①きん肉)　(②ほね)

(③けん)　(④関節)

(2) うでを曲げています。図の①、②のきん肉は、ちぢんでいますか、それともゆるんでいますか。

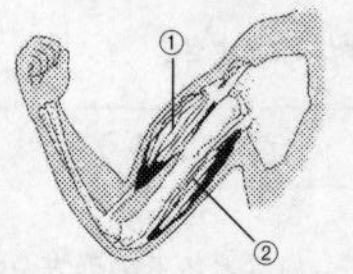

(①ちぢんでいる)

(②ゆるんでいる)

(3) うでをのばしています。図の①、②のきん肉は、ちぢんでいますか、それともゆるんでいますか。

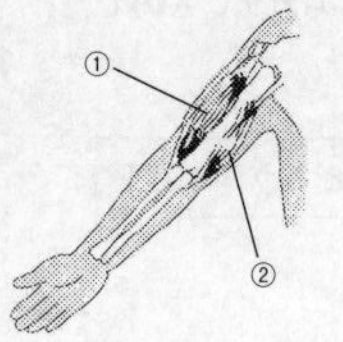

(①ゆるんでいる)

(②ちぢんでいる)

動物の体 ③
体のつくりと運動

1 次の(　)にあてはまる言葉を□から選んでかきましょう。

(1) 図1は(①せなか)のほねです。せなかには、多くの(②関節)があり、それらを少しずつ曲げることで、せなか全体を大きく(③曲げる)ことができます。

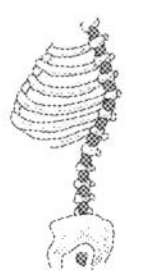

せなか　関節（かんせつ）　曲げる

(2) 図2は(①足)のほねです。足にも多くの(②関節)があります。関節は、ほねとほねの(③つなぎ目)です。

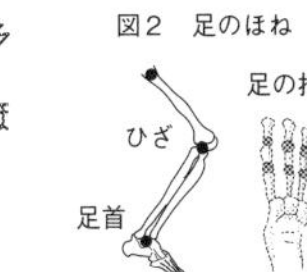

関節　足　つなぎ目

2 次の文の(　)のうち、正しい方に○をつけましょう。

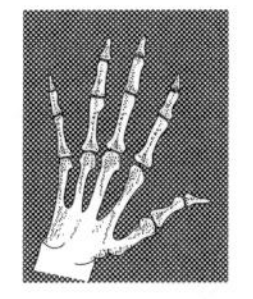

左の写真は(足・(手))のレントゲン写真です。写真からわかるように、ほねとほねのつなぎ目である(きん肉・(関節))が多くあります。手でものを((つかんだり)・けったり)できるのは、このためです。

ポイント　大きい関節、小さい関節など、いろいろな関節のはたらきを調べます。

月　日　名前

3 次の(　)にあてはまる言葉を□から選んでかきましょう。

(1) 図1はウサギの体です。図2の㋐のようなかたくてじょうぶな部分を(①ほね)といい、㋑のようなやわらかい部分を(②きん肉)といいます。また、㋒のようなほねとほねの(③つなぎ目)で曲げられるところを(④関節)といいます。

図1
図2 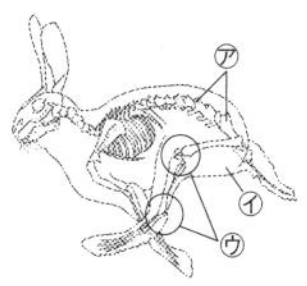

関節　きん肉　ほね　つなぎ目

(2) ウサギなどの動物にも(①ヒト)と同じように(②きん肉)や(③ほね)や(④関節)があります。　※②③④

関節　きん肉　ほね　ヒト

4 ほねやきん肉についてかかれた文で、正しいものには○、まちがっているものには×をかきましょう。

①(×) きん肉は、うでと足だけにしかありません。
②(×) ヒトの体のやわらかいところを関節といいます。
③(○) ほねは、ヒトの体全体にあります。

まとめテスト
動物の体

1 次の図を見て、あとの問いに答えましょう。（1つ6点）

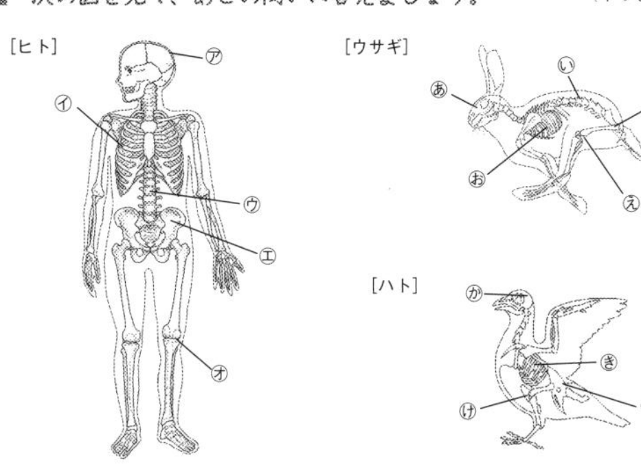

(1) ヒトの㋐と同じはたらきをしているウサギとハトのほねは、それぞれどれですか。記号で答えましょう。
ウサギ（ あ ）　ハト（ か ）

(2) (1)のほねは、どんなはたらきをしていますか。
（ のうを守っています。 ）

(3) よく動く関節は、それぞれどこですか。記号で答えましょう。
ヒト（ オ ）　ウサギ（ え ）　ハト（ け ）

(4) 心ぞうを守るはたらきをしているほねは、それぞれどれですか。記号で答えましょう。
ヒト（ イ ）　ウサギ（ お ）　ハト（ き ）

月　日　名前　／100点

2 右の図は、うでを曲げたときのようすを表しています。次の(　)にあてはまる言葉を□から選んでかきましょう。（各6点）

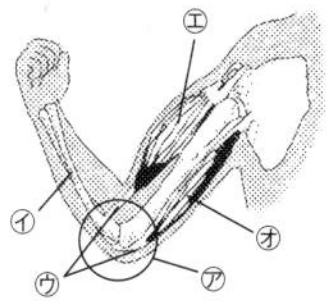

図の㋐の部分を(①関節)といいます。㋑の部分を(②ほね)、㋓や㋔の部分を(③きん肉)といいます。
ほねときん肉をつなぐ㋒の部分を(④けん)といいます。関節はほねとほねをつなぎ、きん肉をちぢめたり、ゆるめたりすることによって動かすことができます。
図のようにうでを曲げているときには、㋓のきん肉は、(⑤ちぢんで)いて、㋔のきん肉は(⑥ゆるんで)います。

ゆるんで　ちぢんで　ほね　関節　けん　きん肉

3 図のようにウサギのせなかのほねには、たくさんの関節があります。せなかの関節のはたらきをかきましょう。（10点）

せなかのほねの関節

たくさんの関節がつながっていることで、せなかが曲げられます。

まとめテスト
動物の体

1 次の(　)にあてはまる言葉を□から選んでかきましょう。（各4点）

(1) 図の①〜③はきん肉、④〜⑦はほねの名前をかきましょう。

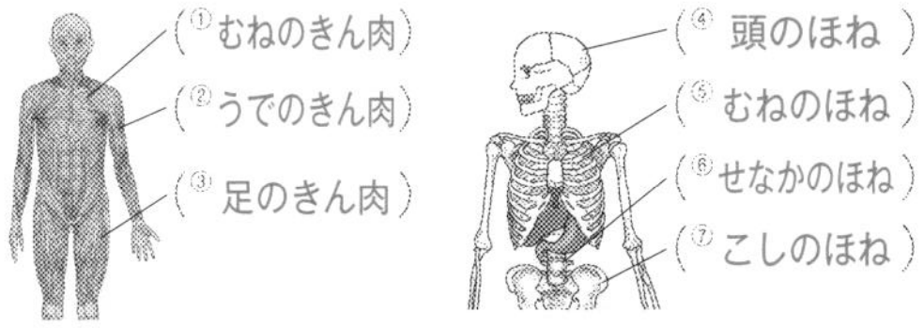

(①むねのきん肉)
(②うでのきん肉)
(③足のきん肉)
(④頭のほね)
(⑤むねのほね)
(⑥せなかのほね)
(⑦こしのほね)

足のきん肉、うでのきん肉 むねのきん肉	こしのほね、頭のほね むねのほね、せなかのほね

(2) ほねには、せなかのほねや(①こし)のほねのように体を(②ささえる)役わりがあります。また、頭や(③むね)のほねのように、のうや(④心ぞう)など体の中にある(⑤やわらかい)ところを(⑥守る)役わりがあります。

守る　ささえる　心ぞう　こし　むね　やわらかい

(3) 動物にもヒトと同じように、ほねや(①きん肉)があり、ほねとほねをつなぐ(②関節)もあります。

きん肉　関節

月　日　名前　／100点

2 次の図はどこのほねで、どんな動きをしますか。線で結びましょう。（1つ5点）

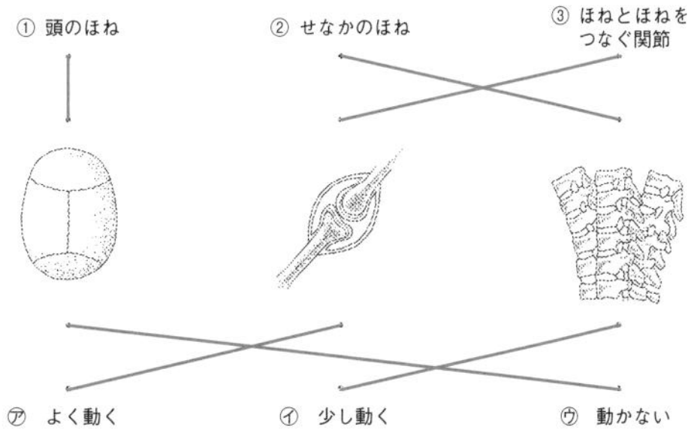

① 頭のほね　② せなかのほね　③ ほねとほねをつなぐ関節

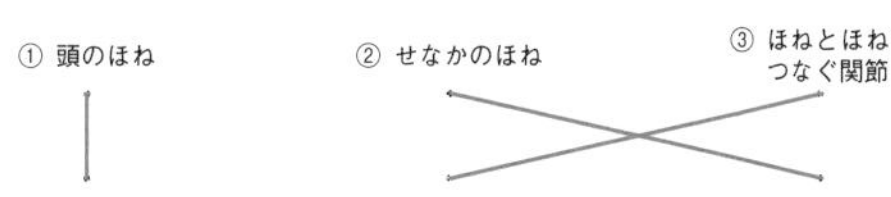
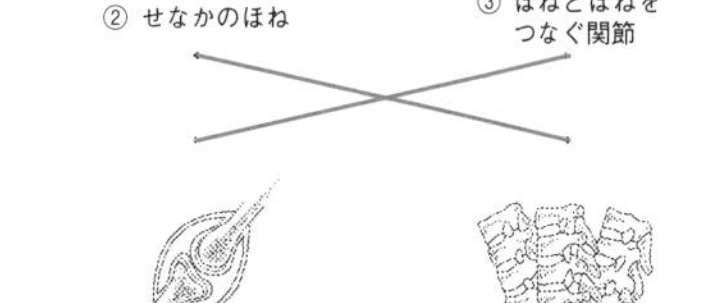

㋐ よく動く　㋑ 少し動く　㋒ 動かない

3 2つの動物の図を見て、あとの問いに記号で答えましょう。（1つ2点）

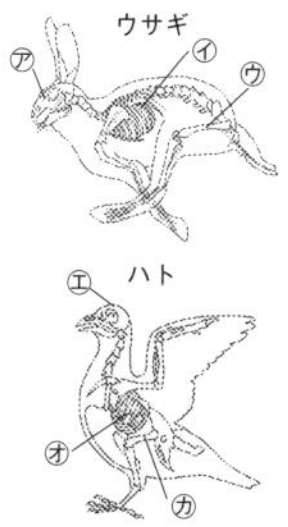

ウサギ
ハト

(1) 心ぞうやはいを守っているほねはそれぞれどれですか。
（ イ ）（ オ ）

(2) のうを守っているのは、それぞれどれですか。
（ ア ）（ エ ）

(3) ウサギの㋒にあたるほねは、ハトではどれですか。
（ カ ）

温度とものの体積 ①
空気と水の変化

1 次の(　)にあてはまる言葉を□から選んでかきましょう。

60℃の湯　氷水

(1) マヨネーズのよう器を60℃の湯につけて(①あたため)ます。すると、よう器は(②ふくらみ)ました。次は、氷水につけて(③冷やし)ます。するとよう器は(④へこみ)ました。

ふくらみ　へこみ　あたため　冷やし

(2) 右の図のようにフラスコの口に発ぽうスチロールのせんをつけて、湯の中であたためます。すると、せんが(①飛び)ました。 
これは、フラスコの中の(②空気)が湯で(③あたため)られて体積が(④ふえた)からです。

発ぽうスチロールのせん
60℃の湯

空気　あたため　飛び　ふえた

(3) 空気は(①あたため)ると体積が(②大きく)なり、反対に(③冷やす)と体積が(④小さく)なることがわかります。

大きく　小さく　あたため　冷やす

ポイント　空気と水の温度による体積の変わり方を調べます。

月　日　名前

2 次の(　)にあてはまる言葉を□から選んでかきましょう。

図1　図2
水面に印をつける
60℃の湯　氷水

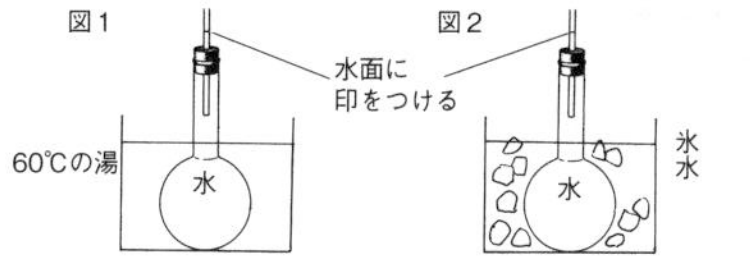

(1) 図1のようにフラスコを湯につけ、(①あたため)ると、水面は印より(②上がり)ます。図2のようにフラスコを氷水につけ、(③冷やす)と、水面は、印より(④下がり)ます。

上がり　下がり　あたため　冷やす

(2) 図3のように水を入れた試験管とゼリーで印をつけた空気の入った試験管を(①あたため)ました。すると、㋐の水面は、はじめの位置よりも(②上が)りました。しかし、空気の方のゼリーの位置は、もっと高くまで(③上が)っていました。これにより、水より(④空気)の方が温度による(⑤体積)の変化が(⑥大きい)とわかりました。

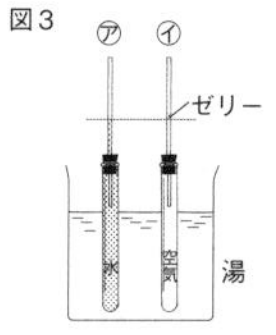

図3　ゼリー　湯

体積　あたため　空気　上が　上が　大きい

月　日 名前

温度とものの体積 ②
空気と水の変化

1 次の(　)にあてはまる言葉を□から選んでかきましょう。

(1) 図のように、空気の入ったよう器に風船をかぶせて、お湯の中であたためました。風船が(①ふくらむ)のは、よう器の中の(②空気)が湯で(③あたため)られて(④体積)が大きくなったからです。

空気　体積　ふくらむ　あたため

(2) 次に、同じよう器を氷水につけると、風船は(①しぼみ)ました。これは、よう器の中の(②空気)が氷水によって(③冷やされ)て、(④体積)が小さくなったからです。

空気　体積　しぼみ　冷やされ

2 次の文について、正しいものには○、まちがっているものには×をかきましょう。

①(○) 空気や水の体積は温度が高くなると大きくなり、温度が低くなると小さくなる。
②(×) 空気や水の体積は温度が高くなると小さくなり、温度が低くなると大きくなる。
③(×) 空気も水も温度による体積の変化は小さい。

ポイント 温度による体積の変化は、水より空気の方が大きいことを学びます。

3 次の(　)にあてはまる言葉を□から選んでかきましょう。

(1) 図のように(①水)の入ったフラスコを氷水で(②冷やし)ました。すると、水面は最初の位置よりも(③下がり)ました。このことから、水は(④冷やす)と(⑤体積)が小さくなることがわかります。

下がり　冷やし　冷やす　体積　水

(2) 図のフラスコを60℃の湯につけて(①あたため)ました。すると水面は湯につける前よりも(②上がり)ました。

このことから水は(③あたためられる)と(④体積)が大きくなることがわかります。

上がり　あたためられる　あたため　体積

4 次の文について、正しいものには○、まちがっているものには×をかきましょう。

①(×) 空気よりも水の方が温度による体積の変化は大きい。
②(○) 水よりも空気の方が温度による体積の変化は大きい。

温度とものの体積 ③
金ぞくの変化

1 図のように、金ぞくの輪と、それをちょうど通る大きさの金ぞくの球があります。あとの問いに答えましょう。

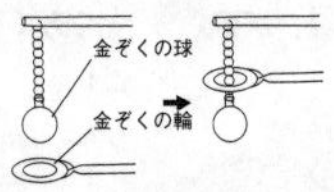

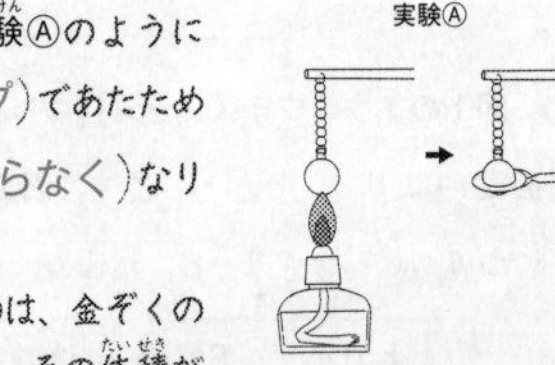

(1) 次の(　)にあてはまる言葉を□から選んでかきましょう。

金ぞくの球を、実験Ⓐのように(①アルコールランプ)であたためてやると、輪を(②通らなく)なりました。

実験Ⓐ

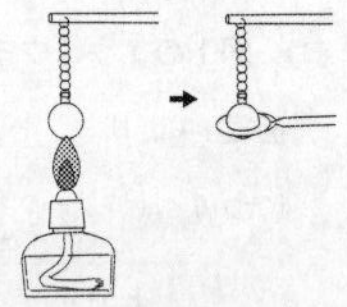

輪を(②)なったのは、金ぞくの球があたためられて、その体積が(③大きく)なったからです。

大きく　通らなく　アルコールランプ

実験Ⓑ

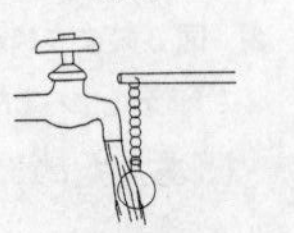

(2) 実験Ⓐの球を実験Ⓑのように水道水で冷やしました。金ぞくの球は、輪を通りますか、それとも輪を通りませんか。　(輪を通ります)

実験Ⓒ

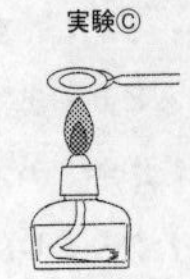

(3) 金ぞくの輪を実験Ⓒのように、アルコールランプであたためてみました。金ぞくの球は、あたためた輪を通りますか、それとも輪を通りませんか。　(輪を通ります)

ポイント 金ぞくも温度により体積が変化することを知ります。

2 金ぞくのぼうを使った図のような実験そうちをつくりました。あとの問いに答えましょう。

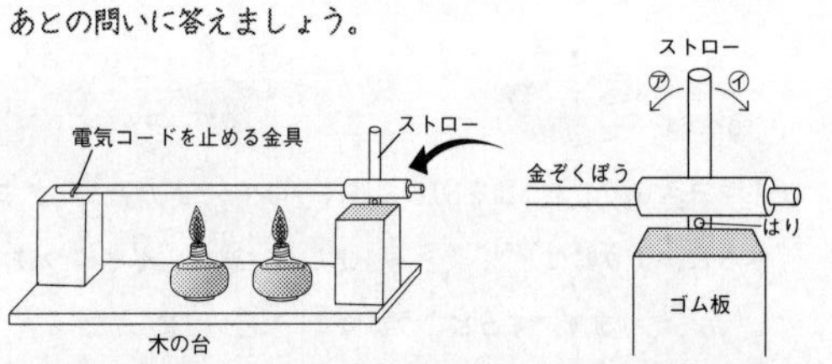

金ぞくのぼうをアルコールランプであたためて温度を上げると、その長さはどうなりますか。①～③から選んで番号で答えましょう。　(②)

① ぼうが短くなり、ストローが㋐の方へ動きます。
② ぼうが長くなり、ストローが㋑の方へ動きます。
③ ぼうの長さは変わらず、ストローは動きません。

3 次の(　)にあてはまる言葉を□から選んでかきましょう。

金ぞくの球は、温度が(①上がる)と体積は(②大きく)なります。温度が下がると体積は(③小さく)なります。

また、金ぞくのぼうは、温度が上がると長さは(④長く)なります。温度が(⑤下がる)と長さは(⑥短く)なります。

上がる　下がる　大きく　小さく　長く　短く

月　日 名前

温度とものの体積 ④
金ぞくの変化

1 次の(　)にあてはまる言葉を□から選んでかきましょう。

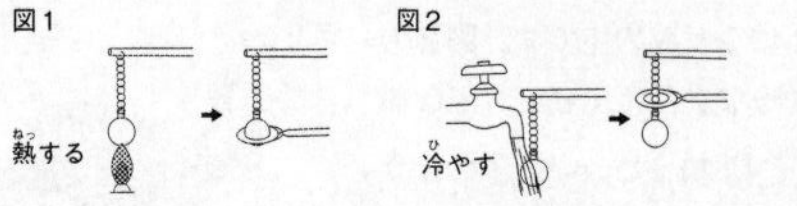

(1) 図1の金ぞくの球は輪を(①通りません)。それは、金ぞくの球が(②あたため)られて、(③体積)が大きくなったからです。その後、図2のように水で冷やすと金ぞくの球は輪を(④通ります)。それは金ぞくの球が(⑤冷やされ)て、体積が小さくなったからです。

通ります　通りません　あたため　冷やされ　体積

(2) 図は鉄道のレールです。鉄道のレールは(①金ぞく)でできています。㋐のレールのつなぎ目はすき間がありません。これは、夏の時期で金ぞくが(②あたため)られて(③体積)が大きくなっているからです。㋑のレールのつなぎ目はすき間が(④あります)。これは冬の時期で金ぞくが(⑤冷やされ)て体積が小さくなっているからです。

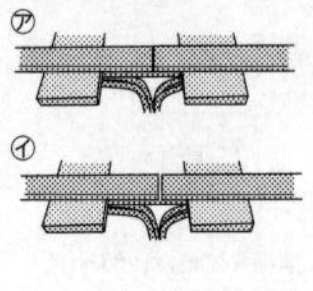

あたため　冷やされ　体積　金ぞく　あります

ポイント 生活の場での、温度による金ぞくの体積の変化を調べます。

2 次の(　)にあてはまる言葉を□から選んでかきましょう。

ジャムのびんのふたなど、金ぞくのふたが開かなくなったら(①湯)の中に入れて、ふたを(②あたため)ます。すると金ぞくの体積は(③ふえ)て、ふたが少し(④大きく)なり、びんとふたにすき間ができます。そして開けることができます。

大きく　湯　ふえ　あたため

3 次の(　)にあてはまる言葉を□から選んでかきましょう。

金ぞくや水、空気などは、温度が上がると、その体積は(①ふえ)ます。

金ぞくや水、空気などは、温度が下がると、その体積は(②へり)ます。

温度による体積の変化は、金ぞく、水、空気によってちがいます。空気の変化は、金ぞくや水より(③大きく)、金ぞくの変化は、水や空気より(④小さく)なります。

へり　ふえ　大きく　小さく

温度とものの体積 ⑤
器具の使い方

1 次の(　)にあてはまる言葉を□から選んでかきましょう。

(1) アルコールランプのガラスに(①ひび)が入っていないか調べます。

アルコールは(②8分目)くらいまで入れておきます。その中にあるしんが(③短く)なっていないか調べます。火をつける部分のしんの長さが、(④5～6mm)くらいか調べます。

8分目　5～6mm　ひび　短く

(2) 火をつけるときは、とったふたをつくえの上に(①立てて)おき、マッチの火を(②横)からつけます。つくえの上に、(③もえさし入れ)を用意しておきます。火を消すときは、ふたを(④ななめ上)から静かにかぶせます。

また、アルコールランプどうしでの(⑤もらい火)や、火のついたアルコールランプの(⑥持ち運び)はきけんです。

もえさし入れ　ななめ上　横　立てて
もらい火　持ち運び

ポイント アルコールランプやガスバーナーの使い方や手順を覚えましょう。

2 次の(　)にあてはまる言葉を□から選んでかきましょう。

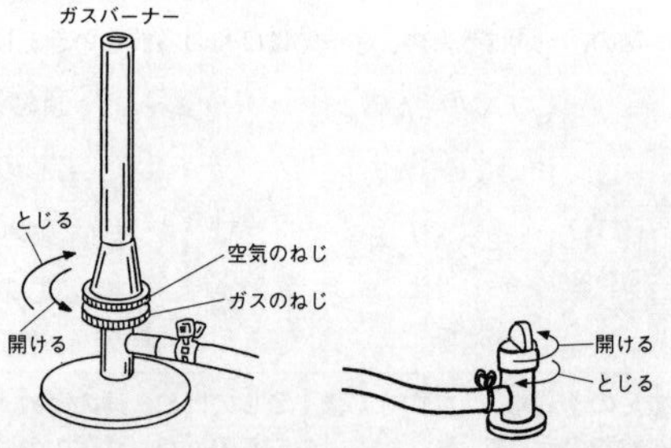

(1) まず、(①元せん)を開けます。次に(②ガス)のねじを開けて火をつけます。火がついたら、(③空気)のねじを開けて、(④ほのお)の色が(⑤青白く)なるように調整します。

ガス　元せん　空気　青白く　ほのお

(2) 火の消し方は、まず(①空気)のねじをとじます。そして(②ガス)のねじをとじます。最後にガスの(③元せん)をしっかりとじます。

ガス　元せん　空気

まとめテスト

温度とものの体積

月　日　名前　／100点

1 図のように空のびんをさかさにして、熱い湯の中につけると、あわが出てきます。あとの問いに答えましょう。（各10点）

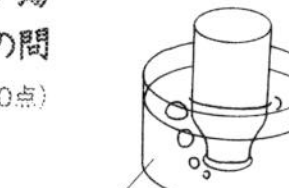

(1) びんから出てきたあわは何ですか。（ 空気 ）

(2) 熱い湯の中につけると、あわが出る理由を次の中から選びましょう。（ ① ）

① びんの中のものがあたためられ、体積がふえるから。
② びんの中のものがあたためられ、体積がへるから。

(3) このあわは、このあとどんな出方になりますか。次の中から選びましょう。（ ② ）

① より多くのあわが出続けます。
② いくらか出ると、止まってしまいます。
③ このままのようすで出続けます。

2 図のように、空気の入ったびんの口にぬらした10円玉をのせて、両手でびんをあたためました。すると、10円玉がコトコト音をたてて動きました。なぜでしょう。（10点）

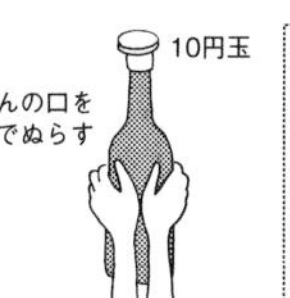

両手でびんをあたためると、びんの中の空気があたためられ、体積がふえます。ふえた空気が10円玉をおすので、コトコト音をたてて動きます。

3 水の温度による体積の変化を調べるために図のようなそうちをつくります。（各10点）

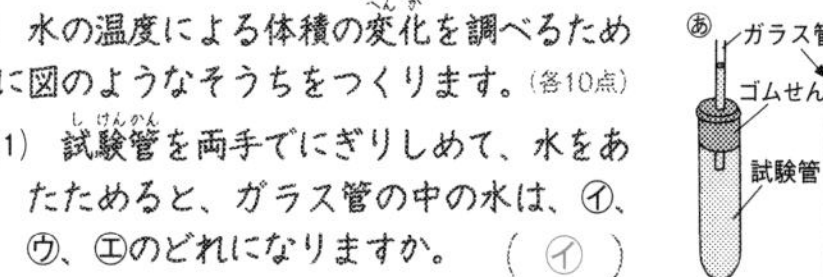
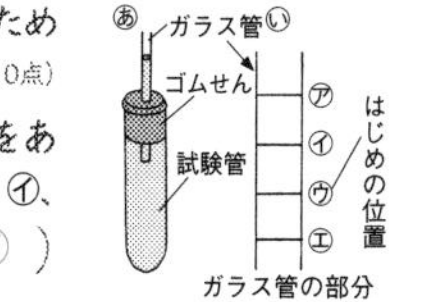

(1) 試験管を両手でにぎりしめて、水をあたためると、ガラス管の中の水は、イ、ウ、エのどれになりますか。（ イ ）

(2) 試験管をお湯であたためて、50℃くらいにします。ガラス管の水面について、正しいものを選びましょう。（ ② ）

① 水の体積はあまり変わらないので、ウのままです。
② 水の体積がふえたため、水面が上がり、アになります。
③ 試験管がふくれて大きくなったため、水面がエになります。

(3) (2)であたためた試験管は、はじめの水温にもどりました。正しいものを選びましょう。（ ② ）

① (2)のあたためた実験のときと同じ場所に水面はあります。
② あたためる前の水面にほぼもどります。

4 次の(　)にあてはまる言葉を□から選んでかきましょう。（各6点）

水は、あたためると体積が（① ふえ）、冷やすと体積が（② へり）ます。温度計は、えき体の（③ 体積）が温度で（④ 変化）することを利用してつくられた（⑤ 道具）です。

体積	ふえ	へり	道具	変化

まとめテスト

温度とものの体積

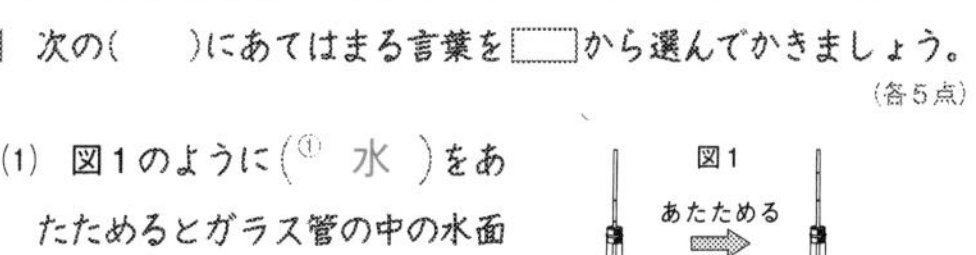

月　日　名前　／100点

1 注しゃ器に空気をとじこめて、次のような実験をしました。あとの問いに答えましょう。

(1) このまま70℃の湯の中に入れると、ピストンははじめとくらべどうなりますか。ア〜ウから選びましょう。（ ア ）（10点）

ア おし上げられた　イ 引き下げられた　ウ 動かなかった

(2) 注しゃ器を湯から出して、水の中に入れて元の温度にもどすと、ピストンの先の目もりははじめとくらべてどうなりますか。ア〜ウから選ましょう。（ ウ ）（10点）

ア 上になった　イ 下になった　ウ 元のところになった

(3) (2)の注しゃ器を氷水の中に入れると、ピストンの先の目もりは、はじめとくらべて、どうなりましたか。ア〜ウから選びましょう。（ イ ）（10点）

ア 上になった　イ 下になった　ウ 同じだった

(4) (　)にあてはまる言葉を□から選んでかきましょう。（各5点）

実験から空気の体積は温度が（① 上がる）と（② ふえ）、温度が下がると体積が（③ へり）ます。

ふえ	へり	上がる

2 次の(　)にあてはまる言葉を□から選んでかきましょう。（各5点）

(1) 図1のように（① 水）をあたためるとガラス管の中の水面は（② 上がり）、冷やすと水面は（③ 下がり）ます。これは、水も空気と同じように、あたためると体積が（④ 大きく）なり、冷やすと体積が（⑤ 小さく）なるからです。

上がり	下がり	大きく	小さく	水

(2) 図2のように（① 空気）と（② 水）の入った試験管をそれぞれあたためます。すると、どちらの試験管もはじめの位置より上に上がりました。しかし、空気の方のゼリーの位置の方が（③ 水面）の位置よりも（④ 高く）なりました。このことから、温度による体積の変化は（⑤ 水）よりも（⑥ 空気）の方が大きいことがわかります。

空気	空気	水	水	高く	水面

※①②

まとめテスト

温度とものの体積

月　日　名前　／100点

1 温度による金ぞくの体積の変化を、図のように調べます。(　)にあてはまる言葉を□から選んでかきましょう。（各5点）

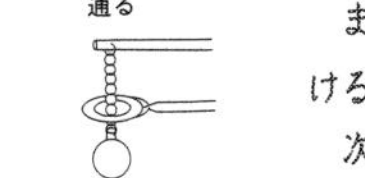

まず、金ぞくの球が（① 輪）を通りぬけることをたしかめます。

次にアルコールランプで金ぞくの球を（② 熱し）ます。

すると、金ぞくの球は輪を通りぬけ（③ ません）。

続いて、今度は熱した球を水で（④ 冷やし）ます。すると、金ぞくの球は輪を通りぬけ（⑤ ます）。

この実験で、変化の見えにくい金ぞくの球も（⑥ 温度）によって体積が（⑦ 変化）することがわかりました。

金ぞくの体積の変化は、水や空気よりも（⑧ 小さい）です。

冷やし	熱し	輪	小さい	変化
温度	ません	ます		

2 次の(　)にあてはまる言葉を□から選んでかきましょう。（各6点）

温度計の（① えきだめ）には、色をつけた灯油などのえき体が入っています。それが（② あたため）られると、中のえき体の（③ 体積）がふえて管の中を上がっていきます。また、反対に冷やされると、体積が（④ へり）、えき体の高さは下がります。

へり	えきだめ	あたため	体積

3 次の文は、空気、水、金ぞくの温度による体積の変化について、かいたものです。すべてにあてはまるものには◎、どれにもあてはまらないものには×、空気だけには㊌、水だけには㊍、金ぞくだけには㊎とかきましょう。（各6点）

① （ 金 ） 鉄道のレールのつぎ目には、すき間があります。
② （ 空 ） 熱気球は空気をあたためて、飛ばします。
③ （ 空 ） へこんだピンポン玉を湯につけてふくらませます。
④ （ 水 ） 水を使った温度計をつくります。
⑤ （ × ） 熱すると体積が小さくなります。
⑥ （ ◎ ） 熱すると体積がふえ、冷ますと、元の体積にもどります。

まとめテスト

温度とものの体積

月　日　名前　／100点

1 次の文は、空気、水、金ぞくの温度による体積の変化について、かいたものです。すべてにあてはまるものには◎、どれにもあてはまらないものには×、空気だけには㊌、水だけには㊍、金ぞくだけには㊎とかきましょう。（各5点）

① （ ◎ ） 冷やすと、体積が小さくなります。
② （ 空 ） 温度による体積の変化が最も大きいです。
③ （ 金 ） 温度による体積の変化が最も小さいです。
④ （ ◎ ） 熱すると、体積が大きくなります。
⑤ （ × ） 冷やすと、体積が大きくなります。
⑥ （ 水 ） 水を使った温度計をつくります。
⑦ （ 金 ） びんの金ぞくのふたを湯につけて開けます。
⑧ （ 空 ） へこんだピンポン玉を湯につけてふくらませます。

2 次の図は鉄道の鉄でできたレールのようすを表しています。(　)に夏のようすか冬のようすか、季節を答えましょう。（各5点）

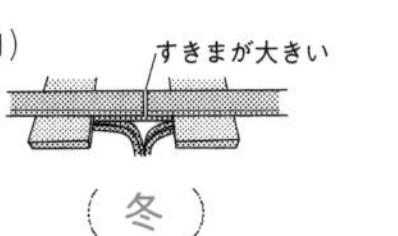

(1)（ 冬 ）　(2)（ 夏 ）

3 アルコールランプの使い方で、正しいものには○、まちがっているものには×をかきましょう。（各5点）

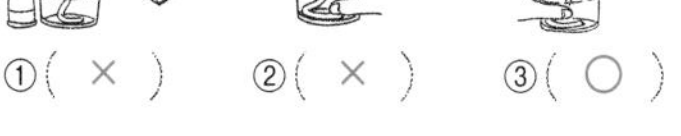

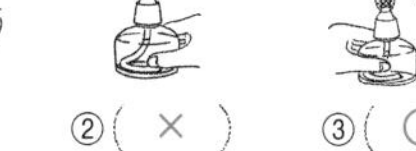

①（ × ）　②（ × ）　③（ ○ ）　④（ × ）

4 ガスバーナーの使い方について、あとの問いに答えましょう。（各5点）

(1) 火のつけ方について、順に番号をかきましょう。

元せんを開けます。
① （ 2 ） 空気のねじを調節して、ほのおを青白くします。
② （ 3 ） ほのおの大きさを調節します。
③ （ 1 ） ガスのねじをゆるめ、火をつけます。

(2) 火の消し方について、順に番号をつけましょう。

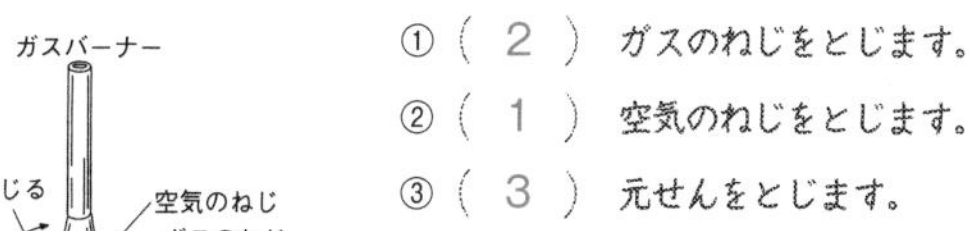
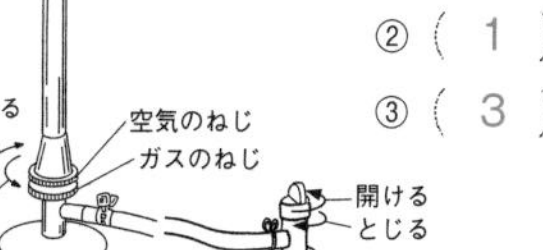

① （ 2 ） ガスのねじをとじます。
② （ 1 ） 空気のねじをとじます。
③ （ 3 ） 元せんをとじます。

もののあたたまり方 ①
金ぞくのあたたまり方

■1 次の（　）にあてはまる言葉を□から選んでかきましょう。

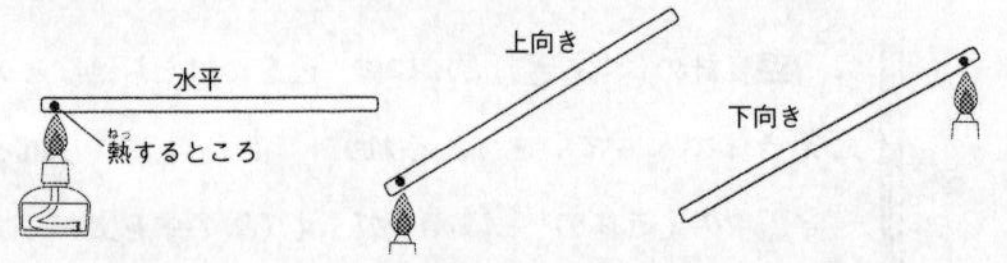

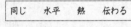

(1) ろうをぬった金ぞくのぼうで、あたたまり方を調べます。図のように、（①水平）、上向き、下向きにした金ぞくのぼうを、アルコールランプで熱します。

どれも、熱せられた部分から順に（②熱）が伝わり、先の方までろうがとけます。

熱が先の方まで（③伝わる）速さは、3つとも（④同じ）です。

同じ　水平　熱　伝わる

(2) 金ぞくのぼうの（①熱）の伝わり方は、ぼうが水平のときやぼうの（②かたむき）には関係なく、熱せられた（③部分）から順に先の方に向かって（④伝え）られます。

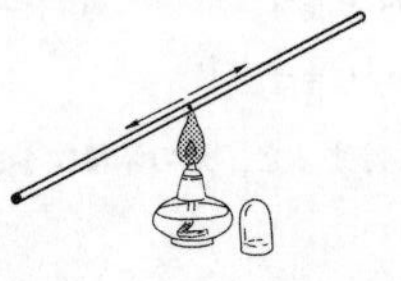

伝え　熱　部分　かたむき

月　日　名前

ポイント　金ぞくの熱の伝わり方、あたたまり方を調べます。

■2 次の（　）にあてはまる言葉を□から選んでかきましょう。

(1) ろうをぬった金ぞくの板の角の部分を熱すると、熱した部分から（①広がる）ように熱が伝わり、（②順）に板全体があたためられてろうが（③とけます）。

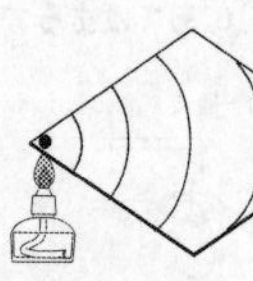

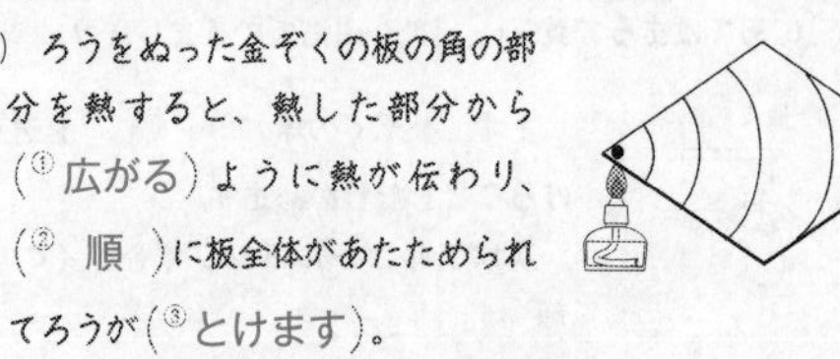

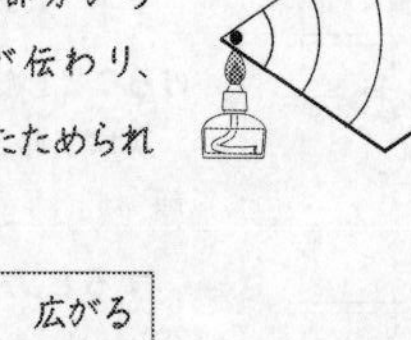

とけます　順　広がる

(2) 金ぞくの板の中央部分を熱すると熱した部分を（①中心）に（②円）ができるように熱が伝わり、ろうが（③とけます）。

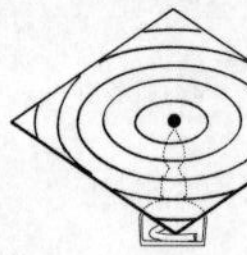

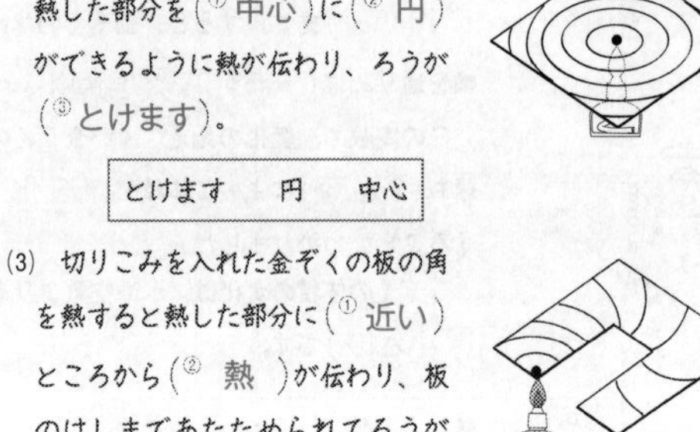

とけます　円　中心

(3) 切りこみを入れた金ぞくの板の角を熱すると熱した部分に（①近い）ところから（②熱）が伝わり、板のはしまであたためられてろうが（③とけます）。

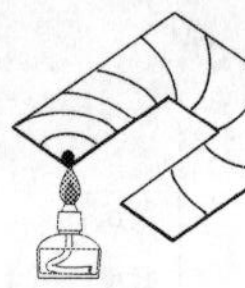

とけます　熱　近い

もののあたたまり方 ②
金ぞくのあたたまり方

■1 金ぞくの板をあたためる実験をしました。

図1

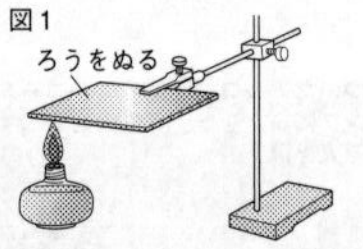

図2

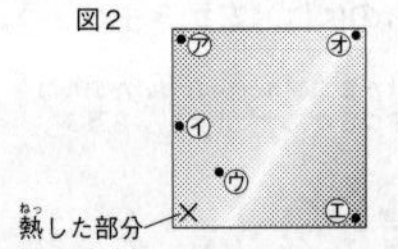

(1) 図2について、正しいものには○、まちがっているものには×をかきましょう。

① （×）　㋔が1番最初にろうがとけます。
② （○）　㋑が2番目にろうがとけます。
③ （×）　㋐と㋓と㋔のろうはとけません。
④ （○）　㋒が1番最初にろうがとけます。

(2) 次の①、②のあたたまり方で、正しいものに○をつけましょう。（図の×は熱した部分）

① 金ぞくの板の中央をあたためたとき

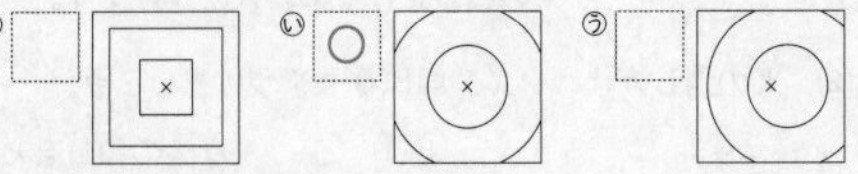

② 金ぞくの板のはしをあたためたとき

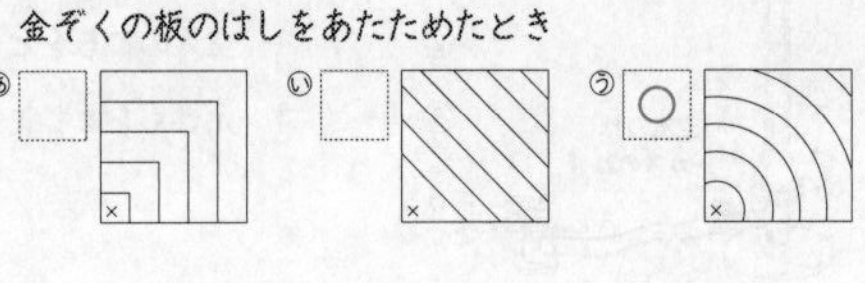

月　日　名前

ポイント　金ぞくのあたたまり方は、かたむきに関係なく、熱したところから順に伝わっていきます。

■2 図のように金ぞくのぼうのあ、い、うにろうをぬって、あたためる実験をしました。あとの問いに答えましょう。

(1) 図1、図2について、ろうがとけた順に（　）に記号をかきましょう。

(図1)
（あ）→（い）→（う）

(図2)
（あ）→（い）→（う）

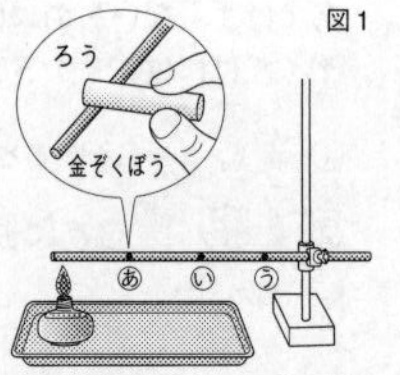

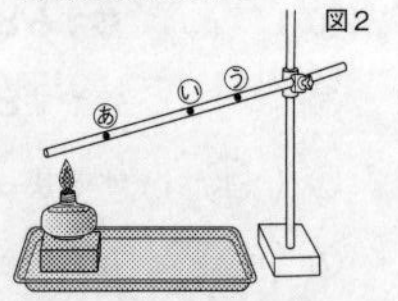

(2) 次の（　）にあてはまる言葉を□から選んでかきましょう。

2つの実験の結果から、金ぞくのぼうは、（①かたむき）に関係なく（②熱した）部分から（③近い順）に熱が伝わります。

熱した　近い順　かたむき

■3 図の㋐、㋑、㋒の部分があたたまる順に記号をかきましょう。

図1

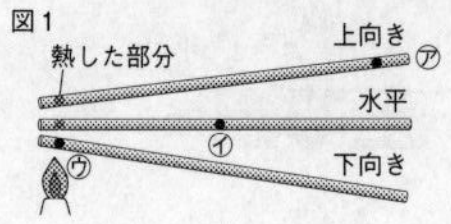

図2

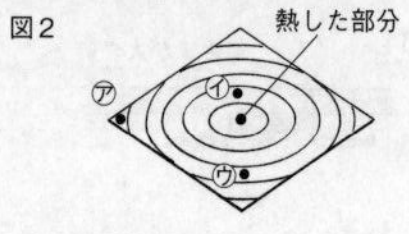

（㋒）→（㋑）→（㋐）　　（㋑）→（㋒）→（㋐）

もののあたたまり方 ③
水と空気のあたたまり方

■1 次の問いに答えましょう。

(1) 20℃の水の中に40℃の水と5℃の水を入れたよう器を入れると図1のようになりました。㋐と㋑には、それぞれ何℃の水が入っていますか。

㋐（40℃）　㋑（5℃）

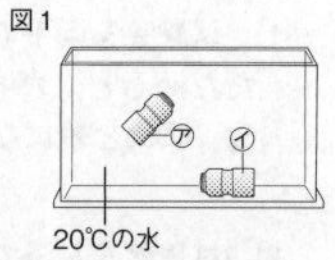

(2) 図2のような実験をしました。絵の具ははじめどのように動きますか。図のあ、い、うから1つ選びましょう。

（あ）

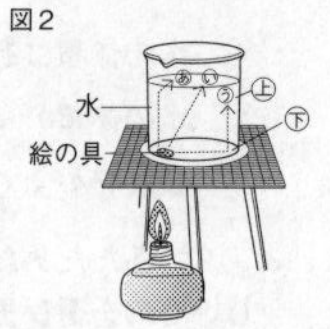

(3) 図2の実験で、先にあたたまるのは、㊤と㊦のどちらですか。

（㊤）

(4) 次の（　）にあてはまる言葉を□から選んでかきましょう。

図1・図2の結果から、（①温度の高い）水は上へ動き、（②温度の低い）水は下へ動くことがわかります。

温度の高い　温度の低い

月　日　名前

ポイント　あたためられた水や空気の動きを調べます。

■2 次の（　）にあてはまる言葉を□から選んでかきましょう。

(1) 実験1は試験管の（①水面）近くの水を熱します。試験管の水の（②上）の方だけがあたためられ、（③下）の方の水は（④冷たい）ままです。

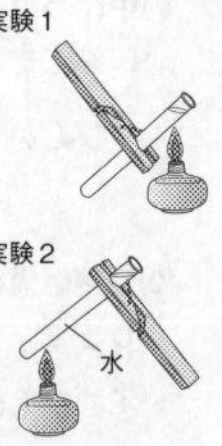

上　下　冷たい　水面

(2) 実験2は試験管の（①底）の部分を熱します。下の方の（②あたためられた）水は（③上）へ動き、水面近くの（④温度の低い）水は（⑤下）へ動きます。このようにして、水全体があたためられます。

上　下　底　温度の低い　あたためられた

(3) ストーブで室内をあたためたとき、あたためられた空気は上へ動き、（①温度の低い）空気は下へ動きます。これより水と（②空気）のあたたまり方は（③同じ）だということがわかります。

温度の低い　同じ　空気

もののあたたまり方 ④
水と空気のあたたまり方

■1 次の実験は、あたためられた水の動きを調べています。あとの問いに答えましょう。

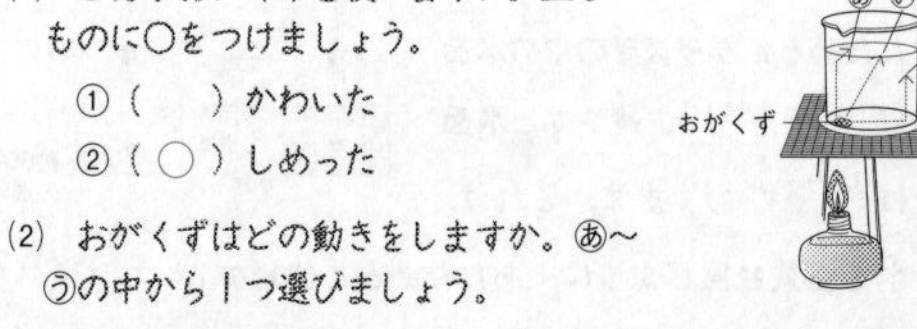

(1) どんなおがくずを使いますか。正しいものに○をつけましょう。

① （　）かわいた
② （○）しめった

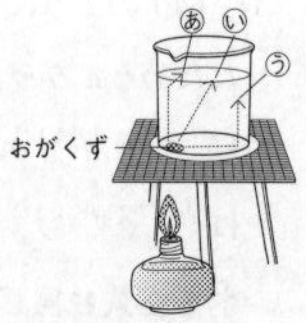

(2) おがくずはどの動きをしますか。あ～うの中から1つ選びましょう。

（あ）

(3) （　）にあてはまる言葉を□から選んでかきましょう。

ビーカーの底にあった（①おがくず）が上の方へ動くことから、（②あたためられた）水は（③上の方）へ動くことがわかります。

上の方　おがくず　あたためられた

■2 だんぼうしている部屋の中の、上の方と下の方の空気の温度をはかってくらべます。

(1) 図の㋐、㋑で、空気の温度が高いのはどちらですか。

（㋐）

(2) 空気はあたためられると㋐、㋑のどちらに動きますか。

（㋐）

月　日　名前

ポイント　水や空気は、あたためられた部分は軽くなって上に動き、冷たいものは下に動くことを学びます。

■3 次の（　）にあてはまる言葉を□から選んでかきましょう。

電熱器の上に線こうのけむりを近づけると、手に持っている線こうのけむりは、いきおいよく（①上の方）へ動きます。このことから電熱器の真上では（②あたためられた）空気は上に動くことがわかります。空気のあたたまり方は（③水）のあたたまり方と同じで、あたたかい空気は上の方へ動きます。上の方にあった空気は下の方におりてきて、順にまわり、やがて全体があたたかくなります。

あたためられた　水　上の方

■4 次の文のうち正しいものには○、まちがっているものには×をかきましょう。

① （○）　あたためられた水は上へ動きます。
② （×）　温度の低い水は上へ動きます。
③ （×）　あたためられた空気は下へ動きます。
④ （○）　温度の低い空気は下へ動きます。
⑤ （○）　水と空気のあたたまり方は同じです。
⑥ （×）　水と空気のあたたまり方はちがいます。

まとめテスト

もののあたたまり方

■1 次の(　)にあてはまる言葉を□から選んでかきましょう。（各5点）

(1) ストーブで(①だんぼう)している部屋の空気の温度をはかると、上の方が(②高く)、下の方が(③低く)なっています。空気はあたためられると、まわりの空気より(④軽く)なり、上の方へ動きます。上の方にあった温度の低い(⑤重い)空気が下の方へ下りてきます。

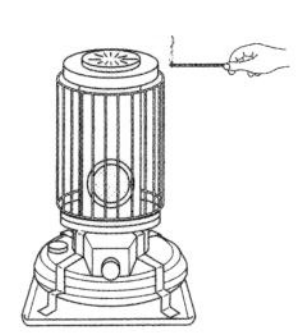

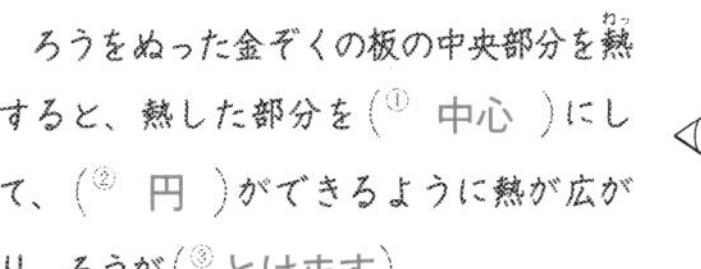

高く　低く　軽く　重い　だんぼう

(2) Ⓐは(①あたため)られた水が(②軽く)なって上に上がるところです。Ⓑは上がってきた軽い水より(③重い)水が下に下りるところです。Ⓑの水は、また（①）られて、Ⓐの方向に上がっていきます。このようにビーカーの中を動きながら(④上)の方からあたたまります。

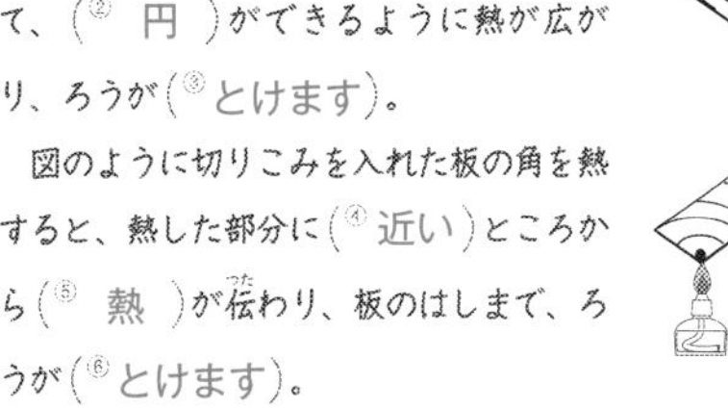

上　あたため　重い　軽く

月　日　名前　　/100点

■2 次の(　)にあてはまる言葉を□から選んでかきましょう。（各5点）

ろうをぬった金ぞくの板の中央部分を熱すると、熱した部分を(①中心)にして、(②円)ができるように熱が広がり、ろうが(③とけます)。

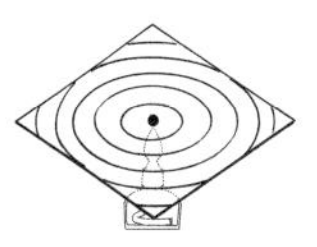

図のように切りこみを入れた板の角を熱すると、熱した部分に(④近い)ところから(⑤熱)が伝わり、板のはしまで、ろうが(⑥とけます)。

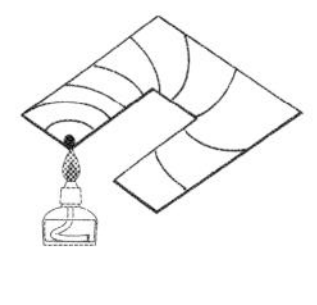

とけます　とけます　円　中心　熱　近い

■3 次の文でもののあたたまり方として、正しいものには○、まちがっているものには×をかきましょう。（各5点）

①（×）空気は金ぞくのあたたまり方とにています。
②（○）水は空気のあたたまり方とにています。
③（×）金ぞくは水のあたたまり方とにています。
④（○）なべのふたにプラスチックのとってがあるのは、熱を伝わらないようにするためです。
⑤（×）試験管の水をあたためるとき、上の方を熱した方が速くあたたまります。

まとめテスト

もののあたたまり方

■1 次の(　)にあてはまる言葉を□から選んでかきましょう。（各5点）

金ぞく、プラスチック、木のコップに熱い湯（60℃～70℃）を入れて、コップの(①あたたまり方)をくらべました。すると、コップの材料によって速さが(②ちがう)ことがわかりました。

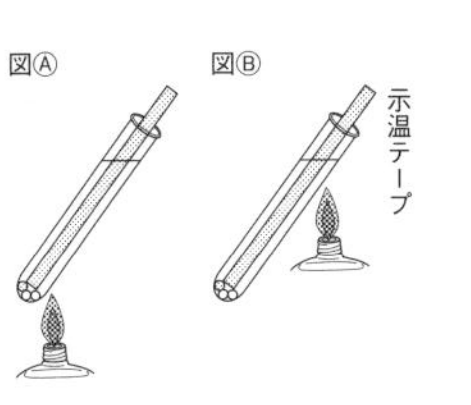

金ぞくのコップは(③速く)熱くなりますが、(④木)やプラスチックのコップは、それほど熱くなりません。

上図のように、金ぞくのやかんや料理のスプーンの持つところに（④）やプラスチックを使っているのは、（④）やプラスチックが(⑤金ぞく)よりも(⑥熱く)なりにくいからです。

金ぞく　木　あたたまり方　速く　ちがう　熱く

■2 あたたまり方で、金ぞくは○、水や空気は△、どちらにも関係ないものには×をかきましょう。（各5点）

①（○）スープを入れたアルミニウムの食器は、すぐ熱くなります。
②（△）ふろの湯に手を入れると、上の方だけ熱かったです。
③（×）ドッジボールに空気を入れるとふくらみました。
④（△）クーラーのきいた部屋は、ゆかの方がすずしいです。
⑤（△）せんこうのけむりは、上へのぼっていきます。

月　日　名前　　/100点

■3 図のように金ぞくのぼうのあ、い、うにろうをぬって、あたためる実験をしました。あとの問いに答えましょう。

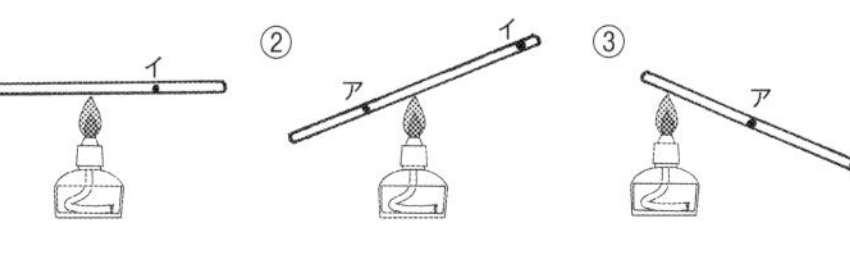

(1) 図1、図2について、ろうがとけた順に(　)に記号をかきましょう。（1つ5点）
（図1）
（あ）→（い）→（う）
（図2）
（あ）→（い）→（う）

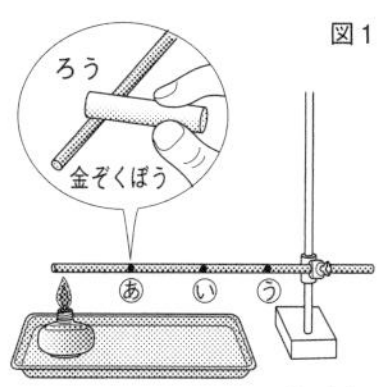

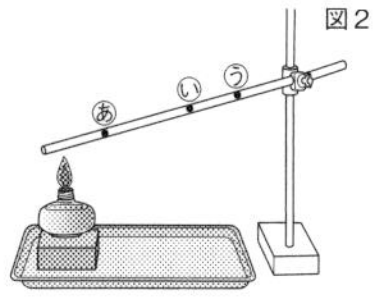

*(2) 図1、図2の実験の結果からどんなことがわかりますか。（5点）

金ぞくの熱の伝わり方と金ぞくのぼうのかたむきは関係ありません。

*■3 湯かげんをみようと手を入れると上の方は熱いくらいになっていました。それで、しっかりまぜてからおふろに入りました。なぜ、かきまぜるのですか。（10点）

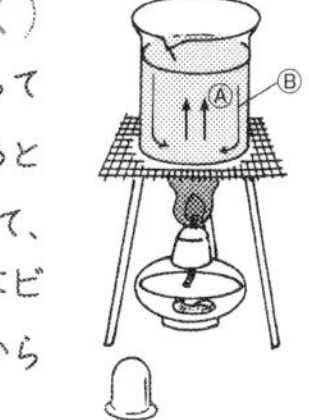

一定の温度の湯を入れても、あたたかい部分（湯の上の方）とそれより温度の低い部分（湯の下の方）ができます。だから、かきまぜます。

まとめテスト

もののあたたまり方

■1 試験管に水を入れてⒶ、Ⓑのようにあたためます。(　)にあてはまる言葉を□から選んでかきましょう。（各5点）

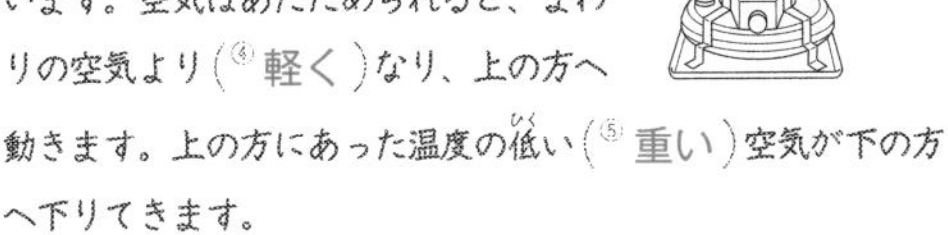

図Ⓐは水の(①底)の方をあたためています。

すると、間もなく(②上)の方も(③下)の方もあたたかくなっています。

図Ⓑは水面の近くをあたためています。

すると、(④上)の方がふっとうしても(⑤下)の方は、温度が(⑥低い)ままです。

水のあたたまり方は、(⑦金ぞく)とはちがい、あたためられた部分が(⑧上)の方へ動き、はじめにあった上の方の水が下の方へ動きます。

これは、あたためられた水の体積が(⑨大きく)なり、周りの温度の低い水より(⑩軽く)なるためです。

※②③

上　下　低い　金ぞく　軽く　底　大きく ●何度も使う言葉もあります。

月　日　名前　　/100点

■2 金ぞくのぼうにろうをぬって、図のように熱します。ア、イのどちらのろうが速くとけますか。（各5点）

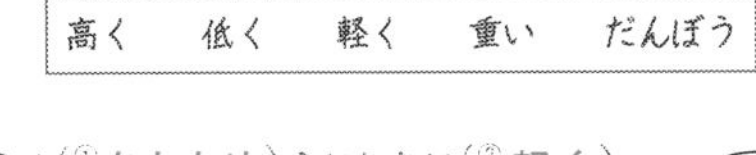

①（イ）　②（ア）　③（ア）

■3 次の(　)にあてはまる言葉を□から選んでかきましょう。（各5点）

(1) 金ぞくのぼうの一部分を熱したときのあたたまり方は、金ぞくのぼうの(①かたむき)に関係なく、熱せられている部分に(②近い)ところから(③順)にあたたまっていきます。

順　かたむき　近い

(2) (①熱気球)はあたためられた(②空気)が(③上)へ動くせいしつを利用しています。ガスバーナーで、気球の中の(④空気)を熱して大空へうかび上がります。

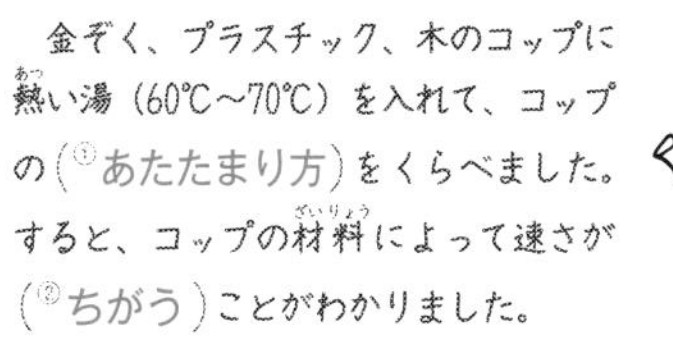

空気　空気　熱気球　上

水の３つのすがた ①

水をあたためる

ポイント　水をふっとうするまで熱し、その変化を調べます。そのときの水じょう気と湯気のちがいを知ります。

■1 次の(　)にあてはまる言葉を□から選んでかきましょう。

(1) 水を熱すると、水面から(①湯気)が出はじめます。やがて、水の中の方から(②あわ)が出るようになり、しだいに（②）は(③多く)なります。

このように、水が熱せられて、(④わき立つ)ことを、(⑤ふっとう)といいます。

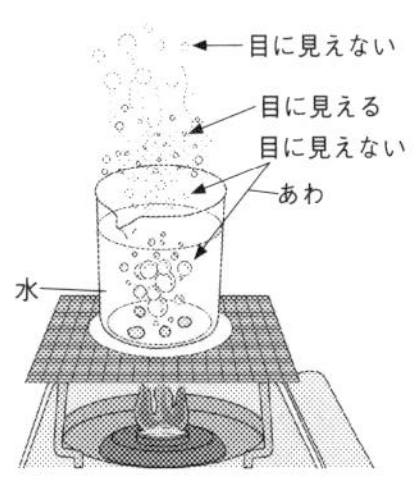

ふっとう　あわ　湯気 わき立つ　多く

(2) 右のグラフから、水を熱すると水の温度は、(①上がり)ます。水はおよそ(②100)℃でふっとうし、ふっとうしている間の温度は(③変わりません)。

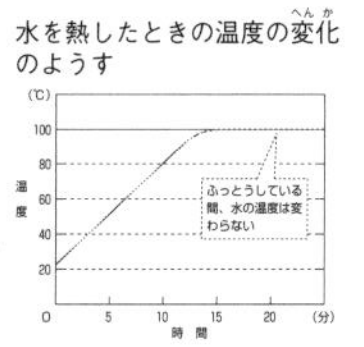

100　上がり　変わりません

月　日　名前

■2 次の(　)にあてはまる言葉を□から選んでかきましょう。

(1) 水を熱すると(①ふっとう)し、水中からさかんにあわが出てきます。このⒶは水が目に見えないすがたに変わったもので(②水じょう気)といいます。

Ⓐは空気中で(③冷やされて)目に見えるⒷになります。このⒷを(④湯気)といいます。

湯気　冷やされて　水じょう気　ふっとう

(2) Ⓑは、空気中で、ふたたびⒸ(①水じょう気)になり、目に(②見えなく)なります。どんどん、熱していくと水が（①）になることで、熱する前の水の量より(③へって)いきます。

見えなく　水じょう気　へって

(3) 水を熱していくとき、とつ然の(①はげしい)ふっとうをおさえるためにⒹの(②ふっとう石)を入れておきます。

ふっとう石　はげしい

水の３つのすがた ②
水をあたためる

1 次の(　)にあてはまる言葉を□から選んでかきましょう。

(1) 水を熱すると、わき立ちます。これを(①ふっとう)といいます。

水がふっとうするときの温度は、ほぼ(②100)℃で、ふっとうしている間の温度は(③変わりません)。

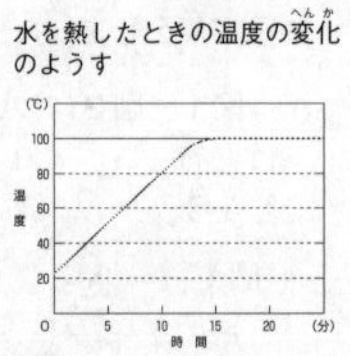

100　変わりません　ふっとう

(2) ビーカーの中の㋐は、(①水)です。水はふっとうすると、㋑の(②あわ)がたくさん出ます。㋑は、水がすがたを変えた(③水じょう気)です。

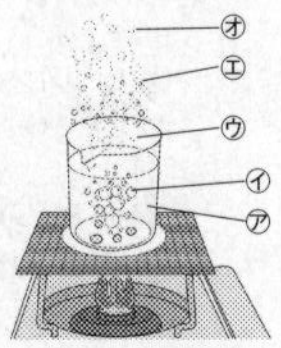

あわ　水　水じょう気

(3) ㋒は、水じょう気で目に(①見えません)。これが空気中で冷やされて㋓の(②湯気)になります。㋓は水の(③つぶ)なので目に見えます。㋓はふたたび目に見えない㋔のすがたになります。この㋔は(④水じょう気)です。水がすがたを変えて㋔になることを(⑤じょう発)といいます。

湯気　つぶ　水じょう気　見えません　じょう発

月　日 名前

ポイント 水は熱すると、約100℃で水じょう気に変化します。

2 図のようなそうちを使って、あわの正体を調べました。(　)にあてはまる言葉を□から選んでかきましょう。

水をふっとうさせるときには、前もって水中に㋐(①ふっとう石)を入れておきます。これを入れると(②はげしい)ふっとうをおさえることができます。

図２のように水を熱してできたあわを集めると、ふくろが(③ふくらみ)ます。しかし、熱するのをやめると、ふくろは(④しぼみ)、その中に(⑤水)がたまります。

この実験から、あわの正体は(⑤)がすがたを変えた(⑥水じょう気)だということがわかります。

この実験をしばらく続けました。すると、図３の㋑の水の量は、(⑦へり)ました。熱し続けることによって、水は(⑥)にすがたを変えたからです。

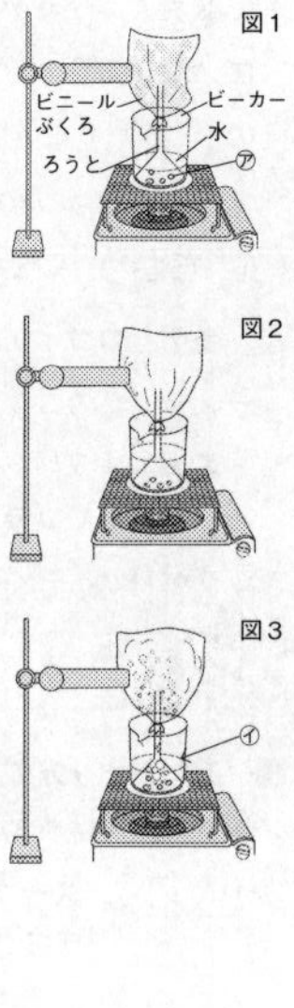

しぼみ　ふくらみ　水　水じょう気
ふっとう石　へり　はげしい

水の３つのすがた ③
水を冷やす

1 次の(　)にあてはまる言葉を□から選んでかきましょう。

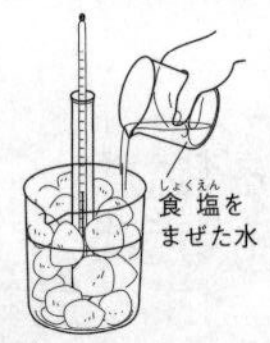

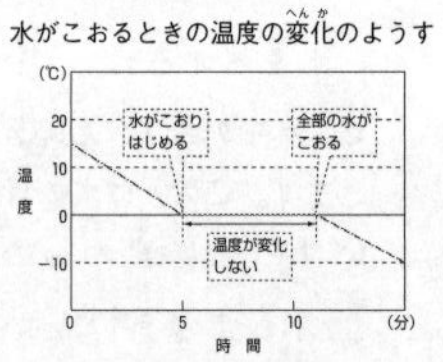

(1) 水を冷やす実験をするときには氷に(①食塩水)をかけます。水を冷やすと温度は(②下がり)ます。温度が(③0)℃になると、水は(④こおり)はじめます。こおりはじめてから全部がこおるまで温度は(⑤変わらず)、0℃です。

下がり　変わらず　0　食塩水　こおり

(2) 氷をあたためていくと温度は(①上がり)ます。温度が(②0)℃になると、氷は(③とけ)はじめます。氷がとけはじめてから全部がとけるまでの温度は(④変わりません)。

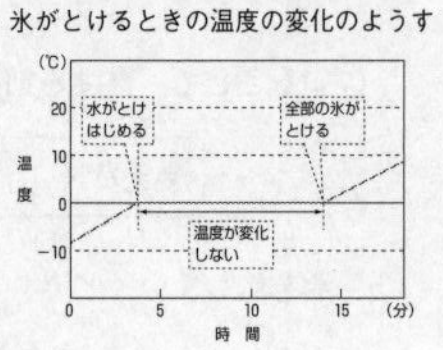

上がり　変わりません　とけ　0

月　日 名前

ポイント 水を冷やし、こおりはじめるときとすべてがこおるまでの間の温度は同じです。

2 次の(　)にあてはまる言葉を□から選んでかきましょう。

(1) 水が(①こおり)はじめてから、全部が(②氷)になるまでの温度は、(③0)℃です。その間の温度は(④変わりません)。

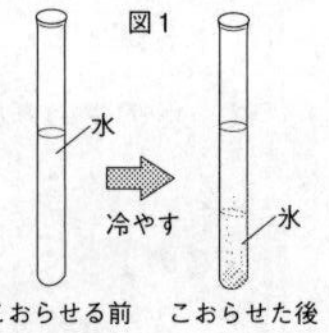

氷　0　変わりません　こおり

(2) 図１のように(①水)が(②氷)になると、体積は(③大きく)なります。水がすべて氷になったあとは温度が(④下がり)ます。図２の温度は(⑤れい下)3℃と読み、(⑥−3℃)とかきます。

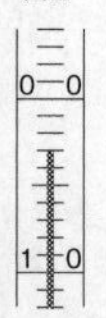

下がり　大きく　れい下　−3℃　水　氷

3 氷をよく冷やしておいてから、とけるときの温度の変化をグラフに表しました。次の㋐〜㋓のうち、正しいグラフはどれですか。(㋒)

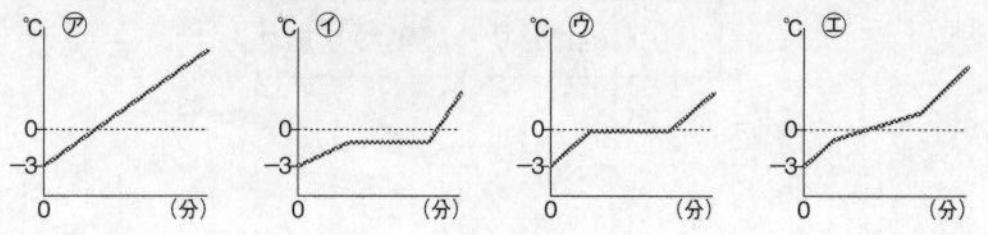

水の３つのすがた ④
水を冷やす

1 図のようにして、水が氷になるときの変化を調べます。(　)にあてはまる言葉を□から選んでかきましょう。

(1) 試験管に水を入れ、水面に(①印)をつけます。水が入った試験管をビーカーの中に入れ、そのまわりに(②氷)を入れます。次に温度計を試験管の底に(③ふれない)ように入れます。

ビーカーの氷にⒶ(④食塩)をまぜた水をかけ、試験管の水温の変化を観察します。

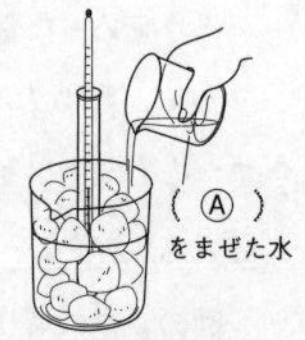

ふれない　氷　食塩　印

(2) 水温が下がり(①0℃)になると氷ができはじめます。

水と氷がまじっている間の温度は、(②0℃)で、全部が(③氷)になると、温度はまた下がりはじめます。

試験管にはじめにつけた水面の印とくらべて、氷の表面の位置が(④高く)なります。水は氷になると体積が(⑤ふえる)ことがわかります。

ふえる　高く　氷　0℃　0℃

月　日 名前

ポイント 水を冷やし続け、0℃の氷をさらに冷やして、そのようすを調べます。

2 グラフを見て、あとの問いに答えましょう。

(1) 水がこおりはじめるのは㋐〜㋒のどの地点ですか。(㋐)

(2) 全部の水が氷になったのは㋐〜㋒のどの地点ですか。(㋒)

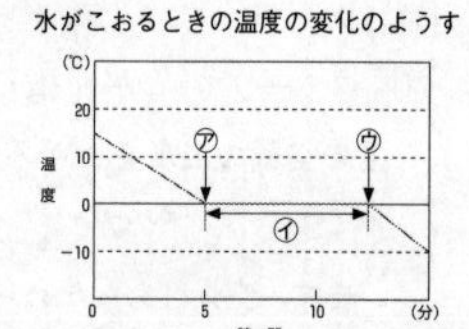

(3) ㋑のはんいのとき、温度の変化はしますか。それともしませんか。(変化しません)

3 次の(　)にあてはまる言葉を□から選んでかきましょう。

(1) 水を入れたよう器を冷やしてこおらせると、よう器は(①もり上がり)ます。これより水は(②氷)になると、体積が(③ふえ)ます。

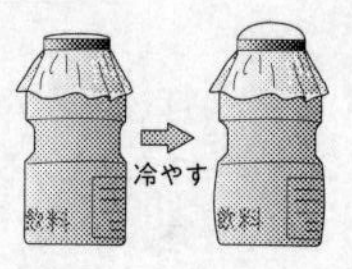

氷　ふえ　もり上がり

(2) 温度計が右のような場合(①氷点下)5℃、または(②れい下)5℃と読み、(③−5℃)とかきます。

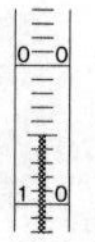

−5℃　氷点下　れい下　※①②

まとめテスト
水の３つのすがた

1 図のようなそうちを使って、あわの正体を調べました。あとの問いの答えを□から選んでかきましょう。（各8点）

(1) 水を熱するときは、水の中に㋐を入れます。㋐の名前をかきましょう。(ふっとう石)

(2) 図２のように出てきたあわをビニールふくろに集めてみました。ふくろはどうなりますか。(ふくらむ)

(3) 次に熱するのをやめました。ふくろの中には、何がたまりますか。(水)

(4) このことから出てくるあわは、何だとわかりますか。(水じょう気)

(5) この実験をしばらく続けました。図３の㋑の水の量はどうなりますか。(へる)

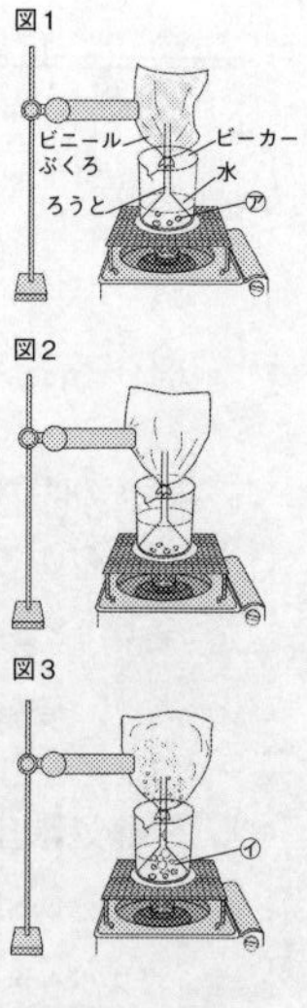

水　水じょう気　ふっとう石　ふくらむ　へる

月　日 名前　／100点

2 次の(　)にあてはまる言葉を□から選んでかきましょう。（各6点）

(1) 水を冷やすと温度が(①下がり)、水が(②こおり)はじめます。このときの温度は(③0℃)です。この温度になると水は(④えき体)から(⑤固体)へ変わります。

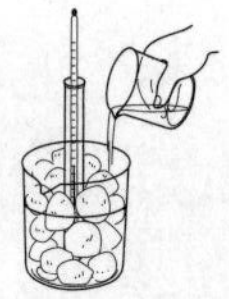

固体　えき体　下がり　0℃　こおり

(2) 水は温度によって３つのすがたに変わります。0℃以下では(①氷)になり、0℃以上では(②水)になります。そして、100℃になると水は(③水じょう気)になり、空気中へ出ていきます。だから、水を熱していると(④じょう発)して、量が(⑤へり)ます。

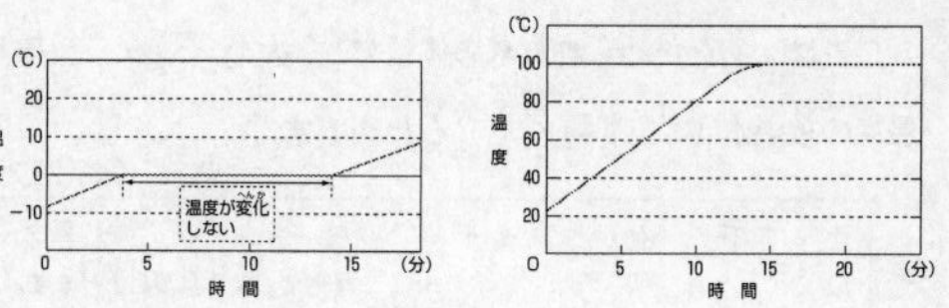

水　氷　水じょう気　へり　じょう発

まとめテスト

水の3つのすがた

月　日　名前　　　/100点

1 ㋐〜㋔にあてはまる言葉をかきましょう。㋐と㋔は「あたためる」か「冷やす」か、㋑と㋒は「じょう発する」か「こおる」を入れます。（各5点）

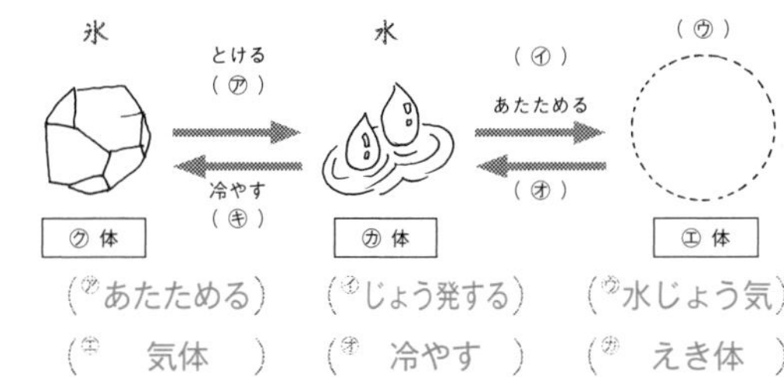

（㋐あたためる）　（㋑じょう発する）　（㋒水じょう気）
（㋓　気体　）　（㋔　冷やす　）　（㋕　えき体　）
（㋖　こおる　）　（㋗　固体　）

2 フラスコに水を入れてふっとうさせています。（各5点）

① ㋒のあわは、何ですか。
（水じょう気）

② ㋐、㋑どちらの温度が高いですか。
（　㋐　）

③ ㋑の白く見えるけむりのようなものは何ですか。　（　湯気　）

④ ㋐の何も見えないところには、何が出ていますか。
（水じょう気）

3 図は目に見える湯気をかきあらわしていますが、そのあと、目に見えなくなります。なぜですか。説明しましょう。（10点）

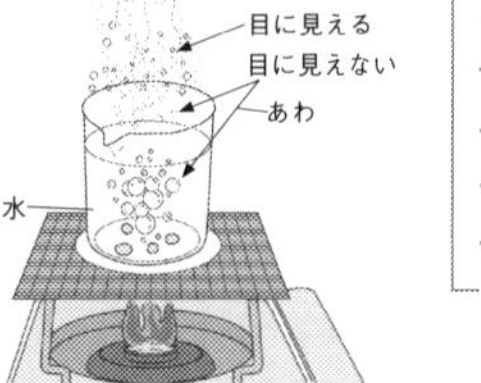

水をふっとうさせると、水じょう気が出ます。温度が下がり湯気として見えます。その後、じょう発して、目に見えなくなります。

4 次の文で正しいものには○、まちがっているものには×をかきましょう。（各5点）

①（○）水は、熱すると気体になります。

②（×）氷は、あたためてもえき体になりません。

③（○）固体の水を冷やせば－10℃にもできます。

④（○）えき体の水は、冷やせば固体の氷にもなり、あたためれば、気体の水じょう気にもなります。

⑤（×）水は、こおらせてもその体積は同じです。

⑥（○）水は、温度が0℃のとき、こおりはじめます。

自然の中の水 ①

水のゆくえ

1 図のように土で山をつくって、地面のかたむきと水の流れる速さを調べました。（　）にあてはまる言葉を□から選んでかきましょう。

図1　水　Ⓐ　Ⓑ　土

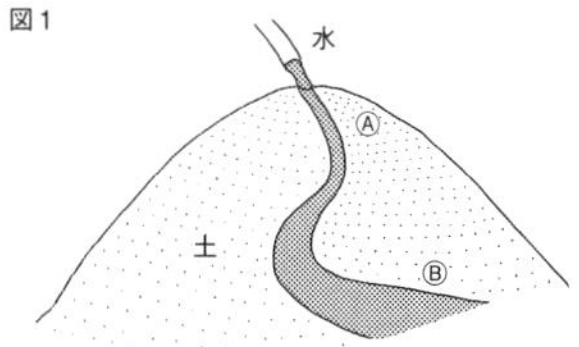

図2 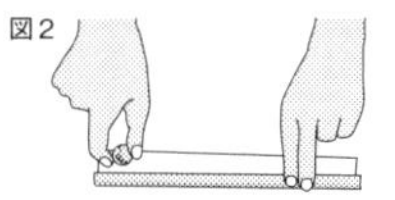　ビー玉をころがす

図1のⒶ、Ⓑの水の流れを調べる前に、それぞれの場所の地面の（①かたむき）を図2のビー玉を使って調べました。

すると、Ⓐの方が（②ビー玉のころがり）は速く、Ⓑの方がゆっくりでした。

それぞれのかたむきは、（③Ⓐ）の方が（④Ⓑ）よりも大きいとわかりました。

その結果、水の（⑤流れ）は、かたむきが（⑥大きい）ほど速いので、Ⓐの方が速く流れることがわかりました。

ビー玉のころがり　Ⓐ　Ⓑ　かたむき　大きい　流れ

月　日　名前

ポイント　水は地面のかたむきにより、低いところへ流れていきます。地面のつぶのあらい方がしみこみやすいです。

2 図のような水たまりの水のゆくえを考えました。次の（　）にあてはまる言葉を□から選んでかきましょう。

天気のよい日は、水は（①水じょう気）となって（②空気中）に出ていきます。

また、水は地面に（③しみこみ）ます。

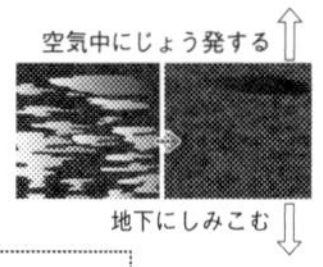

空気中にじょう発する
地下にしみこむ

しみこみ　空気中　水じょう気

3 コップに、あ土、いすな、うじゃりを入れて水を流しました。（　）にあてはまる言葉を□から選んでかきましょう。

あ　い　う　水　わりばし　ティッシュ　あな

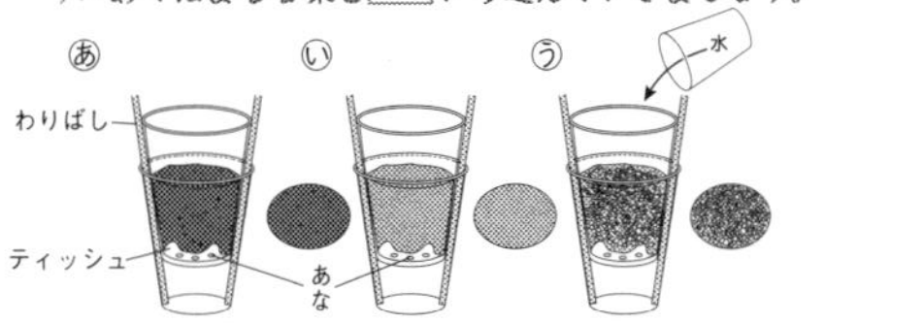

一番はやく水が流れ出たのは（①う）で、次にはやく水が流れ出たのは（②い）で、一番おそかったのは（③あ）でした。

これより、水のしみこみやすいのは、つぶが（④大きい）方だとわかりました。

あ　い　う　大きい

自然の中の水 ②

水のゆくえ

1 次の（　）にあてはまる言葉を□から選んでかきましょう。

(1) コップに（①水）を入れ、2〜3日、（②日なた）に置きます。すると㋐の水がへっています。㋑のラップシートには水の（③つぶ）がついて、水が少し（④へって）います。

日なた　へって　水　つぶ

(2) コップに（①水）を入れ、2〜3日、（②日かげ）に置きます。すると㋒の水がへっています。㋓のラップシートには水の（③つぶ）がついて、水が少し（④へって）います。

日かげに置く
日かげ（2日後）
水がへる
水のつぶ

日かげ　へって　水　つぶ

(3) 実験から、水はふっとうしなくても（①じょう発）することがわかります。また、（②日なた）の方が（③日かげ）より速くじょう発することがわかります。

日なた　日かげ　じょう発

月　日　名前

ポイント　水は100℃以下でも、水じょう気に変化します。温度が下がると、水てきになって現れます。

2 次の（　）にあてはまる言葉を□から選んでかきましょう。

(1) 冷やしておいた飲み物のびんを冷ぞう庫から出しておくと、びんの外側に水てきがつきました。びんについた水てきは（①空気中）にあった（②水じょう気）がびんに（③冷やされて）、（④水てき）にすがたを変えたものです。

冷やされて　空気中　水てき　水じょう気

(2) 夏の暑い日、冷ぼうのきいた部屋から屋外に出たとき、メガネのレンズがくもることがあります。これは、部屋の中で冷やされた（①レンズ）に、屋外の空気中にある（②水じょう気）が冷やされて、（③水てき）にすがたを変えたのです。

水じょう気　レンズ　水てき

(3) せんたく物がかわくのは、服などにふくまれた水が（①じょう発）して、空気中に水じょう気となって出ていくからです。じょう発は（②日かげ）でも起きますが、日かげよりも（③日なた）の方が多く起きます。

日なた　日かげ　じょう発

自然の中の水 ③

水のゆくえ

1 次の（　）にあてはまる言葉を□から選んでかきましょう。

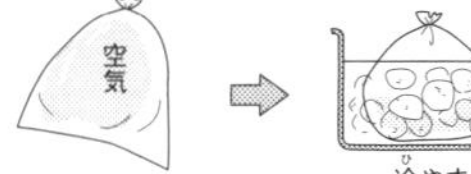
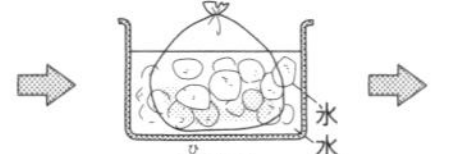

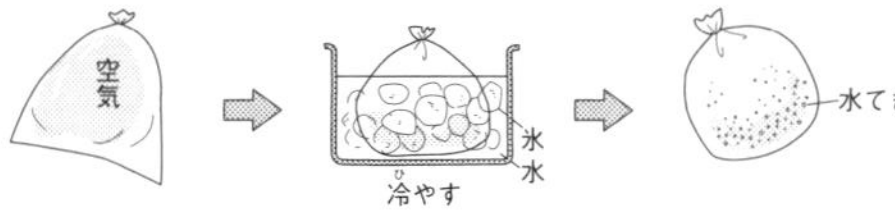

(1) （①空気）をビニールぶくろに入れ、十分（②冷やし）ます。すると、ふくろの内側に（③水てき）がつきます。空気中の（④水じょう気）が冷やされて水てきに変わることを（⑤結ろ）といいます。

空気　水てき　水じょう気　結ろ　冷やし

(2) 水は熱しなくても、地面や川、（①海）などからじょう発して（②水じょう気）となって空気中へ出ていきます。水じょう気は空の高いところで（③冷やされて）、㋐のような（④雲）になります。水のつぶが地上に落ちてくる㋑を（⑤雨）といいます。

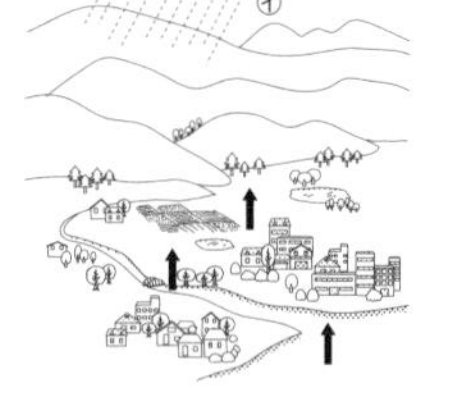

雨　雲　冷やされて　水じょう気　海

月　日　名前

ポイント　じょう発して、空気中にふくまれた水は、雨や雪をはじめ、いろいろな形で目に見えることがあります。

2 次の（　）にあてはまる言葉を□から選んでかきましょう。

(1) 空気中の（①水じょう気）が水てきになってできたのが㋐の（②雲）です。㋐からふった（③雨）が地中にしみこみ、川を通り、海へ流れこみます。

（①）が地面近くで冷やされて、水の小さなつぶになったのが㋑の（④きり）です。

雨　雲　きり　水じょう気

(2) 土の中の水が、冷やされて固体の（①氷）になり、土をおし上げるのがしも柱です。また、空気中の（②水じょう気）が植物などにふれて冷やされ、えき体の水の（③つぶ）になったものがつゆで、地面に冷やされて（④固体）の氷のつぶになり、はりついたものがしもです。自然界では、水は氷や雪などの固体、水のえき体、水じょう気の気体のすがたをしています。

固体　つぶ　氷　水じょう気

まとめテスト

自然の中の水

月　日　名前　/100点

1 下の観察カードを見て、あとの問いに答えましょう。(1つ5点)

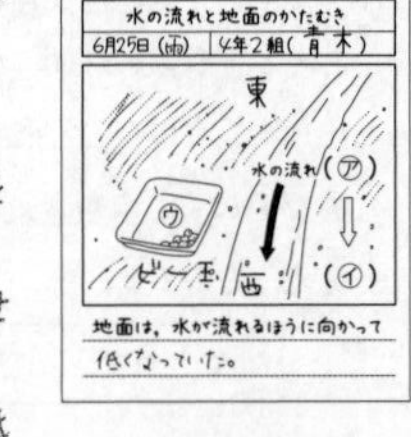

(1) ⑦、④に地面が高い、低いをかきましょう。

⑦（ 高い ）　④（ 低い ）

(2) ⑦のビー玉を見てわかったことを次の中から選びましょう。

①（　　）ビー玉は、集まるせいしつがある。

②（ ○ ）ビー玉は、地面の低い方へ集まる。

2 次の水たまりの図Ⓐと、水たまりができていない図Ⓑについて、あとの問いに答えましょう。(1つ5点)

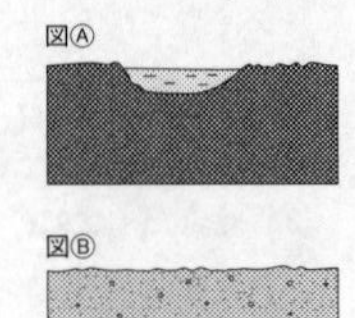

(1) すな場のようすはどちらですか。

（ Ⓑ ）

(2) それぞれの土のつぶは、次のⒶ、Ⓑのどちらですか。

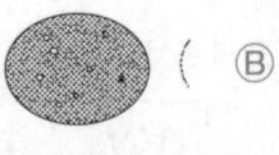

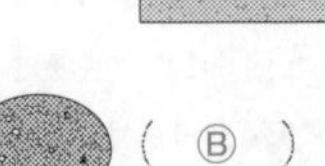

（ Ⓐ ）　（ Ⓑ ）

3 次の図は、土のつぶの大きさと水のしみこみやすさを調べたものです。あとの問いに答えましょう。(1つ10点)

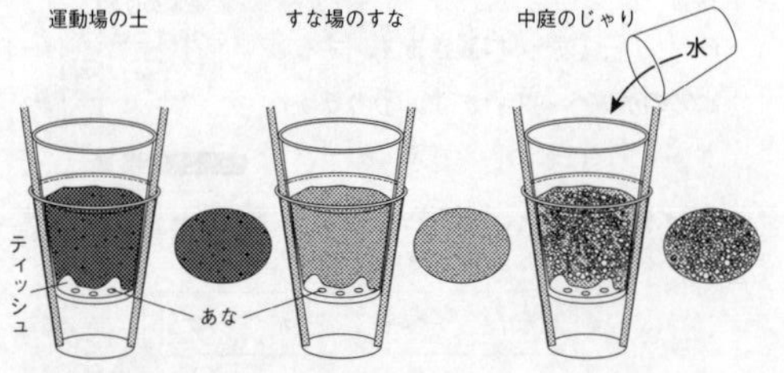

運動場の土　すな場のすな　中庭のじゃり　水　ティッシュ　あな

場所	運動場の土	すな場のすな	中庭のじゃり
つぶの大きさ	① 小	② 中	③ 大
水のしみこみ	④ 3	⑤ 2	⑥ 1

(1) つぶの大きさを①〜③に小、中、大でかきましょう。

(2) ④〜⑥に水のしみこみやすい順に番号をかきましょう。

4 3の3つの場所で水たまりができやすいのはどこですか。(10点)

（ 運動場 ）

まとめテスト

自然の中の水

月　日　名前　/100点

1 次の(　)にあてはまる言葉を□から選んでかきましょう。(各5点)

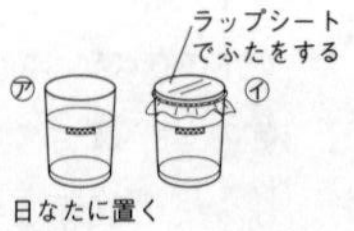

図のようにして、3日間水の入ったコップを日なたに置いておくと、④のラップシートには(①水のつぶ)がついていて、水の量が(②へって)いました。

⑦　④　ラップシートでふたをする　日なたに置く

また、⑦の水の量も（②）いました。

水は(③ふっとう)しなくても(④じょう発)して、空気中へ(⑤水じょう気)となって出ていきます。また、(⑥日かげ)より(⑦日なた)の方が速くじょう発します。

へって　水のつぶ　日なた　日かげ　水じょう気　じょう発　ふっとう

2 冷ぞう庫からよく冷えたジュースのびんをとり出して、テーブルにおきました。すると、図のようにびんにたくさんの水てきがつきました。なぜですか。説明しましょう。(10点)

空気中の水じょう気が、冷えたジュースのびんに冷やされて、水てきとなったからです。

3 次の(　)にあてはまる言葉を□から選んでかきましょう。(各5点)

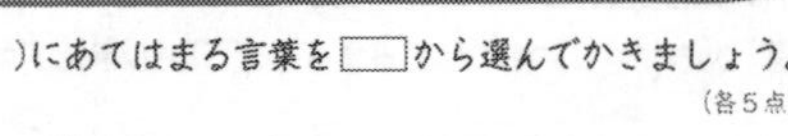

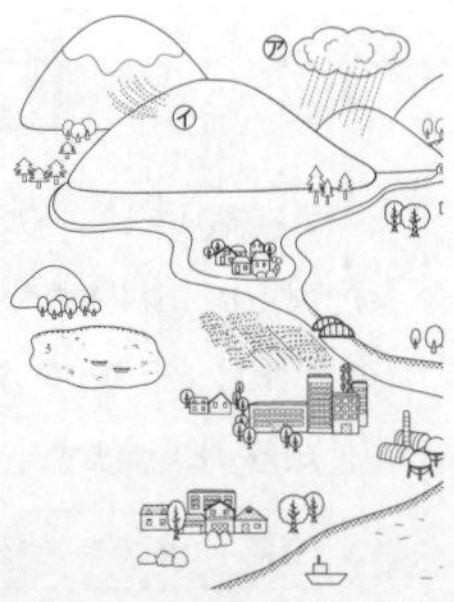

(1) 空気中の(①水じょう気)が水てきになってできたのが⑦の(②雲)です。⑦からふった(③雨)が地中にしみこみ、川を通り(④海)へ流れこみます。空気中の(①)が地面近くで冷やされて、水の小さなつぶになったのが④の(⑤きり)です。

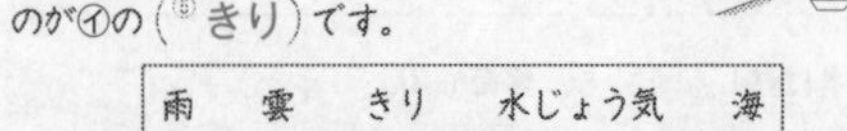

雨　雲　きり　水じょう気　海

(2) 土の中の水が、冷やされて固体の(①氷)になり、土をおし上げるのがしも柱です。空気中の(②水じょう気)が植物などにふれて冷やされ、えき体の水のつぶになったものがつゆで、固体の(③氷)のつぶになったのがしもです。自然の中では水は、氷や雪などの(④固体)、水の(⑤えき体)、水じょう気の(⑥気体)のすがたをしています。

氷　氷　水じょう気　えき体　気体　固体

理科ゲーム

クロスワードクイズ

クロスワードにちょうせんしましょう。サとザは同じと考えます。

①❶ア	ゲ	③ハ	❷ヘ	イ	レ	⑥ツ
キ	■		■	■	⑤カ	バ
❸ア	②キ	■	④キ	■	シ	メ
❹カ	ン	デ	ン	チ	オ	■
ネ	ニ	■	ゾ	■	ペ	■
■	ク	■	ク	■	❺ア	メ
❻エ	ノ	コ	ロ	グ	ザ	■

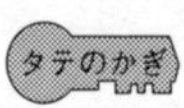

タテのかぎ

① 秋にたくさん見られる赤色のトンボです。

② 動物の体には、ほねと〇〇〇があります。

③ 太陽がまぶしいです。今日の天気は〇〇です。

④ 鉄やどう、アルミニウムのことを〇〇〇〇といいます。

⑤ 北の空にある、Wの形をした星ざは〇〇〇〇〇〇です。

⑥ 南の国からやってくるわたり鳥です。〇〇〇は、家ののき下に巣をつくり、子どもを育てます。

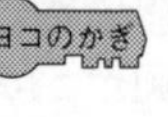
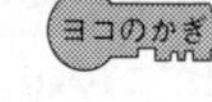

ヨコのかぎ

❶ サンショウの木の葉にたまごをうむチョウです。

❷ かん電池をこのつなぎ方にすると1本のときの2倍長持ちします。

❸ 春、夏、〇〇、冬です。

❹ 豆電球に明かりをつけるときには、ぜったい必要です。

❺ 今日は、朝から〇〇ふりの天気になりました。

❻ 野草で、ネコじゃらしともよばれています。子犬のしっぽのような「ほ」をつけます。

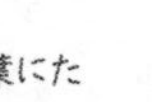

理科ゲーム

答えは、どっち？

月　日　名前

正しいものをえらんでね。

1 ツバメもハクチョウもわたり鳥です。冬を日本ですごし、北の国に帰るのはどっち？

（ ハクチョウ ）

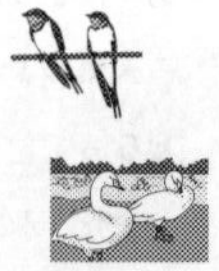

2 右のような回路があります。かん電池2こを、直列かへい列につなぎます。明るい方は、どっち？

（ 直列つなぎ ）

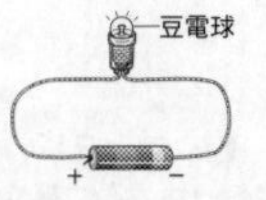

3 晴れの日の気温と雨の日の気温があります。変化が大きいのはどっち？

（ 晴れの日 ）

4 夏の大三角と冬の大三角があります。オリオンざが入る大三角は、夏・冬どっち？

（ 冬の大三角 ）

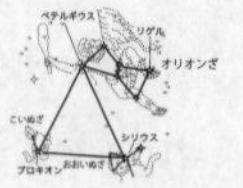

5 水と空気を注しゃ器に入れます。おしちぢめることができるのは、どっち？

（ 空気 ）

6 頭のほねと、むねのほねがあります。少し動くのは、どっち？

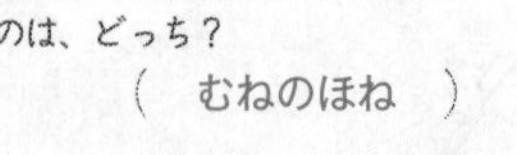
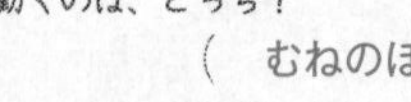

（ むねのほね ）

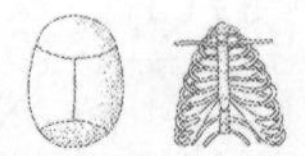

7 試験管に水と空気を入れて、あたためます。体積の変化が小さいのは、どっち？

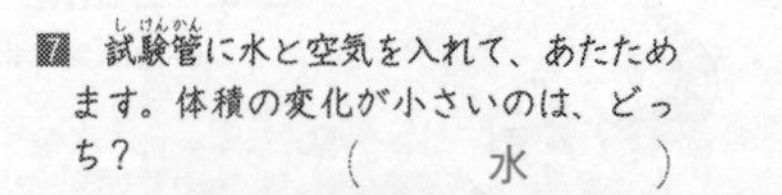

（ 水 ）

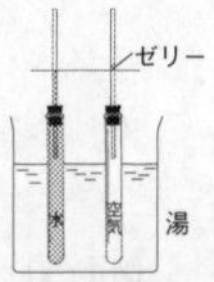

8 試験管に水を入れ、試験管の上と下を熱しました。全体があたたまるのが速いのは、どっち？

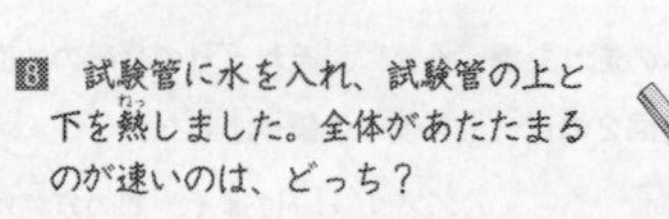

（ 下 ）

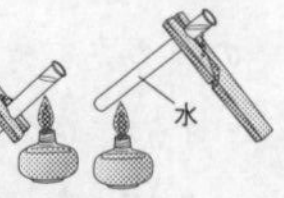

9 金ぞくのぼうにろうをぬって熱しました。速くろうがとけるのは、アとイどっち？

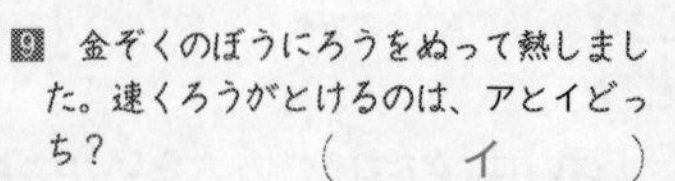

（ イ ）

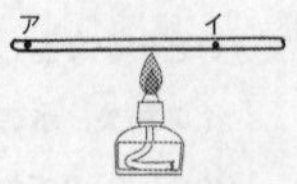

10 日なたと日かげにせんたく物をほします。速くかわくのは、どっち？

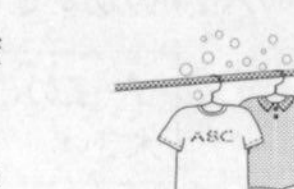

（ 日なた ）

理科ゲーム

理科めいろ

月　日　名前

◆ あとの5つの分かれ道の問題に正しく答えて、ゴールに向かいましょう。

問題

① クモとアリ、こん虫はどちら？

② 水じょう気と湯気、目に見えるのはどちら？

③ 直列つなぎとへい列つなぎ、豆電球の明かりが長くついているのはどちら？

④ 太陽は、地球の周りを東から西へと動いている。○か、×か。

⑤ 熱気球（ねっききゅう）のしくみは、空気をあたためると体積（たいせき）がふえて軽くなり上へ上がる。○か、×か。

87

理科ゲーム

おいしいものクイズ

月　日　名前

わたしたちは、これらの野菜のどの部分を食べているのでしょうか。(　　)に答えましょう。

① 種（たね）を食べているものは、どれ？　（ トウモロコシ ）

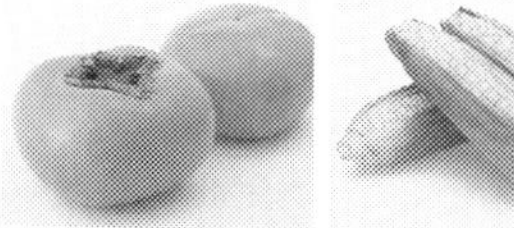
カキ

トウモロコシ

キュウリ

② 花を食べているものは、どれ？　（ ブロッコリー ）

キャベツ

ダイコン

ブロッコリー

③ 芽（め）を食べているものは、どれ？　（ モヤシ ）

ナス

モヤシ

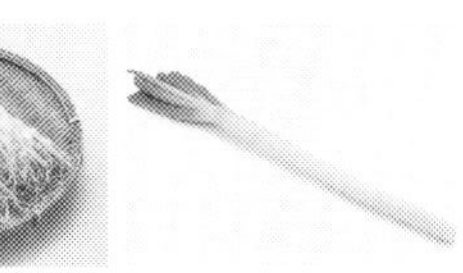
ネギ

④ 葉を食べているものは、どれ？　（ ハクサイ ）

カイワレダイコン

ピーマン

ハクサイ

⑤ くきを食べているものは、どれ？　（ アスパラガス ）

ゴボウ

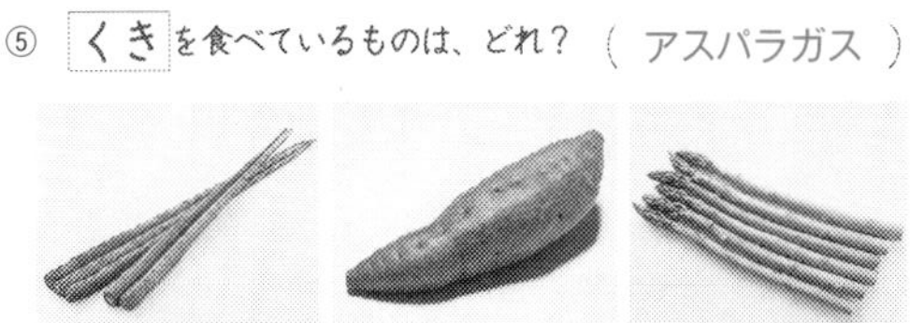
サツマイモ

アスパラガス

⑥ 根を食べているものは、どれ？　（ レンコン ）

カボチャ

レンコン

トマト

88

理科習熟プリント　小学4年生　大判サイズ

2020年4月30日　発行

著　者　宮崎　彰嗣

発行者　面屋　尚志

企　画　フォーラム・A

発行所　清風堂書店

〒530-0057　大阪市北区曽根崎2-11-16

TEL 06-6316-1460／FAX 06-6365-5607

振 替　00920-6-119910

制作編集担当　蒔田司郎　☆☆

表紙デザイン　ウエナカデザイン事務所　5022